半转翼飞行

邱支振 著

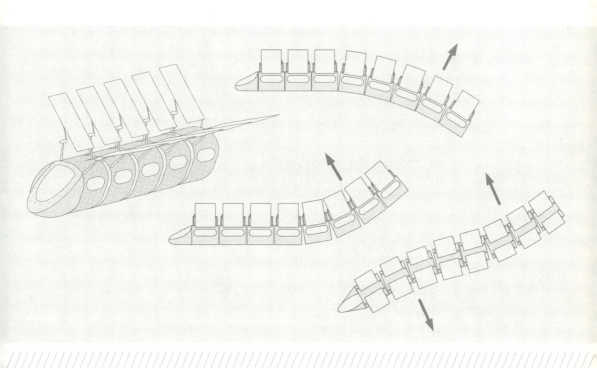

中国科学技术大学出版社

内容简介

本书是作者多年致力于半转翼飞行研究的成果总结,记录了半转翼飞行研究的奠定基础、开辟方向、拓展领域的基础性工作。在本书中,基于前期对半转机构基本构型的研究,确定了适应飞行要求的半转翼简约化构成原理,建立了半转翼的基础设计理论与方法。通过理论、实验与仿真分析研究,阐明了半转翼升力形成机理,分析了提高半转翼飞行升力的途径,从而明确了利用半转翼实现仿生飞行是一条可行之路。

图书在版编目(CIP)数据

半转翼飞行/邱支振著.—合肥:中国科学技术大学出版社,2018.8
ISBN 978-7-312-04386-4

Ⅰ.半… Ⅱ.邱… Ⅲ.仿生—飞行术—研究 Ⅳ.V323

中国版本图书馆 CIP 数据核字(2018)第 121518 号

出版	中国科学技术大学出版社
	安徽省合肥市金寨路 96 号,230026
	http://press.ustc.edu.cn
	https://zgkxjsdxcbs.tmall.com
印刷	合肥华苑印刷包装有限公司
发行	中国科学技术大学出版社
经销	全国新华书店
开本	710 mm×1000 mm 1/16
印张	16
插页	4
字数	310 千
版次	2018 年 8 月第 1 版
印次	2018 年 8 月第 1 次印刷
定价	64.00 元

序

众所周知，人类制造的飞机是对鸟类飞行仿生的结果。虽然现在人类已经可以制造出比任何动物飞得更快、更远的巨型固定翼飞机，但是其机动灵活性还远远不尽如人意。鸟与昆虫扑动的双翅分别独自动作，能产生不同空气动力的组合，并及时调整或稳定飞行姿态。它们的飞行机动性与灵活性是任何人造飞行器都望尘莫及的。因此对扑翼飞行的仿生至今仍然是人类仿生飞行的更高目标。然而人们的仿扑翼飞行一般都模仿动物的上下摆翼运动，这种仿生运动方式有一些固有的缺陷，对扑翼飞行器的大型化、实用化造成了障碍。

在研究动物运动仿生机构——半转机构的基础上，本书提出一种仿生飞行的"半转翼"方案。半转翼采取了与动物翼完全不同的动作机制，以高速转动代替昆虫的高频拍翅动作，但具有类似于昆虫飞行的效果，为仿生飞行研究提供了一条新途径。

基于前期对半转机构基本构型的研究，本书确定了适应飞行要求的半转翼简约化构成原理，建立了半转翼的基础设计理论与方法；通过理论、实验与仿真分析研究，阐明了半转翼升力形成的机理，分析了提高半转翼飞行升力的途径，从而进一步明确了对于飞行仿生半转翼是一条可行之路。

对于半转翼的研究，本书还只是做了奠定基础、开辟方向、拓展领域的基础性工作。必须强调的是，这一切并不是个人孤军奋战的成果。十多年来，从半转机构研究到半转翼的发展，有一个逐渐扩大的团队伴我同行，在探索研究之路上留下了我们共同的足迹。其中特别感谢王孝义、陈富强、张玉华老师，以及他们的研究生李彪、邵春阳、高冲、汪辉星、董银萍、张永强、李聪敏、吴杨、李倩、邓家国、薛康、高旭、钱爱文、洪泓、方灼明等。由于他们的参与，半转机构的研究更加生气勃勃、丰富多彩。

  半转翼飞行是飞行仿生领域中一个新方向的探索,本书只是此项研究的一个阶段性总结。新路难开,能力有限;摸索前行,曲曲折折;错误遗漏,在所难免;敬希读者,不吝赐教。

作　者
2017年10月

目录

| I | 序 |

1	**第 1 章** 自由飞行之梦
1	自由飞行的动物
8	扑翼与固定翼的比较
11	扑翼飞行仿生的现状

18	**第 2 章** 仿动物运动效果的机构——半转机构
18	半转机构的提出
20	半转机构原理
29	半转机构的不同结构及其仿生应用

32	**第 3 章** 半转机构的简约化
32	简约化设计的思路
35	对侧式简约化半转机构
60	同侧式简约化半转机构
81	单向转动的最简半转机构

第 4 章
半转翼气动力分析基础

- 84 计算翼面元气动力的基本公式
- 86 静止空气中悬停半转翼的气动力计算
- 90 前方水平来流中悬停半转翼的气动力计算
- 94 前进飞行半转翼的升力与推力
- 97 单纯侧向气流中半转翼的气动力

第 5 章
半转翼机翼总成设计

- 117 单翼片的动力学方程
- 121 单翼片的动平衡
- 125 机翼的布置与平衡
- 127 机翼组合气动力系的简化
- 130 机翼梁设计基础
- 132 低转速大翼展半转翼的选择

第 6 章
半转翼飞行器的稳定性

- 135 飞行器的稳定性
- 136 半转机构的曲柄周期函数
- 137 半转翼飞行器的俯仰稳定性研究
- 150 半转翼飞行器的方向稳定性研究
- 157 半转翼飞行器的横侧稳定性研究

第 7 章
半转翼飞行器的仿生尾翼

- 165　尾翼的作用
- 166　尾翼的仿生对象
- 169　仿生尾翼结构与计算基础
- 171　尾翼的控制力矩
- 173　最佳分支尾轴方位角
- 174　任意形状的分支尾翼
- 178　分支尾形状的确定
- 178　有方向安定功能的分支尾翼

第 8 章
半转升力系数的实验测定

- 187　半转翼实验模型制作与运行
- 195　天平式升力实验台
- 205　旋转式升力实验台

第 9 章
半转翼升力机制的仿真研究

- 216　仿真模型设置
- 218　仿真与模型实验比较
- 220　仿真与理论分析比较
- 221　半转翼的流场特性
- 227　半转翼升力产生机制分析
- 229　半转翼片上涡的产生与脱落

234	**第 10 章** 半转翼飞行研究展望
234	结构展望
235	控制展望
236	应用展望
239	**参考文献**
245	**后记**
247	**彩图**

第 1 章
自由飞行之梦

1.1 自由飞行的动物

具有自由飞行本领的动物可分为三类：昆虫、鸟和蝙蝠。翅膀是它们能产生升力的必不可少的飞行器官。三种动物的翅膀形态不同，升力机制不同，体态也相差甚远。其中鸟类体积较大，种类繁多，飞行姿态各具特色，易受人注目，是人类最早的学习对象。昆虫体积小，振翅频率高，不易观察，难以被人们取作模仿对象。但是随着科学技术的发展，人类的观察分析能力不断提高，近些年来昆虫的杰出飞行能力受到越来越多的重视、研究与仿效。以下分别就最常见的鸟与昆虫的飞行，介绍一些它们的翅膀在飞行中的作用与特点。

1.1.1 鸟翼的特点与升力机制

鸟的飞行(图 1.1)是扑翼飞行。它们在空中自由灵活的飞行奇迹是由一对精巧的由前肢转化成的翅膀产生的。在前肢皮肤上覆盖着羽毛，外端为初级飞羽，内侧为次级飞羽(图 1.2)。精致覆盖的羽毛使翼片形成前缘较厚、后缘较薄的上凸型曲面。与人的上臂、前臂和手掌可分别控制运动一样，鸟的次级飞羽与初级飞羽也可独立控制运动。它们可以使双翼产生不同的运动形式，以实现不同的飞行状态。无疑羽毛对于鸟类的飞行起着十分重要的作用，但本节只限于从可视的鸟翼运动分析其基本升力机制，不深入涉及羽毛的细微作用。

比如，在适合的气流中翱翔的

图 1.1 飞行的鸟

鸟(图1.3)的双翅几乎不动,仿佛固定翼飞机。此时流经凸起的上翼面的气流速度大于流经内凹的下翼面的气流速度,从而产生所需的升力。这种飞行状态消耗的能量是最少的。又比如候鸟在长途迁徙(图1.4)中,大多数时候翅的内外端成一体地小幅度摆动。这是小迎角飞行。双翅下扑时产生升力与推力;上举虽然会产生"负升力",但仍有推进力产生。这种飞行动作保证了双翅在小幅上下扑动中都能产生推进力,以保证长途飞行的需要。而且小幅扑动消耗能量比较少,有利于长途飞行。

图1.2 鸟翼的外观

图1.3 翱翔的鸟

图1.4 候鸟的长途飞行

但是在另一些场合,鸟翼的扑动要激烈得多。如小型鸟类从静止状态起飞时(大型鸟类无法从静止状态起飞,必须借助一段跑动),或者猛禽捕捉到猎物后负重上升时,均会用双翅大幅摆动。翅的摆幅几近180°,且下扑时全翼伸展,快速向下扑动,使用尽量大的翼面作用于空气,从而产生升力。在下扑行程的末端翅转为上举前,外侧初级飞羽向内弯曲回收,形成内侧上举而外侧仍相对下扑的效果。当内侧上举到接近行程终点时,外侧急速上翻,在最短的时间内形成内外侧整体向上的形态,然后开始整体急速下扑的行程(图1.5)。这种动作消耗的能量极大,但唯此才能产生起飞或负重所需的足够升力。

以上是具有普遍性的鸟类飞行特点,但蜂鸟是其中的另类。在快速向前飞行时,蜂鸟与其他鸟类的飞行动作相同;但在吸食花蜜时,它能实现悬停飞行(图 1.6)。此时它的飞行动作与昆虫十分相似,身体几乎直立,翅膀没有弯曲地在几乎水平的平面内往复摆动,在行程终点双翅迅速扭转向反方向摆动,其摆翼频率可达 50～80 Hz。

图 1.5　双翼产生最大升力的扑动

1.1.2　昆虫翅的特点与升力机制

昆虫是地球上最古老的飞行动物。早在 3.54 亿年前的古生代石炭纪中期昆虫就在地球上生活了,比鸟类的出现约早 1.5 亿～2 亿年。

除一些无翅昆虫以外,会飞的昆虫一般在中、后胸背板两侧长有两对翅,分别叫前翅和后翅。只是双翅目昆虫(图 1.7)的后翅已经演化成了一对在飞行中起保持航向作用的平衡棒——楫翅。昆虫飞行时楫翅以 330 Hz 左右的频率振动,是昆虫的导航器官。

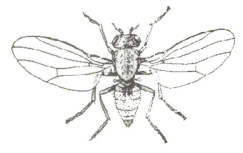

图 1.6　蜂鸟悬停飞行的绝技　　　　图 1.7　常见的双翅目昆虫

昆虫是一个庞大的家族,形态各异的昆虫翅的质地也千差万别。其中飞行能力最强的是膜翅目昆虫,比如蜻蜓、蜂、蝇等等。它们的翅膜质透明,异常单薄,但有足够的强度和刚度。拍翅频率大多为 50 Hz，但有人曾记录过高达 200 Hz 的惊人的拍翅频率。

与鸟类相比，昆虫翅的结构与驱动机制简单得多，但是同样能完成完美的机动飞行，甚至比鸟儿更灵活。比如除了蜂鸟外的其他鸟类都无法实现真正的稳定悬停飞行，但悬停是昆虫的基本技能。它们甚至能在高速飞行中突然停住。再比如，昆虫瞬时起飞、突然降落、迅速变向等灵活改变飞行状态的能力更是让鸟类望尘莫及。

昆虫的持久飞行能力也不差。比如，果蝇可以不停地飞行 6 小时。又比如，称得上昆虫飞行冠军的蜻蜓有两对窄长的翅膀，每秒可拍动 16～40 次，能以 10～20 m/s 的速度飞行，飞行数百千米而不着陆。有人记录过成年蝗虫每天能飞 160 多千米；可以从南非飞到 3 200 km 以外的摩洛哥，再到孟加拉国，又到土耳其，有的迷路后甚至飞到了英国。

人们可能对身边一闪而过的小小昆虫不屑一顾，但换一个角度看人类就要甘拜下风了：常见家蝇的速度约是 2 m/s，设其体长为 1 cm，则其速度为每秒 200 个体长。如果一架超音速飞机的速度为 400 m/s，设机身长为 20 m，则其速度是每秒 20 个体长，这只是家蝇的 1/10。如果要达到家蝇的速度体长比，则 20 m 长的飞机要达到 4 000 m/s 才行。这已经是火箭的速度了。

与鸟类不同，昆虫翅的运动是人的肉眼难以辨识的，所以长期以来昆虫的飞行机制一直是一个谜。20 世纪 80 年代以来，由于新技术的发展，人们逐步深入地认识到昆虫飞行的秘密。物体在流体中运动时必然会在流体中扰动出各种涡。这些涡的状态是流体对物体作用力的重要表征。随着流动显示技术和计算机仿真技术的发展，人们越来越清楚地认识并利用到这一点。扑动的翅膀与涡的作用肯定比固定翼复杂得多，也必然会产生出固定翼不具有的新的升力机制。目前，最具代表性的是发现了昆虫产生高升力的四个机制：延迟失速、旋转气流、尾涡捕获与韦斯-福(Weis-Fogh)效应。下面予以简单介绍。

1.1.2.1　延迟失速

当翼片以小迎角在空气中运动时，绕流空气在翼片前缘会产生前缘涡(图 1.8，彩图见第 247 页)。前缘涡对飞行是有利的，它使流经上翼面的气流速度增加，从而使升力增大。但是一般翼片上的前缘涡是不稳定的，它会逐渐增大而脱离翼面。扑动的翅飞行时也会产生前缘涡；但由于翅的上下摆动，在翅面上同时产生了从翅根向翅梢的展向流(图 1.9)，翅前缘的展向流从前缘涡的中心区域穿过，带走了使前缘涡增大的能量，限制了前缘涡的持续增大，从而使前缘涡能保持在翅面上。这样在翅的一个扑动行程中，能提高升力的前缘涡始终不会从翅面上脱落。在更大的迎角下，甚至在超过通常的失速迎角下，前缘涡也不会脱落，升力也会继续增大。

这就是延迟失速的机制。

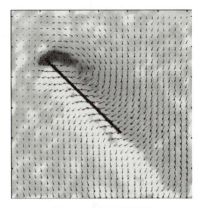

图 1.8 前缘涡仿真

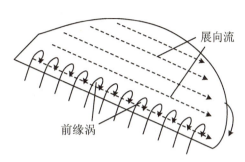

图 1.9 前缘涡与展向流示意

1.1.2.2 旋转气流

扑动的翅做往复摆动,在一个行程将结束的终点或下一个行程将开始的起点,翅面都要迅速反向转动以开始新的行程。

在空气中转动的翅面必然会产生一个与其转向相同的旋转气流(涡)。同时由于翅附近的气流还相对翅向后运动,两种运动叠加后,涡两侧的气流速度就会不同。由于马格努斯(Magnus)效应,涡就受到与前进方向垂直的横向力,此力指向气流速度较大的一侧。参见图1.10与图1.11,图中线段表示翼的横截面,圆点表示前缘。当翅的转动发生在行程终点之前时,翅片前缘向后转动,旋转气流的上部气流速度增大,涡受到向上的力而向上运动,作用于翅面而使翅膀的升力增大(图1.10)。如果翅的转动发生在下一个行程始点后,翅片前缘向前转动,则旋转气流下部速度增大,涡受到向下的力而向下运动,作用于翅面而使翅膀的升力减小(图1.11)。实验研究表明,昆虫悬停飞行时翅在扑动行程的转向瞬间会产生一个升力脉冲,就是由这个旋转气流的机制产生的。

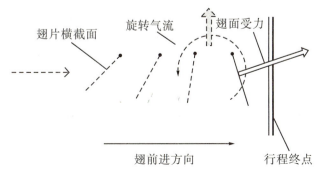

图 1.10 超前转动增加升力

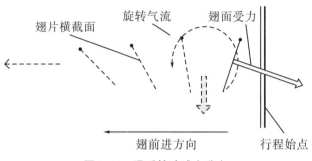

图 1.11 滞后转动减小升力

1.1.2.3 尾流捕获

快速扑动的翅膀在空气中移动时,形成的尾流中有一股随着翅面运动的"随动气流",它的能量来自扑动的翅膀。翅做往复摆动,在每个行程的末端都必须减速并随之变向,向反方向运动。在翅减速的过程中,"随动气流"由于惯性就会冲击翅面,从而对翅面产生附加的作用力。又由于正常飞行时翅面与运动方向的夹角是锐角,所以如果翅面在减速过程中没有向反方向转动(即滞后到下一行程开始后再转动翅面),尾流的作用力就作用在翅面的上表面,产生向下的作用力,使升力减小(图 1.12)。反之,如果翅面在减速的过程中尚未到达行程终点即提前向反方向转动,则尾流将作用在翅面的下表面,产生向上的作用力,使升力增大(图 1.13)。

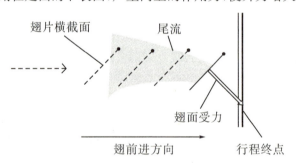

图 1.12 翅面滞后转动时尾流减小升力

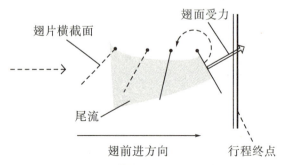

图 1.13 翅面超前转动时尾流增大升力

在上述尾流与翅面作用的过程中,尾流从昆虫获取的能量又还给了昆虫。这相当于昆虫具有从其自身的尾流中吸收能量的能力,这都是昆虫翅巧妙运动产生的效果。

1.1.2.4 韦斯-福效应

韦斯-福效应是1973年英国生物学家韦斯-福在研究小黄蜂悬停飞行状态时首先发现的:小黄蜂的双翅有一种特殊的"相拍与急张"(clap and fling)动作。此后的理论与实验研究证实这种动作能产生比常规的升力理论大得多的升力系数,其他研究者发现另外一些昆虫在飞行中也产生韦斯-福效应。

昆虫双翅产生韦斯-福效应的"相拍与急张"动作如图1.14所示:① 在上个拍翅周期结束时,双翅摆动到背后以相互接触的前缘为轴转动,相互拍击合拢在一起;② 双翅以靠拢的后缘为轴急速转动张开;③ 四周的空气迅速涌入两翅之间张开的间隙,在两翅上同时产生大小相等、方向相反的环量;④ 双翅张开到一定的角度后携带着环量分开向两侧运动,此时即刻有升力产生。

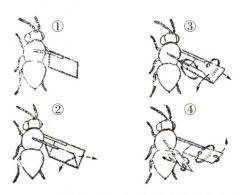

图1.14 小黄蜂悬停飞行时双翅的相拍与急张

韦斯-福效应具有以下引人注目的特点:

(1) 绕翼大环量的瞬时产生。在韦斯-福效应中没有传统机翼上绕翼环量滞后产生的瓦格纳(Wagner)效应。

(2) 刚性平板产生的效果。昆虫的翅是几丁质的薄片,有相当的刚性,从仿生机械的角度可以看成刚体。

(3) 简单的转动动作。除了结构简单以外,产生韦斯-福效应的基本运动形式也是十分简单的:两翅绕它们合并在一起的后缘或前缘转动。

昆虫飞行的秘密还远没有完全揭晓,相信随着研究的不断深入,人们还会发现更多、更奇妙的昆虫飞行的机制。

1.2 扑翼与固定翼的比较

1.2.1 固定翼飞机的特点

在人类探索飞行的初期出现过各种各样的飞行器设计,但最终只有固定翼飞机取得了载人机动飞行的成功。双翼扑动的仿生是最直截了当的,但是在没有搞清楚怎样模仿扑翼之前,简单的扑翼动作的模仿必然导致一个个失败(图1.15)。

图1.15 人类对飞行的探索始于扑翼

李林达尔(O. Lilienthal)注意到鸟类滑翔的模仿(图1.16),并进行了2 000多次的飞行实验。在他为此献身之后,人类终于中止了对鸟类扑翼的模仿,转而关注对固定翼飞机的研制。

图1.16 飞行先驱李林达尔和他的滑翔机

莱特兄弟及其同时代人开始了重于空气的飞行器载人机动飞行的历史。但是人类引以为自豪的固定翼飞机(图 1.17)本质上仍是对双翅不动的鸟类滑翔飞行的模仿。虽然由于空气动力学的发展和工程技术的进步,人类不断制造出更大、更快的固定翼飞机,但是它们固有的弱点仍然是无法克服的。

1897 年英国亨森

1897 年法国阿代尔

1903 年美国兰利

1903 年美国莱特兄弟

图 1.17　固定翼飞机的几个前期设计

飞行的首要条件是要具有产生足够升力的机制,通俗地讲就是要"能上天"。固定翼飞机的升力是由机翼产生的。机翼具有模仿鸟翼横截面的翼型截面,上翼面的曲率大于下翼面的。当空气从前进的机翼的上下两面流过时,流经上翼面的空气流动速度大于流经下翼面的空气流动速度,因而上翼面的空气的压强小于下翼面的空气的压强,造成上下翼面的压力差。这个压力差就是机翼产生的升力(图1.18)。机翼前进的速度越大,上下翼面的压力差也越大,机翼产生的升力就越大。升力大到超过飞机的重量,飞机就能上天了。

速度产生升力是固定翼产生升力机制的本质,这个机制也决定了固定翼的一些固有特点:

(1) 无法从静止状态直接升空。固定翼飞机起飞时必须经过长长的跑道,逐渐加快到一定的速度才能产生足够的升力而离开地面。飞机越大,需要的跑道越长。

(2) 无法静止地悬停在空中。除了直升机以外,固定翼飞机是不可能悬在空中某一点不动的,因为不动就无前进的速度,无前进的速度时固定翼飞机的升力为零,这时再小的固定翼飞机也无法抵抗地球的引力法则。

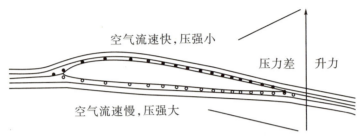

图1.18 前进机翼产生的升力

(3)失速是固定翼飞机的致命危险。固定翼飞机只有高速前进时才是安全的,这时才能产生足够的升力来展现飞行的英姿。但是如果遇到使飞机速度降低的突发情况(如异常气流、操作失误等),飞机的升力会突然大幅下降,进入"失速"状态。失速对于任何飞机都是恐怖的灾难,许多空难的悲剧都与此相关。

(4)每次起飞与降落都是暗藏危险的过程。起飞时速度从零增加到高速,升力随之逐渐增大;降落时速度从高速回归到零,升力随之逐渐减小。所以起飞与降落阶段都是升力不足的阶段。升力不足就可能上不了天或从天上掉下来。想象一下:起飞时如果飞机加速到跑道尽头还没有足够的速度产生升力,那么这个高速前进的巨大机器将有怎样的结局?降落时,如果飞机减速不够或减速过多,没法准确停到跑道上又会有怎样的结局?据统计,80%以上的空难都是在起飞或降落阶段发生的。

此外,固定翼的功能单一:它只具有产生升力的作用,须另外备置动力装置,如螺旋桨或喷气发动机才能高速前进。即使无动力的滑翔机也需要弹射或其他飞机携带升空后才能开始飞行。

因此,我们不能不说:固定翼飞机无法实现自由飞行之梦!

至此,有人可能会问:旋翼式的直升机是否比固定翼飞机优秀呢?遗憾的是,回答是否定的。旋翼直升机的飞行稳定性、操控性与安全性都无法与固定翼飞机相比。特别是在企图大型化时,不少障碍难以克服。至今仍没有巨型直升机出现就是明证。

1.2.2 扑翼相对于固定翼的优点

与扑翼相比,固定翼的不足完全是由它们的运动形态不同所致的。固定翼的固定使其功能单一、效应单一。而鸟类与昆虫的翅膀不仅能上下扑动,而且能灵活弯曲、扭转,及时变换各种飞行效应,其功能多样、效应丰富。

翅膀扑动时同时产生升力与推力，调整扑动的方向与翅的角度能产生不同的升力与推力比例，机动改变飞行状态，所以一对扑翼综合了固定翼飞机的机翼、推进器及部分尾翼的功能于一身。

动物翅膀的扑动与身体的运动状态是相互独立的。升力的产生只与翅膀的扑动有关，而与身体的速度无关。因此，翅膀可高速扑动而身体可低速前进甚至悬停不动。鸟与昆虫都可以低速飞行，可随时起落，从来不会出现失速的危险。

扑动的双翅还能分别独自动作，产生不同的空气动力的组合，及时调整或稳定飞行姿态。鸟与昆虫的飞行机动性是任何人造飞行器都望尘莫及的。

由于翅膀的扑动基本上属于往复摆动，摆动中的转动因素使翼面上产生从翅根到翅梢的展向气流。展向气流可改善翼面上气流的流动状态，使扑翼获得比固定翼大得多的升力。

优越之处，远未言尽。相信随着仿生研究的发展，还有更多扑翼相对于固定翼的优点被发现。因此，可以断言：自由飞行之梦只有通过扑翼飞行的方式才能实现！

1.3 扑翼飞行仿生的现状

扑翼飞行器以其优越的性能和良好的应用前景，在国内外掀起了一股研究热潮。各研究机构根据自身的研究目标和所具备的研究手段，从理论研究、实验研究和数值计算三个方面，有效地开展了他们的研究计划，并取得了较为丰富的研究成果。

1.3.1 国外研究现状

1.3.1.1 实验研究方面

1973年韦斯-福在研究小黄蜂的飞行特性时发现，小黄蜂两翅合拢后的快速打开是产生高升力的主要机制，称之为韦斯-福机制，并论述了这种机制产生瞬时升力的机理。韦斯-福机制是典型的非定常流产生高升力的例子，它的发现对昆虫飞行的非定常流动的研究起了先导性的作用。而1973年Lighthill的理论分析和1979年Maxworthy的实验研究也证明了这一点。事实上，正是韦斯-福和Lighthill等人的工作，才促使人们从流动的非定常方面去思考昆虫产生高升力的问题。

自20世纪90年代起，人们开始具体地研究昆虫的非定常流动过程与其中的机理,关于扑翼飞行机理的研究也成为一个热点领域。1990年生物学家C. P. Ellington等在风洞实验中对拴着的天蛾拍翼做了流动显示,同时又在天蛾翼拍动模型上描绘出了高清晰度的三维流谱。实验结果表明,天蛾能够产生较大升力的原因是翅膀上的前缘涡在整个平动过程中都不脱落,称之为不失速机制。实验还发现,在上述涡流的中间还有一个轴向气流,其对前缘涡流的稳定起到很大的稳定作用。

M. H. Dickson等人指出,C. P. Ellington等人的实验研究主要集中于翅膀在整个拍动过程中的"平动"产生升力的机理,并不能很好地解释扑翼产生升力的机理。随后,2003年Dickson等将翅膀模型放在一个装满油的容器中进行实验。结果表明,由翅膀旋转和尾迹气流产生的升力是昆虫升力不可忽略的组成部分。

另外,1990年Freymuth对做颤动和俯仰运动的翼型进行了研究,证明这些运动模式产生的升力足以使昆虫悬停,并提供了扑翼产生的尾涡流场显示。Anderson等(1995)和Gursul等(1992)通过实验发现在某些特定的频率下,翼得到了最高的推进效率;Bomphrey等对昆虫的前缘涡进行了细致的流场显示测量;Thomas等对蜻蜓进行了流场观察,并认为蜻蜓翼的攻角变化对蜻蜓的飞行有重要作用。

1.3.1.2 数值计算方面

随着CFD(Computational Fluid Dynamics)技术的进展,人们开始通过在扑翼表面布涡和偶极子的面元法来计算流经任意形状扑翼的不可压缩流动,这样就可以考虑扑翼厚度和弯度的影响。最先进行这一尝试的是Giesing,他推广了Hess和Smith计算定常机翼流动的方法,使之可以用于非定常流场。1996年Smith等用三维非定常面元法计算昆虫飞行时的气动力,考虑了翅膀变形对升力产生的影响。1998年Tuncer等对具有拍打和俯仰两个自由度的翼型的动态失速进行了研究。1999年Ramamurti等用基于非结构化网格的有限元流解算器模拟了拍打和俯仰运动组合扑翼的非定常流场。1998年Liu等基于三维非定常N-S方程,运用伪人工压缩方法计算绕三维翼的黏性流动,验证了Ellington等的实验结果,并对动态失速涡的演化和非定常力作用过程做了分析。2004年Wang等比较了二维N-S方程数值计算的非定常气动力与三维扑翼模型实验测量值,发现二维计算结果与实验符合得很好,同时也指出旋涡脱泻对瞬时气动力影响是否重要仍不清楚。

1.3.1.3 理论研究方面

1993年Delaurier利用改进的条带理论建立了对称扑翼在拍动和俯仰运动中的空气动力学模型,并计算了该扑翼模型的平均升力、推力和输入功率。1994年

Smith 采用有限元法和启动翼段法建立了飞蛾翅膀的弹性动力学和空气动力学耦合模型,研究了在气动力和惯性力作用下翼的各阶弯曲和扭转振型,并与刚性翼模型进行了对比。1996 年 Smith 用三维非定常面元法计算了昆虫飞行时的气动力,考虑了翅膀柔性的影响。1997 年 Hall 等提出了一种使扑翼大幅值拍打产生升力和推力的最小环流分布的计算方法。1998 年 Pendaries 等提出了利用无铰链弹性扑翼的一阶弯曲和扭转产生推力的设计方案,并利用有限元法和改进的条带理论建立了扑翼的气动弹性模型。

1.3.2 国内研究现状

虽然国内对仿生扑翼飞行的研究起步相对较晚,但国内科学家们始终关注着其发展动态,并加大力度开展这方面的研究工作,以缩小与国外的差距。目前国内不少高等院校和科研机构已经在这方面的基础研究和应用研究工作中取得了成果。

1.3.2.1 实验研究方面

清华大学的曾理江等重点进行了昆虫运动机理研究和应用以及有关昆虫运动参数的测量和分析,用非线性理论方法,通过测量、建模、仿真验证昆虫运动的机理。西北工业大学、南京航空航天大学等机构也对扑翼的气动力、非定常流动机理进行过相关的实验研究。宗光华等人完成了扑翼式微型飞行器的升力测量与分析;东南大学王姝歆等建立了柔性翼模型并进行了分析和实验研究,验证了柔性翼在提高气动效率和飞行稳定性方面的作用。这些研究工作为扑翼飞行的理论研究及设计制作提供了依据。

1.3.2.2 数值计算方面

2001 年北京航空航天大学的孙茂等采用数值解和涡动力学理论研究了模型昆虫翼做非定常运动时的气动力特性,解释了昆虫产生高升力的机理。2002 年 Sun 等按照果蝇悬停状态扑翼模型的外形及运动学数据,做了三维非定常 N-S 方程数值模拟研究,给出了拍动周期中变化的气动力以及尾涡结构的流动细节,并提出了产生非定常高升力的三个作用机制。2004 年宋红军等应用商业软件 FLUENT 对二维单翼翼型进行数值模拟,分析了翼型沉浮、俯仰以及沉浮和俯仰联合运动这三种方式运动的流动图像和升阻力系数曲线。2006 年周超英等利用流体力学数值方法——有限体积法,研究了低雷诺数下二维蜻蜓翼模型在运动过程中随着翼型厚度、扑动幅值、扑动频率和扑动平面倾角的改变,所获得的升力和推力的变化。刘岚等利用任意拉格朗日-欧拉有限元方法求解出 N-S 方程的数值解,依据单翼流场仿真的结果分析了扑翼运动产生的前缘涡旋对升力的作用。北京大学程暮林通过 FLUENT 嵌入 UDF 函数得出二维情形下不同的飞行控制参数的改变对飞行升力阻力的影响。2007 年白鹏等采用数值方法对果蝇悬停飞行拍动单翼进行数值模拟，分别数值模拟了三种运动模态——超前模式、对称模式和滞后模式，并结合气动力系数和流场结构研究分析了果蝇悬停飞行获得高升力的流场机理。2009 年张来平等通过动态混合网格技术和基于虚拟压缩方法的不可压缩流非定常计算方法，对小型昆虫翼的周期运动进行了数值模拟，探讨了"相拍-急张"机制能够增强升力的流动机理。

1.3.2.3　理论研究方面

2005 年曾锐、昂海松等通过建立变速柔性扑翼分析模型，使之更接近鸟翼柔性扑动的真实情况。通过对比计算发现，柔性变形对扑翼的升力与推力都有着显著影响，如果控制得当，柔性变形能大大改善扑翼的气动性能。2007 年张明伟等建立了微扑翼飞行器的气动力模型，对升力和阻力的产生机理进行了分析和计算。周骥平等通过对扑翼飞行翅的简化和分析，建立了仿生扑翼飞行的简化力学模型，结合翼形导出了在一个扑动周期内翅上所产生的平均前进力和升力公式。2009 年崔晓峰等分析计算了仿鸟扑翼飞行器翅拍动所产生的气动力和气动力矩，导出了拍翅式微型飞行器机体的运动微分方程和状态空间方程，并计算了扑翼在飞行中的位置和姿态角。魏瑞轩等在建立仿鸟扑翼飞行器柔性翼模型的基础上，基于非定常空气动力学原理，用修正的准定常气动力计算模型估算出了翅膀扑动产生的高升力。2011 年陈亮等采用改进的叶素理论对仿鸟扑翼机器人的空气动力学问题进行了研究，建立了低雷诺数、非定常条件下，仿中小尺度飞鸟扑翼机器人的扑动模型和扭转模型，并考虑非定常尾涡对展向气流的下洗效应，对飞行迎角进行了修正，在此基础上，建立了扑翼机器人的升力模型和推力模型。

以上这些研究较好地解释了一些生物的非定常高升力机理，也推动了仿生扑翼飞行关键技术的发展。但不难发现，目前国内外仿生飞行器在大型化、高速化等领域仍有很大的不可行性，仿生扑翼飞行器在大型化方面遇到的难以逾越的障碍——翼片自身往复摆动产生的巨大惯性力，仍然没有得到解决。

1.3.3　各种各样的仿扑翼飞行器

人类的仿生飞行研究是从扑翼开始的，那时模仿的对象是鸟类。屡战屡败之后，转向只仿鸟类翱翔飞行的固定翼飞机。20 世纪中期以来，随着人们对昆虫飞行研究的深入，仿生飞行的注意力又回到扑翼飞行上，但研究对象换成了昆虫。越来越多的研究者开始了对昆虫飞行仿生的研究，并研制出各种各样的微型或小型仿生扑翼飞行器。比如：

(1) 美国加州理工学院等科研单位联合设计的微蝙蝠(Microbat)微小扑翼飞行器,是由微型电机和精密传动系统构成的,它可以实现类昆虫翅膀的上下摆动,如图 1.19 所示。首个实验模型在空中以接近 30 Hz 的扑动频率实现了近 9 秒的运动。后来对机身的材料进行改进(例如,翅架改用钛合金制造)且增加了无线控制设备,在减轻整机质量的同时提高了飞行的可控性。最终微蝙蝠翼展 9 in(英寸;1 in = 2.54 cm),总质量 12.5 g,在 2002 年实现了将近 23 分钟的持续飞行,刷新了自有数据记载以来的飞行记录。

(2) 加拿大和美国的两所大学在 2000 年联合设计出了名为 Mentor 的仿昆虫扑翼飞行器。它的机翼由一种电致伸缩的聚合物人造肌肉驱动,质量不足 500 g,翼展可以达到 300 mm,如图 1.20 所示。2001 年成功进行了试飞实验。为了将其运用在探索情报等方面,研究人员正致力于研制尺寸更小且具有完善飞行控制系统的样机模型。

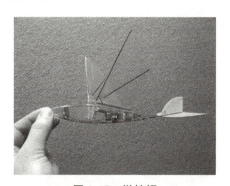

图 1.19 微蝙蝠

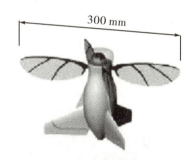

图 1.20 用人造肌肉驱动的 Mentor

(3) 2013 年荷兰代尔夫特理工大学的工程师研制出了世界上第一架能够自行驾驶的超轻型微型飞机,如图 1.21 所示。这款飞机名为"代尔夫特探险者"(Delfly Explorer),采用与鸟类似的扑翼设计,它的质量只有 0.04 磅(约合 18 g),能够在没有飞行员驾驶的情况下在空中盘旋 9 分钟。该飞行器搭载了立体视觉系统、处理器和陀螺仪,能够自行进行导航,在飞行过程中避开各种障碍。此外,还装有用于保持飞行高度的气压计以及用于保持稳定和航向控制的陀螺仪。借助于这些传感器,这款飞机可以自行起飞,爬升到设定的高度,整个过程无需外部控制。

图 1.21 能自动飞行的仿扑翼机

(4) 南京航空航天大学的研究团队在多年研究扑翼飞行器的基础上,针对飞行器横航向和航迹控制的品质问题进行了改进设计,使机翼在扑动的同时还可以产生可差动的扭转,实现了我国第一个可控微型飞行器的设计制作,如图 1.22 所示。该飞机可以实现高度为 50 m 的飞行,时间达到 6 分钟,有着广阔的应用前景。

图 1.22　南京航空航天大学的扑翼机

(5) 2011 年首次在欧洲亮相的 SmartBird 是德国 Festo 公司自主研发的。这只超轻型的仿生机器鸟可以自主起飞、飞翔、滑行和着陆。它的质量仅为 450 g,翅膀完全张开时翅展可达 1.96 m。它的翅膀不仅可以上下拍打,还可以像真鸟一样按特定角度扭动。它的尾巴也可以起到掌舵的作用,转弯时可以倾斜和旋转,并且产生升力。如图 1.23 所示。

图 1.23　仿生机器鸟

(6) 2011 年美国航空环境公司推出一款名为"纳米蜂鸟"的扑翼式无人机,如图 1.24 所示。该无人机外形酷似蜂鸟,长仅 16 cm,质量不及一个 5 号电池。"纳米蜂鸟"无人机的翅膀像纸一样纤薄,每秒钟能拍打 20~40 次。通过改变翅膀的角度和形状对飞行姿态进行调整,它在空中的盘旋时间能超过 11 分钟。这个小巧的"蜂鸟"身上安装有微型摄像机和遥控装置,可以从窗户或其他小开口飞进飞出,可用于室内外侦察。它在空中十分

图 1.24　纳米蜂鸟

稳定,即使在强风中也具有良好的操控性。

然而,以上的这些微型扑翼飞行器充其量只是一个机器鸟或机器昆虫,即使仿生得再惟妙惟肖,也不能作为人类自由飞行之梦的实现。有朝一日由人们自己驾驶仿鸟或仿昆虫扑翼飞行的仿生飞行器在空中自由飞行之时,才是人类实现自由飞行之梦的日子。但是,按照传统的仿生飞行的路子走下去,这一天还有多远呢?

第 2 章
仿动物运动效果的机构——半转机构

2.1 半转机构的提出

2.1.1 对动物运动仿生的反思

自古以来，动物们在陆地上奔走、在水中游动、在空中飞行表现出的各具特色的快捷、机敏、灵巧一直是人类力求仿效的梦想。几千年弹指一挥间，在许多学科上人类取得了日新月异的成就，但回顾动物运动的仿生，值得人类自豪的成果屈指可数。除了技术上的障碍之外，人类自身的仿生意识没有障碍吗？

目前流行的动物运动仿生机械研究是从形态、结构、控制、功能等诸方面全面对动物进行模仿。在飞行仿生中，近年来特别重视对昆虫飞行能力的研究和模仿。这种研究对于全面了解并利用动物的运动特征是有价值的。但是由于追求对动物惟妙惟肖的模仿，实验中的仿生机器结构复杂、控制困难，与实用还有相当的距离。比如，目前几乎都只是在与原型动物相近的尺度上实现飞行仿生，虽然亦有意义，但毕竟有极大的局限性，也不具有广泛的实用性。在飞行的仿生中，如果使比昆虫或鸟大得多的人造飞行器直接采用扑翼的飞行方式，则会出现比动物的飞行大得多的雷诺数，在现有的技术条件下，巨大的惯性力将使扑翼飞行难以实现。同样，我们也难以做到使几十米长的船舶像鱼一样扭动船身前进。但是，大型化是走向广泛实用的必经之路，这个障碍不克服，动物运动仿生就难以实现真正的应用。

在仿生学作为一个学科诞生时，斯蒂尔(J. E. Steele)就指出：仿生学是研究以模仿生物系统的方式，或是以具有生物系统特征的方式，或是以类似于生物系统的方式工作的系统科学。这里指出"仿生"有三层含义，从"模仿"到"类似于"，仿生的程度是不同的。因此，为了使仿生成果能实际运用到机械工程中去，我们应该着眼于"类似于生物系统方式工作的"、能与常用发动机良好适应的、便于实际应用的系统的开发与研究。换言之，我们应着重追求对动物运动效果的"神似"而不是追求"形似"。这才能引导动物运动仿生研究走上康庄大道。

在这样的认识上再回视动物运动仿生走过的路,可以发现一个普遍存在的片面性:几乎所有的研究都侧重于对动物器官运动形式的模仿,企图通过模仿动物器官的运动形式来实现其运动效果。固然,利用现代的各种科技手段对动物的运动进行仔细研究是十分重要的,模拟动物器官的运动形式来达到它们的运动效果对于深入了解动物运动的机理也很有意义,但是人们应该注意到动物器官的运动形式还有与驱动它们的原动机——肌肉相适应的一面,也应该注意到动物器官的运动形式是受两个因素制约的:一是运动效果,二是驱动方式。人们所见到的动物器官的运动形式中,有些动作并不是运动效果所必需的,而只是受到肌肉运动特点的限制而产生的。不难设想,如果驱动动物器官运动的不是伸缩运动的原动机(肌肉),而是另一种运动形式的原动机,那么在自然界的长期进化中动物器官就会出现与现在不同的运动形式,但是必然仍旧会产生动物生存所需要的运动效果(如飞行、游动、奔跑等)。所以在研究动物器官运动形式的时候,不能仅仅看到运动形式是产生运动效果的需要,同时还必须看到运动形式还有与它们的"原动机"——肌肉相适应的一面。动物肌肉的伸缩运动与人类常用发动机的转动是完全不同的,用转动发动机去实现与肌肉伸缩相适应的动物器官的运动,显然不是一条合理的途径。

所以在仿生机械的研究中,应该把研究结构尽可能简单的、适应转动发动机的仿生运动机构作为关键。虽然这样的机构与适应肌肉的动物器官具有不同的构成与不同的运动形式,但是它们产生的动力学效果是相似的,所以它能够成为动物运动仿生实用化的基础机构。在此机构的基础上进一步开展研究,可望推进动物运动仿生的实用化进程。

2.1.2 不对称转动的机构——半转机构

适应常用发动机的仿生运动机构的研究内容包含两个基本部分:一是怎样构成与常用发动机相适应的仿生机构;二是怎样用此机构实现不同动物的运动效果。前者是后者的基础。常用发动机是指转动的发动机,最能与常用发动机适应的运动形式必然是转动。

动物飞行、游动、奔跑时虽然其器官运动的形式各有不同,但是本质上都是"不对称摆动"(例如,鸟翼下扑与上举的运动不同,马腿后蹬与前伸的运动不同)。必须注意到"不对称"与"摆动"不是必然联系的,也不是一个不可分割的完整概念。其中,摆动是适应肌肉特点的运动形式,而运动的不对称是产生上升或前进运动效果的基本条件。

要实现动物器官运动的基本效果,首先必须实现不对称运动。用转动的发动机去实现不对称摆动必然出现不可避免的复杂化,而且还有惯性力大的缺陷。所以,要达到适应常用发动机的目的,就必须从转动形式的机构出发,摒弃"摆动",保留"不对称",也就是说,适应常用发动机的仿生运动机构应该是一种不对称运动的转动机构。这种不对称转动机构是动物运动仿生的主要基础,只有在此基础上才能进一步研究如何实现不同动物的飞行、游动、奔跑的运动效果。

以此为目标,经过多年的研究,我们提出一种结构简单的不对称转动机构的基本构成方法,并且把这种不对称转动机构取名为"半转机构"。

2.2 半转机构原理

2.2.1 半转机构的原理机构

了解不对称摆动的曲柄摇块机构的演化有助于理解半转机构的原理。

图2.1是基本的曲柄摇块机构,其中1为曲柄,2为摇杆,3为套筒,4为机架。O 和 H 是置于机架上的转动副,O 安装曲柄1在机架上,H 安装套筒3在机架上。C 是连接曲柄1与摇杆2的转动副,D 是连接摇杆2与套筒3的移动副。当曲柄1匀速转动时,摇杆2产生围绕定点 H 的不对称摆动。

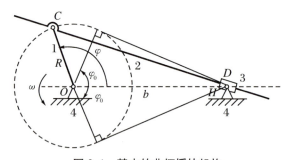

图2.1 基本的曲柄摇块机构

设曲柄1以角速度 ω 逆时针匀速转动,转角为 φ。曲柄1连续转动时,摇杆2上下往复摆动。上摆与下摆行程的分界点在 $\varphi = \varphi_0$ 处。设曲柄长为 R,O 和 H 的距离为 b,则有

$$\cos \varphi_0 = \frac{R}{b} \tag{2.1}$$

摇杆2下摆(逆时针方向)的时间为

$$t_1 = \frac{2(\pi - \varphi_0)}{\omega} \tag{2.2}$$

摇杆 2 上摆(顺时针方向)的时间为

$$t_2 = \frac{2\varphi_0}{\omega} \tag{2.3}$$

如果使点 H 向点 O 靠近,即 b 变小,则由式(2.1)可知 φ_0 变小。由式(2.2)与式(2.3)可知,摇杆 2 向下逆时针方向摆动的时间变长,向上顺时针方向摆动的时间变短。设想 H 向 O 靠近到 $b = R$ 时,得到 $\varphi_0 = 0$, $t_1 = 2\pi/\omega$, $t_2 = 0$。这表明此时摇杆 2 向上顺时针方向的摆动已经消失,摇杆 2 的摆动变成了只有一个方向(逆时针方向)的"转动"。严格地讲,此时摇杆 2 是平面运动;但是摇杆 2 上的转动副 C 做连续的圆周运动,同时摇杆 2 在主轴点 O 的左右两侧呈不对称的位置,从其整体运动特点来看是一种不对称的转动。在此机构中,曲柄 1 转动一周时,摇杆 2 只转动了半周,故特称之为"半转机构",产生不对称转动的摇杆 2 称为半转构件。在不同的应用中,半转构件可以设计成各种形式,如果是杆件,则称之为半转杆,见图 2.2;也可以是叶片,称之为半转叶片,相应的半转机构称为半转叶轮(见后面的图 2.8)。如果两个半转机构背对背放置,半转构件采用起翅膀作用的翼片的形式(称为半转翼片),则相应的半转机构就成为飞行仿生中的"半转翼",图 2.3 就是用一对半转机构构成的可仿扑翼飞行的半转翼。

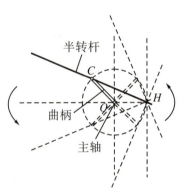

图 2.2 半转机构的原理图

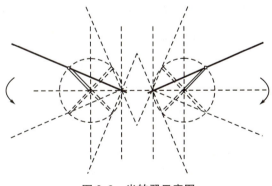

图 2.3 半转翼示意图

图 2.4 是一种半转翼的运动模型。比较半转翼与图 2.5 中鹰全力扑翼上升时翅膀下拍行程的运动特征,可以直观地看出两者基本运动特征的相似之处。由于鹰翅的最大升力只会在下扑行程中出现,在上举行程中双翅必须用一连串弯曲、扭转的复杂动作来避免升力的过度下降。但是不对称转动的半转翼运转时没有上举

行程出现,只有可以产生最大升力的下扑行程,而且这个下扑行程是连续产生的。

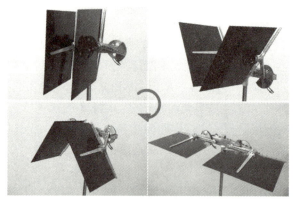

图 2.4 一种半转翼的运动模型

图 2.5 奋力扑翼的鹰

可以说,固定翼飞机是对翱翔的鸟双翅不动借助外界气流产生升力状态的仿生,而半转翼是对鸟类最大限度振翼产生升力状态的仿生。两者分别模仿了鸟类扑翼运动的两个极端状态。

但在半转机构的具体实现上,很难直接按图 2.2 概念性的原理图做成半转机构,因为转动副 C 与 H 会出现运动干涉,而且当转动副 C 运动到与 H 重合的位置时,摇杆 2 的转动方向会出现不确定性,因此实际机构采取其他传动方式才能实现半转运动。

2.2.2 半转机构的实用结构

半转机构的主要特征是半转杆的转速是曲柄转速的一半,所以用行星轮机构的原理可以构成能够工作的半转机构。具体实施时可以采用两种传动方式实现半转机构的不对称转动：链轮/带轮和行星齿轮。

2.2.2.1 基于链轮/同步带轮传动的半转机构

如图 2.6 所示，动轮与定轮是链轮或同步带轮，动轮直径为定轮的 2 倍，两轮之间采用链条或同步带传动。当系杆以角速度 ω 转动时，与动轮固连的末级构件（相当于前述的摇杆）以角速度 $\omega/2$ 转动，且两者的转动方向相同。系杆转动一圈，末级构件只转半圈，这样就产生了不对称转动，故末级构件就是半转构件。

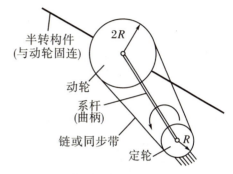

图 2.6 链轮或同步带轮构成的半转机构

2.2.2.2 基于行星齿轮传动的半转机构

如图 2.7 所示，动轮、惰轮和定轮皆是齿轮。动轮（行星轮）的齿数是定轮（太阳轮）的 2 倍，惰轮保证动轮相对系杆的转动与系杆的转向相反，从而系杆转过一圈时与动轮固连的构件只转过半圈，该构件产生不对称转动，也是半转构件。

上述半转机构是实现不对称运动的一种基本机构构型。根据不同的应用需要，还可以对其半转构件和系杆的结构形式进行变形设计和衍生设计，从定轮到动轮的传动形式也可根据具体情况采用其他方法实现。如在实际使用时，可把系杆延伸为转臂，如图 2.8 所示。在转臂的两端分别安装两个动轮，并且在动轮上固连叶片（即半转叶片）。该机构在流体中运动，叶片在左右两侧与流体的作用力将明显不同。叶片对流体的作用效果明显偏在半周上，从而产生定向推力。反之，如果把这种半转叶片的转子（也可称为"半转叶轮"）置于流动的流体中（如风或流水），则由于流体对叶片的作用力不对称而使转臂产生绕主轴的转动。

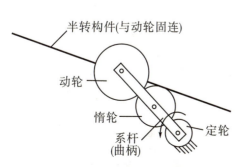

图 2.7 行星齿轮构成的半转机构

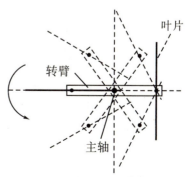

图 2.8 半转叶轮示意图

2.2.3 半转机构的基本运动分析

2.2.3.1 速度瞬心

半转构件的运动是平面运动。如图 2.9 所示，OC 为长度为 R 的曲柄，AB 为半转构件，其长度 $AB=2a$，C 是连接曲柄与半转构件的动轴。动轴点 C 的轨迹是以曲柄为半径的圆，叫曲柄圆。设曲柄转动的角速度为 ω，点 C 圆周运动的速度 $V_C=\omega R$，翼片的速度瞬心应在 CO 的延长线上的 P 点。因翼片的角速度是 $\omega/2$，所以有 $V_C=(\omega/2)\cdot CP=\omega R$，由此得到 $CP=2R$。即半转构件的速度瞬心 P 和动轴点 C 在曲柄圆直径的两端。

2.2.3.2 不动点

由半转机构的演化过程可直观看出，半转构件所在的直线必定始终通过不动的摇块轴(图 2.1)，抽象到图 2.9 中就是直线 AB 始终通过 H 点，这是直线 AB 能出现半转运动的充分条件。不难从数学上证明这个条件的必要性。如图 2.10 所示，设曲柄初始位置水平向右，此时动轴点 C 在曲柄圆与水平坐标轴的交点 H 处。此时半转构件 AB 的初始位置在过 H 点的铅垂线上。由半转机构的基本运动特征可知，曲柄逆时针转动 φ 角时，半转构件逆时针转动 $\varphi/2$ 角。设此时半转构件与水平轴的交点为点 J。从点 C 作水平轴 OH 的垂线 CK，由几何关系可得

$$OK = R\cos\varphi$$

$$KJ = R\sin\varphi\tan\frac{\varphi}{2} = 2R\sin^2\frac{\varphi}{2}$$

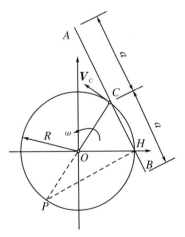

图 2.9 半转构件的速度瞬心

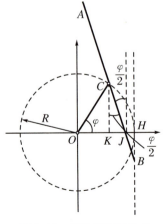

图 2.10 半转机构不动点

于是得到

$$OJ = OK + KJ = R\left(\cos\varphi + 2\sin^2\frac{\varphi}{2}\right) = R$$

这说明点 J 就在圆周上,即点 J 与点 H 是重合的。由此证明了半转构件 AB(或其延长线)在运动中必须通过点 H。因此,半转构件所在直线必过动轴点 C 初始所在位置的 H 点是半转构件产生半转运动的充要条件。鉴于 H 点对于半转机构运动的重要性,把它称为半转机构的"不动点"。

2.2.3.3 半转构件上点的速度

参见图 2.9,连接 PH,可知 $PH \perp AB$,所以半转构件上过不动点的点的速度 V_H 必定沿着构件的切线方向,且

$$V_H = \frac{\omega}{2} \cdot PH = \frac{\omega}{2} \cdot 2R \cdot \cos\frac{\varphi}{2} = \omega R\cos\frac{\varphi}{2}$$

V_H 在半转构件 AB 的法线方向的分量等于零。

为计算半转构件上其他点的速度,在半转构件上建立直角坐标系。x 轴正方向为 BA 方向,即半转构件的切向;y 轴为半转构件的法向,以动轴点 C 为坐标原点,参见图 2.11。半转构件上坐标为 x 的任意点 D 的速度用其两个正交分量切向速度 V_x 与法向速度 V_y 表示,即 $V_D = V_x + V_y$。

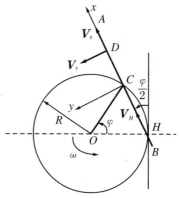

图 2.11 半转杆上点的速度

对于平面运动的半转构件,取与不动点 H 重合的点为基点,则点 D 的速度 $V_D = V_x + V_y = V_H + V_{DH}$,其中

$$V_{DH} = \frac{\omega}{2}\left(x + 2R\sin\frac{\varphi}{2}\right) = \omega\left(R\sin\frac{\varphi}{2} + \frac{x}{2}\right)$$

易知

$$V_x = V_H = \omega R\cos\frac{\varphi}{2} \tag{2.4}$$

$$V_y = V_{DH} = \omega\left(R\sin\frac{\varphi}{2} + \frac{x}{2}\right) \tag{2.5}$$

2.2.3.4 半转构件上的法向速度异向区

由式(2.5)可知,当 $x = -2R\sin(\varphi/2)$ 时,$V_y = 0$;当 $x > -2R\sin(\varphi/2)$ 时,$V_y > 0$;当 $x < -2R\sin(\varphi/2)$ 时,$V_y < 0$。这表明,半转构件上点的法向速度以不

动点为界,在不动点的两侧法向速度的方向相反,即半转构件上存在以不动点分界的法向速度的异向区(图2.12(a))。如果在运动中的某些时段不动点离开了半转构件,而移动到半转构件的延长线上,半转构件上的法向速度异向区就不存在了(图2.12(b))。发生无异向区的条件是:半转构件的半长必须满足

$$\frac{AB}{2} = a \leqslant 2R\sin\frac{\varphi}{2}$$

此时半转构件上无法向速度异向区的转角范围是

$$2\arcsin\frac{a}{2R} \leqslant \varphi \leqslant 2\pi - 2\arcsin\frac{a}{2R}$$

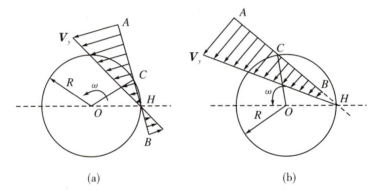

图 2.12 法向速度异向区

在本书讨论的半转翼的结构中,通常取 $a > 2R\sin(\varphi/2)$,不会出现无速度异向区的情况。因此,以下相关内容只讨论法向速度有异向区的情况。

与法向速度相比,半转构件上点的切向速度简单得多。由式(2.4)可知,在一定的转角 φ 时,半转构件上各点的切向速度相同。

简而言之,半转构件上点的速度具有法向速度异向分布和切向速度均匀分布两个特点。

2.2.4 半转翼片气动力的初步计算

2.2.4.1 "阻力"元

当半转构件为翼片时,转动的翼片就会受到空气动力的作用。作为该气动力的初步计算,只研究半转翼在静止空气中匀速转动时产生的气动力。在此状态下,翼片所受的力以其法向的"阻力"为主,参见图2.13。

设薄板形的翼片的阻力系数是 C_D,则翼片上任一点 D 处 dx 微段上的阻力 dF 的方向与 V_y 相反(图2.13),其大小是

$$dF = \frac{1}{2}C_D \rho h V_y^2 dx$$

将式(2.5)代入,有

$$dF = \frac{1}{2}C_D \rho h \omega^2 \left(R\sin\frac{\varphi}{2} + \frac{x}{2}\right)^2 dx \tag{2.6}$$

其中 C_D 是叶片的阻力系数,可以通过实验确定;ρ 是空气的密度;h 是叶片的长度;ω 是曲柄(主轴)的角速度;R 是曲柄的半径;φ 是曲柄的转角。

由于叶片上 V_y 的分布有异向区,所以"阻力"元 dF 也有异向区。因为 dF 的方向与气流相对翼片的速度方向相同,所以规定 dF 的正方向为 y 轴的负方向。在 $-2R\sin(\varphi/2) < x \leqslant a$ 的区域,dF 指向 y 轴的负方向,dF 为正值;在 $-a \leqslant x < -2R\sin(\varphi/2)$ 的区域,dF 指向 y 轴的正方向,dF 为负值。

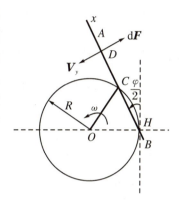

图 2.13 翼片的"阻力"元

2.2.4.2 翼片上气动力系的简化

空气对翼片的作用力是在翼片上的分布力系,在每一瞬时可以把该力系向翼片的中心点简化。对于矩形翼片,AB 即为该矩形的一条边;在正视图中,翼片的中心与动轴点 C 重合。所以在平面示意图中,可视为力系向点 C 简化。下面计算此时力系以点 C 为简化中心的主矢 F_R 与主矩 M_C。

1. 主矢

如前所述,"阻力"元 dF 在 $-2R\sin(\varphi/2) < x \leqslant a$ 的区间与 $-a \leqslant x < -2R\sin(\varphi/2)$ 的区间方向相反,计算时应分区间取不同的符号:

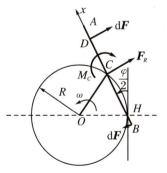

图 2.14 翼片气动力的
主矢与主矩

$$F_R = \int_{-a}^{-2R\sin\frac{\varphi}{2}} -dF + \int_{-2R\sin\frac{\varphi}{2}}^{a} dF$$

$$= \frac{1}{6}C_D \rho h R \omega^2 \sin\frac{\varphi}{2}\left(4R^2\sin^2\frac{\varphi}{2} + 3a^2\right) \tag{2.7}$$

主矢 F_R 作用在 C 点,方向与 AB 垂直,指向与曲柄的转动方向相反,与水平方向的夹角为 $\varphi/2$,参见图 2.14。

2. 向 C 点简化的主矩

计算主矩时,同样要根据异向区分区间计算:

$$M_C = \int_{-a}^{-2R\sin\frac{\varphi}{2}} -x\,\mathrm{d}F + \int_{-2R\sin\frac{\varphi}{2}}^{a} x\,\mathrm{d}F$$

$$= \frac{1}{48} C_D \rho h \omega^2 \left(-16R^4 \sin^4\frac{\varphi}{2} + 24R^2 a^2 \sin^2\frac{\varphi}{2} + 3a^4 \right) \quad (2.8)$$

由 dF 的正方向规定知,主矩的正向与曲柄转动方向相反。在图 2.14 中,顺时针方向为主矩的正方向。

以上是曲柄在每一个瞬时(每一个位置)翼片所受气动力的主矢与主矩。随曲柄的转动它们的大小与方向在不断变化。

对于无法向速度异向区的翼片的气动力主矢与主矩,所得计算结果与以上两式不同。相关内容可参阅《半转机构》第 5 章。

2.2.4.3 半转翼的升力

可以根据气动力的主矢计算半转翼产生的升力。设置半转翼时,只要使主轴与不动点在同一水平线上,翼片气动力在铅垂方向的分量就是升力。主矢在铅垂方向的分量就是整个翼片升力的大小,参见图 2.15。

当曲柄转角为 φ 时,半转翼片的瞬时升力为

$$F_L = F_R \sin\frac{\varphi}{2}$$

$$= \frac{1}{6} C_D \rho h R \omega^2 \sin^2\frac{\varphi}{2} \left(4R^2 \sin^2\frac{\varphi}{2} + 3a^2 \right) \quad (2.9)$$

用式(2.9)计算 $\varphi \in [0, 2\pi]$ 的平均值,得曲柄转动一周时,半转翼片的平均升力为

$$\overline{F_L} = \frac{1}{4} C_D \rho h R (R^2 + a^2) \omega^2 \quad (2.10)$$

在以上几式中,R,h 和 a 是半转翼的几何尺寸,ρ 是空气密度,ω 是曲柄转速,都是可以直接确定的量。但 C_D 是计算翼片面积元所受"压差阻力"的阻力系数,没有现成的数值,是必须根据翼片的具体情况通过实验测定的参数。在后文将进一步讨论此参数的测定及其更适当的名称。

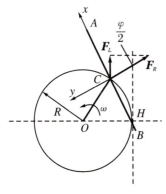

图 2.15 翼片的升力

2.3 半转机构的不同结构及其仿生应用

在不同的应用问题中,前述的原理性的半转机构必须采用不同的结构形式来实现,以达到仿生运动的效果。以下以游动仿生与步行仿生的应用为例介绍不同应用中的半转机构。

2.3.1 仿鱼尾推进器

用一块平板做半转构件,就能构成一个半转平板推进器,如图 2.16 所示。图 2.17 为该推进器半转转臂的结构示意图。

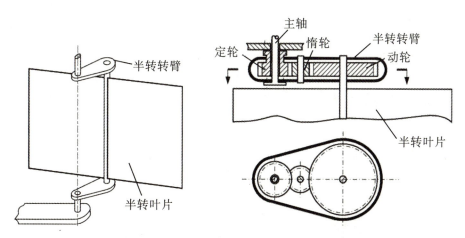

图 2.16 半转平板推进器　　图 2.17 推进器半转转臂的结构示意图

转臂内部有一组齿轮,其中定轮与机架固连,主轴与定轮同轴并从定轮中心穿过与转臂连接,惰轮与动轮的轴均安装在转臂上,动轮轴伸出转臂与叶片连接。动轮半径是定轮半径的 2 倍。

主轴转动带动转臂,动轴在转臂与齿轮组的双重作用下产生不对称的半转运动。与动轴连接的平板成为半转构件,使不对称转动的平板与水作用产生推进力。

用两个半转平板推进器布置在船尾左右,即可构成仿鱼尾推进器,参见图 2.18。两者的相对位置关系为:左侧的转臂在动轴向内的水平位置且叶片垂直,同时右侧的转臂在动轴向外的水平位置且叶片水平,并且两者的转向相反。运转时两侧叶片交替划水,从而产生鱼尾推进动作的效果,参见图 2.19。

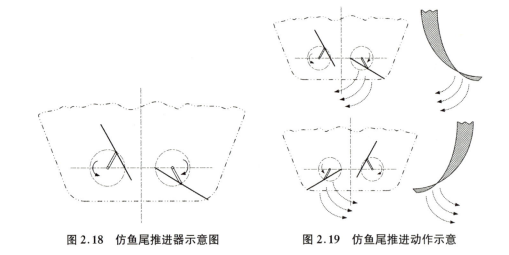

图 2.18　仿鱼尾推进器示意图　　图 2.19　仿鱼尾推进动作示意

2.3.2　仿昆虫步行车

用多个内啮合分置腿式半转步行轮可以构成仿昆虫步行车。图 2.20 是内啮合分置腿式半转步行轮(简称半转步行轮)结构示意图。图 2.21 是半转步行轮行走时两腿杆交替踏地,仿生步行状态的示意图。

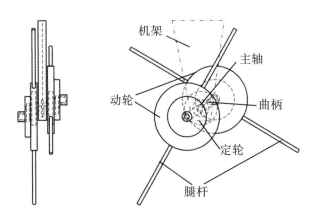

图 2.20　半转步行轮结构示意图

半转步行轮中的半转机构采用内啮合齿轮传动。其优点是内啮合比外啮合紧凑,且定轮大小不再受到限制。因此穿过定轮的主轴直径也可不受限制,使得传动与受力性能得到提高。这对提高半转步行轮的行走能力十分有利。在此步行轮中,腿杆直接固定在动轮外壳上而分置在主轴的两侧,不会相互产生运动干涉。这有利于合理选择长度适合的腿杆,进行优化设计。而且两个动轮与腿杆分置于机架的两侧,使用中可按需加大两个分置动轮之间的轴向距离。这对设计半转步行轮的车辆十分有利。

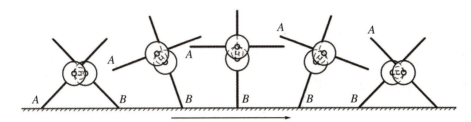

图 2.21 半转步行轮行走状态示意图

昆虫有六只足,行走时分成两组"三脚架",每侧的前足、后足与另侧的中足成一组。一组举足前跨时,另一组着地支撑身体。交替动作使身体前进。

在半转步行轮中,加长主轴,使分置的两动轮及其上的腿杆分别安置在步行车的两侧。这样用三个半转步行轮就可以构成六足的仿昆虫步行车,参见图 2.22。

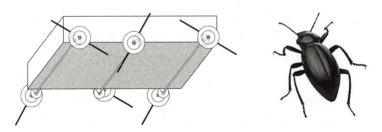

图 2.22 仿昆虫步行车与昆虫的比较

在以上两种对水中与陆上动物运动的仿生机械中,半转运动是通过齿轮传动机构产生的。虽然能产生仿生的运动效果,但机构比较复杂,自重相对较大。在飞行仿生的场合,对飞行器的轻量化有严格的要求。为了实现半转机构的飞行仿生应用,必须以简约化与轻量化为目的对半转机构进一步研究。

第 3 章
半转机构的简约化

3.1 简约化设计的思路

3.1.1 简约化半转机构的需求

飞行仿生的目标对半转机构提出简约化设计的要求。所谓简约化,就是在不改变机构运动效应的前提下,使机构的结构尽量简单,零件尽量少,质量尽量小。

在前文所述的半转机构中,产生半转运动的曲柄内部是个齿轮箱,结构复杂、质量大,不适合用在飞行器上。因此必须对半转机构的结构进行全新的设计,尽可能地减少机构的构件数,以达到简约化、轻量化的目的。如果能实现半转机构的简约化,那么在其他应用中的半转机构也可以得到更新,甚至能进一步开拓半转机构的应用范围。

飞行仿生对半转机构提出更新的需求,更新的半转机构又能拓展到更广泛的应用。

3.1.2 简约化设计的切入点

为了寻找半转机构新的驱动方式,必须还回到原理机构上,参见2.2.1小节。

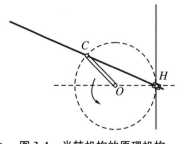

图 3.1 半转机构的原理机构

半转机构在原理上是从曲柄摇块机构蜕变而来的,其原理机构的结构与曲柄摇块机构相同,只有曲柄、摇杆(半转杆)与摇块三个运动构件,如图3.1所示。为了构成运动约束关系,这三个构件都是必不可少的,所以应该以此原理机构作为简约化设计的基础。

此半转机构的原理机构是个结构简单的一自由度机构。曲柄与半转杆相连的转动副 C(以后称之为动轴)带动半转杆随曲柄运动,同时定位的转动副 H 通过套筒限制半转杆的自由转动,使半转杆的转角由曲柄的转角确定。曲柄在某个确定的位置,半转杆也随之有唯一确定的位置。两个转动副 C 和 H 像半转杆上的两个点,完全约束着半转杆的转动。

在此原理机构中,必须有 $OC = OH$,且半转杆所在直线始终通过不动点 H,这样才能实现半转运动。因此动轴 C 就会与在点 H 的摇块产生运动干涉。而且即使避免了干涉,当点 C 运动到与点 H 重合的位置时两个转动副重合,从而导致半转杆丢失一个约束,其转动方向会出现不确定性。

因此,如果以原理机构为基础进行半转机构的简约化设计,就必须解决运动干涉与丢失约束两个问题。

3.1.3 干涉的破解

动轴 C 与在不动点 H 的摇块之间的干涉并不是不可破解的。按照两者的相对位置,可以提出两种破解干涉的方案。

3.1.3.1 对侧式干涉破解

首先注意到动轴 C 的运动轨迹是一个平面曲线圆,如果点 H 不在点 C 的运动平面上,就不可能发生干涉。因此可以把不动点 H 处的摇块与动轴 C 设置在半转构件的不同侧,这就是对侧式干涉破解方案。参见图 3.2,摇块与动轴分设于半转杆的两侧,铰接于机架的摇块上设有导槽,半转杆是在摇块导槽中移动的导杆。在原曲柄摇块机构中,摇块是摆动的,而在演化为半转机构后,摇块的运动变为连续转动;并且由于结构上还存在导槽,所以在半转机构中改称之为转动滑槽,简称转槽。曲柄转动时,分别处于两个平行平面的动轴与转槽块不会发生运动干涉。

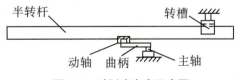

图 3.2 对侧式方案示意图

3.1.3.2 同侧式干涉破解

如果由于机构的要求,动轴与摇块必须设置在半转构件同侧,就必须设法破解不可避免的运动干涉,相应的方案称为同侧式干涉破解方案。

为便于破解干涉,首先对图 3.1 的原理机构进行必要的约束等价变化:在半转杆上设置沿杆轴线方向的滑槽，把在 D 点的摇块变为一个固定销钉，使固定销钉在滑槽中滑动。这样动轴 C 转动到 D 点时，与之发生干涉的只是一个简单的销钉。当动轴运动到固定销钉处时，必须使销钉无障碍地从动轴中穿过，才能避免运动干涉。为此，采用在动轴上开槽的方法：适当加大动轴的直径，在动轴上开出与半转杆滑槽相通的槽，使固定销钉能在此槽中通过。加大动轴的直径与在动轴上开槽对于机构的运动与强度不会造成影响。当带槽动轴 C 转动到 H 点时，动轴上的槽与半转杆上的槽相接，固定销钉从半转杆上无障碍地移动到动轴上并穿过动轴，不妨碍机构的连续运动。图 3.3 为带槽动轴半转机构示意图。

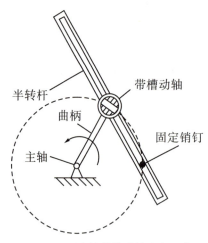

图 3.3 同侧式的带槽动轴方案示意图

3.1.4 局部约束

以上方案虽然破除了干涉的障碍，但随之出现了另一个问题。在一般情况下，动轴与固定销钉（或转槽）共同约束着半转杆，使之只有一个自由度。如前所述，两个转动副 C 和 H 像半转杆上的两个点，完全约束了半转杆的转动。动轴 C 转到不动点 H 位置时，两个转动副的重合使半转杆失去了一个限制转动的约束，在几何上相当于仅用直线上的一个点无法确定直线的角度。失去一个约束的半转杆成为可以绕动轴自由转动的构件，其转动方向是不确定的。虽然这种约束退化只在两者重合的短暂时间内存在，但是在这个瞬间半转杆可能失去运动的稳定性，这对于任何机构都是不允许的。因此必须设法在这个位置补充临时性的"局部约束"，以保证半转杆在此位置的转动自由度仍然受到限制，从而保持机构原有的运动规律。

局部约束只在机构运动过程中的某一局部，或机构运动周期中的某一短暂时间内对机构起到约束作用，在运动过程的其他部分对机构运动没有约束作用。约束控制着机构的自由度，一般机构的自由度是确定的，所以其需要的约束也是确定的。如果由于某种原因，机构在运动中的某一位置失去了某个约束，则其自由度必然会增加，从而失去了工作能力。为了维持机构的工作能力，此时必须有一个临时补充的局部约束，以保证机构的自由度不变。

对应不同的干涉破解方式造成的约束丢失，下面给出带有不同局部约束的简约化半转机构设计方案。

3.2 对侧式简约化半转机构

3.2.1 局部约束的构成与机理

3.2.1.1 局部约束构成

在图 3.2 所示的对侧式的破解干涉方案中,动轴与转槽重合时出现约束丢失,因此在此位置必须补充制止半转杆自由转动的局部约束。这个局部约束由简单的动片与定片构成。

如图 3.4 所示,在主轴与转槽之间接近转槽处安置固结于机架的平板状定片。定片和主轴与转槽连线垂直,另在半转杆中部两侧设置与半转杆平行的平板状动片。动片与半转杆轴线的距离略小于定片到转槽轴的距离,但大于转槽的半径,以使动片能紧挨定片而从定片与转槽之间通过。为不妨碍半转杆的转动,定片的顶部必须在半转杆的运动平面之外。

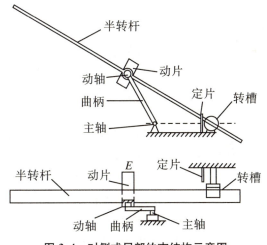

图 3.4 对侧式局部约束结构示意图

当动轴接近转槽时,动片开始靠近定片,与定片之间形成临时性的局部约束。如果此时半转杆受扰动而有自由转动趋势,动片与定片的约束就能对此进行限制。

3.2.1.2 约束形成的机理

观察动片上一点 E 的轨迹。正常运转时动片的运动是与半转杆相同的平面运动。参见图 3.5,在动轴点 C 与不动点 H 重合的瞬时,半转杆的速度瞬心在 P 点。在此瞬时邻近区间,E 点的轨迹十分接近以 P 为圆心、PE 为半径的圆弧。而且在定片的小范围内,此段轨迹近似于直线,所以可取定片为平板。半转杆正常运动时,动片在定片旁无障碍通过。如果在此瞬时,由于约束退化半转杆绕动轴自由转动,则 E 点的轨迹将会是以 H 点为圆心、EH 为半径的小圆周(虚线圆),动片必然与定片发生接触,产生约束作用,参见图 3.5 右侧放大图。动片与定片构成的局部约束限制可能出现自由转动,可及时补充丢失的约束,从而保证半转杆继续稳定运转。

图 3.5　定片动片约束机理示意图

3.2.2　间隙的影响

在对置式简约半转机构中,半转杆要在转槽内滑动,所以滑槽与杆之间必须保持一定的间隙。由于间隙的存在,在动轴尚未到达与不动点重合处时,半转杆就会出现较大的转角偏差,以至影响半转杆的正常运行。

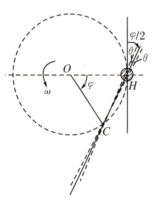

图 3.6　间隙造成转角偏差

理论上无间隙时半转杆的转角是确定的。当曲柄转角为 φ 时,除 H 与 C 重合处外,半转杆的转角为 $\varphi/2$,且这个转角是唯一的、确定的。参见图 3.6 中的实线半转杆。

当实际制作的机构中滑槽与半转杆之间存在间隙时,由于这个间隙的存在以及转槽的转动,曲柄在一个确定的位置时,半转杆的转角可以在一定的范围内出现不确定的变化。这个转角的不确定变化就是半转杆的转角偏差。转角偏差从半转杆的理论位置度量,有左右偏差。由于对称性,设左右偏差相等,且设最大偏差角为 θ,参见图 3.6。

可以给出最大偏差角 θ 的计算方法。参见图 3.7,设曲柄长为 R,曲柄转角为 φ,转槽的滑槽宽为 δ,半转杆厚度为 t。(图 3.7 为示意图,不表示真正的几何关系。为便于观察,图中的间隙大大地夸大了。)图中 H 为半转机构中的不动点,即转槽的转轴。CH 连线为半转杆的理论位置。作以 H 为圆心、r 为半径的计算辅助圆,有 $r = \dfrac{\delta - t}{2}$。

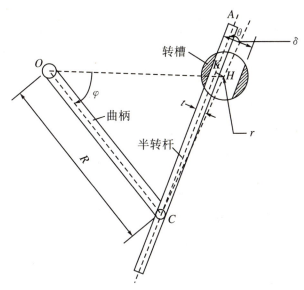

图 3.7　最大偏差角计算

从 C 点作辅助圆的切线,切点为 K。CK 就是偏转后半转杆的对称面。CK 与 CH 的夹角就是半转杆的最大转角偏差 θ。因为 θ 是小量,所以可以近似计算:

$$\theta = \frac{HK}{CH}$$

有 $HK = r$,且 $CH = 2R\sin|\varphi/2|$,所以有

$$\theta = \frac{r}{2R\sin|\varphi/2|} = \frac{\delta - t}{4R\sin|\varphi/2|} \tag{3.1}$$

当 C 与 H 接近时,转角 φ 的绝对值是个小量,故可近似有

$$\theta = \frac{\delta - t}{2R|\varphi|} \tag{3.2}$$

从此式可见,当间隙不为零时,曲柄转角越小,即动轴 C 越接近转槽时,半转杆的转角偏差越大。

如果预先给出半转杆允许的最大转角偏差 θ_m,则由式(3.1)可得到转角偏差超过最大值的曲柄转角 φ 的范围为 $-\varphi_0 \leqslant \varphi \leqslant \varphi_0$,其中 φ_0 由下式确定:

$$\sin\frac{\varphi_0}{2} = \frac{\delta - t}{4R\theta_m} \quad \text{或} \quad \varphi_0 = 2\arcsin\frac{\delta - t}{4R\theta_m} \tag{3.3a}$$

当转角 φ 的绝对值很小时,其最大值 φ_0 可近似为

$$\varphi_0 = \frac{\delta - t}{2R\theta_m} \tag{3.3b}$$

3.2.3 增加圆定片

由前述可知,在对侧式简约半转机构中,滑槽间隙造成动轴尚未到达转槽时,半转杆就会出现较大的转角偏差。为消除这种转角偏差,就需要局部约束提前发挥作用。也就是说,要把理论上仅在不动点处存在局部约束扩大到不动点一定的邻域内。由式(3.3)可知,当曲柄转角 $\varphi_0 = \dfrac{\delta - t}{2R\theta_m}$ 时,就需要局部约束来限制半转杆的转角偏差,保持半转杆的正常运动状态。显然前述的直定片无法具有这样的功能,需要对局部约束进行改进设计。

为了避免运动件的复杂化,应该维持动片的形式不变,只对定片进行重新设计。局部约束的动片与定片只在短暂的时间内接触,必然存在接触阶段与脱离阶段。为了不影响机构的运动,对两者的接触与脱离提出光滑、流畅的要求,因此可以按运动动片的包络线对定片进行设计。

图3.8是曲柄转角为 φ 时动片直线的位置,设半转杆与两侧动片的距离皆为 p。半转杆直线方程的法线式为

$$x\cos\left(\pi - \frac{\varphi}{2}\right) + y\sin\left(\pi - \frac{\varphi}{2}\right) = 0 \tag{3.4}$$

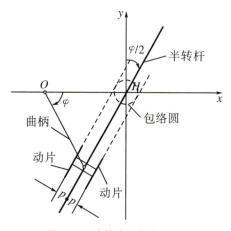

图 3.8 动片直线与包络圆

两动片直线的方程为

$$x\cos\left(\pi - \frac{\varphi}{2}\right) + y\sin\left(\pi - \frac{\varphi}{2}\right) \mp p = 0$$

即

$$-x\cos\frac{\varphi}{2} + y\sin\frac{\varphi}{2} = \pm p \tag{3.5}$$

对 φ 求导,得

$$x\sin\frac{\varphi}{2} + y\cos\frac{\varphi}{2} = 0 \tag{3.6}$$

由式(3.5)与式(3.6)可得动片直线的包络线方程为

$$x^2 + y^2 = p^2 \tag{3.7}$$

从而可知,动片直线包络线是一个圆心在 H 点、半径为 p 的圆。按此包络线增加一个新定片——圆定片。改进后的对侧式简约半转机构如图 3.9 所示。

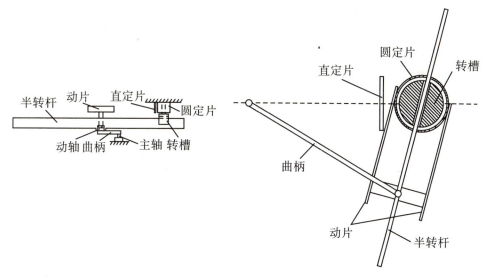

图 3.9 改进后的对侧式简约半转机构示意图

圆定片与转槽同轴,但动片的长度比半转杆小得多,所以动片只能在动轴与转槽接近到一定的范围内才与圆定片接触。这个范围正是半转杆转角偏差可能超过允许值的范围。动片与圆定片接触后局部约束形成,两侧的动片皆沿圆定片的圆柱表面滑动,从而精确地保证两动片中间的半转杆通过圆心,保证了半转杆必定通过不动点。这说明在局部约束的作用下,完全消除了半转杆与滑槽间隙引起的转角偏差。这是局部约束中圆定片的重要作用,但是对于动轴与转槽完全重合时半转杆转动的限制,仍然需要直定片的作用。

3.2.4 动片设计

3.2.4.1 长度设计

设动片的长度为 $2s$,参见图 3.10(动片与圆定片刚接触)。此时动片端点接触圆定片,而曲柄的转角由式(3.3a)确定满足 $\sin\dfrac{\varphi_0}{2}=\dfrac{\delta-t}{4R\theta_m}$。

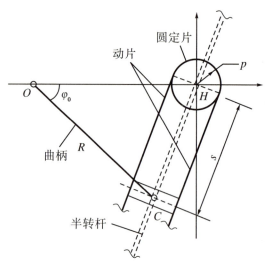

图 3.10 动片长度计算图

由几何关系易见,此时半个动片的长度与半转杆上动轴 C 与不动点 H 的距离相等,即 $s=2R\sin(\varphi_0/2)$。代入此时曲柄转角的值,有

$$s=\dfrac{\delta-t}{2\theta_m} \tag{3.8}$$

可见,已知滑槽宽度、半转杆厚度和转角偏差的允许值,由式(3.8)即可确定动片的长度。

3.2.4.2 厚度设计

1. 动片与圆定片接触状态分析

(1) 理想接触状态

在理想接触状态下,半转杆转到局部约束范围内,两侧(以下称距主轴近者为内侧,远者为外侧)的动片同时与圆定片以相切状态接触,不会发生碰撞。

此时半转杆沿滑槽中线通过不动点,与滑槽两侧壁等距离。两动片皆与圆定片相切接触,接触点(切点)在圆定片直径的两端,且此直径与叶片垂直。

动片两端点的速度与半转杆上过不动点的点的速度方向相同,但大小不同,参见图3.11。叶片上过不动点的点的速度为

$$\omega R\cos\dfrac{\varphi}{2}$$

内侧动片端点的速度为

$$\dfrac{\omega}{2}\left(2R\cos\dfrac{\varphi}{2}-p\right)$$

外侧动片端点的速度为

$$\frac{\omega}{2}\left(2R\cos\frac{\varphi}{2}+p\right)$$

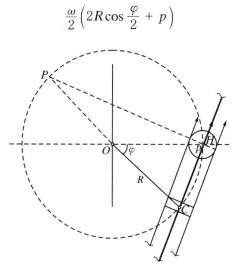

图 3.11　动片与圆定片的理想接触状态

图 3.11 中 P 是叶片速度瞬心，p 是圆定片半径，O 为主轴，C 是叶片上的动轴，φ 为曲柄的转角，H 是半转机构的不动点，R 为曲柄长度。

(2) 实际接触状态

以动轴与不动点重合位置为分界点，把半转杆与滑槽相对位置分为进入区与脱离区。动轴向着不动点运动时，半转杆处于进入区；动轴离开不动点时，半转杆处于脱离区。

由于半转杆的运动由随动轴的平移与相对动轴的转动合成，此转动所需的力矩只能由滑槽的约束力产生，所以此约束力产生的力矩方向必然与曲柄转动方向相同。因此，在进入区半转杆必与滑槽外侧壁接触，而在脱离区半转杆必与滑槽内侧壁接触。在重合点处，叶片实现从外侧接触转为内侧接触的突变。从而在实际状态中，半转杆不会沿滑槽中线通过滑槽，而是偏在滑槽的一侧通过。由于动片与半转杆的距离与圆定片的半径相等，当半转杆处于理想位置时，动片与圆定片相切；但是当叶片偏于一侧时，另一侧的动片就会与圆定片发生碰撞。

虽然可以通过加大动片与半转杆的距离避免发生碰撞，但此法并不可行，因为只有动片与圆定片的距离等于圆定片半径，才能保证进入局部约束后两侧的动片同时与圆定片接触。在这种状态下，转动半转杆的力矩改为由圆定片对动片的约束力产生，半转杆与滑槽接触的突变改为不同侧的动片受力的变化，从而避免了半转杆与滑槽接触的突变冲击。而且两侧动片同时与圆定片接触还可提高半转杆运动的抗干扰能力，增加局部约束的稳定性。

因此当半转杆发生偏移时，动片与圆定片的碰撞是不可避免的。在叶片进入局部约束的瞬时,内侧动片与圆定片发生碰撞,而外侧动片与圆定片无法接触。

图 3.12 是动片与圆定片实际接触状态的示意图,其中虚线为半转杆理想位置,实线为半转杆实际位置。当滑槽宽度为 δ,叶片厚度为 t 时,一侧间隙等于 $\dfrac{\delta-t}{2}$。当半转杆偏向滑槽外侧壁时,偏离不动点的距离即为 $\Delta=\dfrac{\delta-t}{2}$。此时内侧动片由与圆定片相切变为碰撞,外侧动片由与圆定片相切变为与之分离。

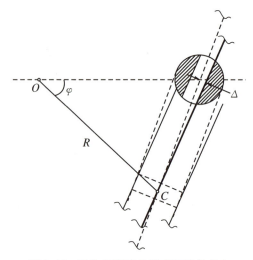

图 3.12　动片与圆定片的实际接触状态

2. 动片与圆定片碰撞接触时的速度

(1) 基本几何关系

参见图 3.13,图中 P 是半转杆速度瞬心,虚线为半转杆理想位置,实线为半转杆实际位置,M_0 为理想位置的动片端点,M_1 是实际位置的动片端点,p 是圆定片半径,Δ 是半转杆偏移量,V_0 是 M_0 点的速度,V_1 是 M_1 点的速度,ε 是 M_0 与 M_1 所在圆定片半径的夹角,也是动片端点偏转角,η 是 M_0 与 M_1 分别与 P 点连线的夹角,O 为主轴,C 是半转杆上的动轴,φ 为曲柄的转角,R 为曲柄长度。

从图 3.13 中的几何关系可得以下关系式:

$$\cos\varepsilon=\frac{p-\Delta}{p}=1-\frac{\Delta}{p} \quad (可见 \Delta 很小时,\varepsilon 也是个较小的量)$$

$$PM_0=2R\cos\frac{\varphi}{2}-p,\quad PM_1\approx 2R\cos\frac{\varphi}{2}-p+\Delta$$

$$\tan\eta=\frac{\sqrt{p^2-(p-\Delta)^2}}{PM_0}=\frac{\sqrt{2p\Delta-\Delta^2}}{2R\cos(\varphi/2)-p}$$

(2) 动片端点碰撞前瞬时的速度

在图 3.13 中,碰撞前瞬时动片端点为 M_1。动片与半转杆做相同的平面运动,故可由速度瞬心计算 M_0 点的速度大小 V_0 与 M_1 点的速度大小 V_1：

$$V_0 = PM_0 \cdot \frac{\omega}{2} = \frac{\omega}{2}\left(2R\cos\frac{\varphi}{2} - p\right)$$

$$V_1 = PM_1 \cdot \frac{\omega}{2} = \frac{\omega}{2}\left(2R\cos\frac{\varphi}{2} - p + \Delta\right)$$

因为有 $p < R$，$\cos(\varphi/2) \approx 1$，$\Delta \ll p$，所以可得

$$\frac{V_1 - V_0}{V_0} = \frac{\Delta}{2R\cos\frac{\varphi}{2} - p} = \frac{\frac{\Delta}{p}}{\frac{2R}{p}\cos\frac{\varphi}{2} - 1} \approx 0$$

因此在计算中可以取 $V_1 \approx V_0$。

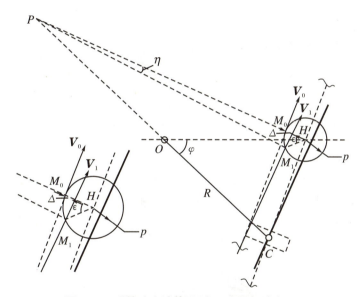

图 3.13 碰撞速度计算图（左下为局部放大图）

再看两个速度的方向：V_1 与 PM_1 垂直，V_0 与 PM_0 垂直，而 PM_0 与 PM_1 的夹角为 η。由

$$\tan\eta = \frac{\sqrt{2p\Delta - \Delta^2}}{2R\cos\frac{\varphi}{2} - p} < \frac{\sqrt{2p\Delta}}{2R\cos\frac{\varphi}{2} - p} = \frac{\sqrt{\frac{2\Delta}{p}}}{\frac{2R}{p}\cos\frac{\varphi}{2} - 1}$$

可知 η 是个很小的量，即 PM_0 与 PM_1 的方向几乎一致，亦即 V_1 与 V_0 的方向几乎相同。

因此可取 $V_1 \approx V_0$，即取

$$V_1 \approx \frac{\omega}{2}\left(2R\cos\frac{\varphi}{2} - p\right) \tag{3.9}$$

这就是动片端点与圆定片碰撞前瞬时的速度,其方向与 V_0 的方向,即半转杆理想位置 CH 的方向平行。

3. 碰撞冲力

(1) 动片的离散化模型

动片是片状弹性体,研究其与圆定片碰撞时整体的动力学状态比较复杂,也没有必要。在本问题中,只需了解动片前端与圆定片碰撞瞬时作用于动片上的冲力。在发生碰撞的瞬时动片除前端外其他部分尚未变形,因此可以对动片采用离散化的模型:视动片由若干无质量的弹簧连接若干刚性质点组成,与圆定片发生碰撞的只是最前端的一个质点;在短暂的碰撞过程中,构成动片的各质点没有相对位移,因而动片的内力可以不计,只考虑圆定片对动片前端质点的碰撞冲力,参见图 3.14。

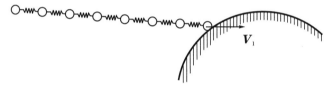

图 3.14　动片的离散化模型

(2) 碰撞冲力

参见图 3.15(a),其中 V_1 为动片前端点碰撞前瞬间的速度,由前述可知 $V_1 \approx V_0$;设碰撞后瞬间动片端点的速度为 V_2,因为碰撞后动片继续沿着圆定片滑动前进,所以假设 V_2 与圆定片相切是合理的。

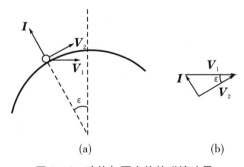

图 3.15　动片与圆定片的碰撞冲量

I 是圆定片对动片的碰撞冲量,不计碰撞面的摩擦,冲量 I 必沿圆定片表面的法线方向(即沿半径方向)。由动量定理,$mV_2 - mV_1 = I$,参考图 3.15(b),可得

$$I = mV_1 \sin \varepsilon \approx mV_0 \sin \varepsilon, \quad V_2 = V_1 \cos \varepsilon \approx V_0 \cos \varepsilon$$

设动片的横截面积为 A,材料的密度为 ρ,则有 $m = \rho A V_1 dt \approx \rho A V_0 dt$,所以有 $I = \rho A V_0^2 \sin \varepsilon dt$。若此时的碰撞冲力为 F,即 $I = F dt$,则得到

$$F = \rho A V_0^2 \sin \varepsilon = \frac{1}{4}\rho A \omega^2 \left(2R\cos\frac{\varphi}{2} - p\right)^2 \sin \varepsilon \qquad (3.10)$$

4. 动片碰撞的弯曲变形

由于动片是弹性材料的薄片,在端点冲力 F 的作用下会发生弯曲变形;动片的轴线至少弯曲成圆定片的切线方向时,才能保证动片顺利地在圆定片表面滑过,否则运动会受到阻滞。因此对动片弯曲变形的要求是:变形后端部截面的法线与圆定片表面相切,或者说端部横截面转到与圆定片半径重合的方位,参见图 3.16。

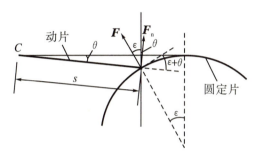

图 3.16 动片受力弯曲变形

使动片弯曲的力是 F 在动片垂线方向上的分量 F_n,有 $F_n = F\cos(\varepsilon + \theta)$,即

$$F_n = \frac{1}{4}\rho A \omega^2 \left(2R\cos\frac{\varphi}{2} - p\right)^2 \sin \varepsilon \cos(\varepsilon + \theta) \qquad (3.11)$$

视该部分动片为长度为 s 的悬臂梁,其端部截面的转角为 $\dfrac{F_n s^2}{2EI}$。动片顺利通过圆定片时,其截面转角应该达到甚至超过圆定片的切线方向,所以应有 $\dfrac{F_n s^2}{2EI} \geqslant \varepsilon + \theta$,即

$$\frac{\rho A \omega^2 S^2 \left(2R\cos\dfrac{\varphi}{2} - p\right)^2 \sin \varepsilon \cos(\varepsilon + \theta)}{8EI} \geqslant \varepsilon + \theta \qquad (3.12)$$

这就是动片在碰撞后能顺利通过圆定片的条件。

注意到式(3.12)左端是与转速 ω 有关的量,计算时应采用转速的常用值。当工作转速小于计算值时,动片与圆定片碰撞后变形不足,以至运动会受到瞬时的阻滞,但这不会造成机构运动的障碍,因为这时转动的曲柄会用更大的力推动动片(转速减小时力矩加大),继续增大动片的变形直到通过圆定片。

5. 动片截面几何参数

式(3.12)含有 11 个物理量,其中有些量是相关的,有些量由技术要求确定,有些量与具体机构的结构及运行有关,目前尚未确定只与动片截面几何性质有关的两个量 A 与 I。但有 $I/A = i^2$,i 是截面的惯性半径,所以由式(3.12)可以得到计算动片截面惯性半径的公式

$$i \leqslant \frac{\omega s}{2}\left(2R\cos\frac{\varphi}{2} - p\right)\sqrt{\frac{\rho\sin\varepsilon\cos(\varepsilon+\theta)}{2E(\varepsilon+\theta)}} \tag{3.13}$$

如果动片的横截面是宽为 b、高(厚)为 h 的矩形,则因为 $i^2 = h^2/12$,所以式(3.13)也可写成

$$h \leqslant \sqrt{3}\omega s\left(2R\cos\frac{\varphi}{2} - p\right)\sqrt{\frac{\rho\sin\varepsilon\cos(\varepsilon+\theta)}{2E(\varepsilon+\theta)}} \tag{3.14}$$

这就是矩形截面的动片厚度的计算式,是动片设计的一个依据。但是此式右端含有 $\cos(\varphi/2)$ 的因子,是个变化量。由式(3.3b),动片与圆定片碰撞接触时,$\varphi = \frac{\delta - t}{2R\theta_m} = \theta_m$ 是个很小的量。所以在式(3.14)中可令 $\cos(\varphi/2) \approx 1$,则设计中可用式(3.15)计算动片厚度;并且进行设计计算时,取 $\theta = \theta_m$,则有

$$h \leqslant \sqrt{3}\omega s(2R - p)\sqrt{\frac{\rho\sin\varepsilon\cos(\varepsilon+\theta_m)}{2E(\varepsilon+\theta_m)}} \tag{3.15}$$

3.2.5 直定片设计

在 3.2.1 小节中已提出用直定片补充退化的转动约束,本小节进一步给出直定片的设计方法。

3.2.5.1 直定片补充约束的几何特征

在动轴与不动点重合而导致半转杆的约束退化的瞬时,如果半转杆在干扰下发生自由转动,则动片也跟着转动;转动到一定的允许偏差角时,动片接触到直定片的端部,局部约束发挥作用,阻止动片与半转杆继续转动。由此可见,局部约束发生作用时动片的位置特征是:与直定片一端接触的同时与圆定片相切。也就是说,此时动片处于从直定片的端点向圆定片所作的切线上。由此几何特征可以给出设计直定片的方法。

3.2.5.2 直定片的设计方法

1. 设定允许偏差角

这个角度是在局部约束处对半转杆自由转动的最大允许值,由设计者预先确定。可以仍取半转杆的最大偏差角 θ_m 为此处的允许偏差角,参见式(3.1)与式(3.2)。

2. 直定片的设置

由设定的允许偏差角及动片长度,可以按下述几何关系设置直定片的位置与长度。

参见图 3.17,从不动点 H 作圆定片的半径 HE,使之与 x 轴的夹角为 θ_m;过点

E 作圆定片的切线 EK,使 $EK=s$,s 为动片的半长,见式(3.8);从点 K 作 x 轴的垂线 KF,即为直定片的位置,$KF=l$ 为直定片的半长。

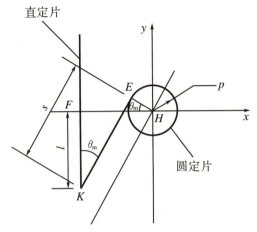

图 3.17　直定片的位置与长度

由图 3.17 的几何关系易得,直定片的半长 $l=s\cos\theta_m - p\sin\theta_m$;直定片与 y 轴的距离 $HF=s\sin\theta_m + p\cos\theta_m$。

也可记直定片端点的坐标为

$$\begin{aligned} x_K &= -s\sin\theta_m - p\cos\theta_m \\ y_K &= -s\cos\theta_m + p\sin\theta_m \end{aligned} \quad (3.16)$$

3.2.5.3　直定片与动片无干涉条件

直定片是动片进入局部约束的关口,按上述方法设置的直定片在机构运行时不能发生与动片的运动干涉。但这需要一定条件的保证。在运动中动片所在直线(简称动片直线)与确定直定片端点 K 的直线 KE 的关系分为三种情况,即:① $\varphi=2\theta_m$,此时动片直线与 y 轴正向的夹角为 $\varphi/2=\theta_m$;② $\varphi>2\theta_m$;③ $\varphi<2\theta_m$。以下按这三种情况研究直定片与动片的无干涉条件。

1. $\varphi=2\theta_m$

由式(3.5)可知,对侧式简约半转机构的内侧(靠近主轴的一侧)动片直线方程为

$$f(x,y) = -x\cos\frac{\varphi}{2} + y\sin\frac{\varphi}{2} - p = 0 \quad (3.17)$$

当 $\varphi=2\theta_m$ 时,动片直线方程为

$$f(x,y) = -x\cos\theta_m + y\sin\theta_m - p = 0$$

把点 K 的坐标代入此方程,有

$$f(x_K, y_K) = (s\sin\theta_m + p\cos\theta_m)\cos\theta_m + (-s\cos\theta_m + p\sin\theta_m)\sin\theta_m - p = 0$$

可见直定片端点 K 在动片直线上,动片直线与 KE 重合。

在此场合,只有动片前端点 A 比点 K 离 x 轴更远,才不会发生动片与直定片的运动干涉,即此时无干涉的条件是 $y_A < y_K$,参见图 3.18。

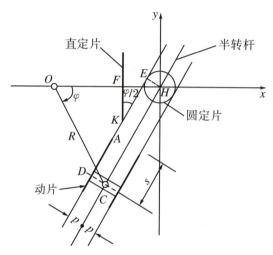

图 3.18 $\varphi = 2\theta_m$ 时无干涉的条件

由图 3.18 可得点 A 的坐标为

$$\begin{aligned} x_A &= -R(1-\cos\varphi) - p\cos\frac{\varphi}{2} + s\sin\frac{\varphi}{2} \\ y_A &= -R\sin\varphi + p\sin\frac{\varphi}{2} + s\cos\frac{\varphi}{2} \end{aligned} \quad (3.18)$$

当 $\varphi = 2\theta_m$ 时,有

$$y_A = -R\sin 2\theta_m + p\sin\theta_m + s\cos\theta_m$$

计算:

$$\begin{aligned} y_A - y_K &= -R\sin 2\theta_m + p\sin\theta_m + s\cos\theta_m + s\cos\theta_m - p\sin\theta_m \\ &= -R\sin 2\theta_m + 2s\cos\theta_m = -2\cos\theta_m(R\sin\theta_m - s) \end{aligned}$$

若要求 $y_A < y_K$,则必须有 $y_A - y_K < 0$,而已知 $\cos\theta_m > 0$,所以由上式必须有

$$R\sin\theta_m - s > 0 \quad (3.19)$$

由式(3.8),$s = \dfrac{\delta - t}{2\theta_m}$,且 θ_m 是很小的角,故 $\sin\theta_m \approx \theta_m$。由式(3.19)得 $R\theta_m - \dfrac{\delta - t}{2\theta_m} > 0$,即有 $\theta_m^2 > \dfrac{\delta - t}{2R}$,或 $\theta_m > \sqrt{\dfrac{\delta - t}{2R}}$ 时,$y_A < y_K$ 成立。此时动片前端点不会与直定片接触,整个动片也不会与直定片接触,不可能发生干涉。

所以当 $\varphi = 2\theta_m$ 时,动片与直定片无干涉的条件是

$$\theta_m > \sqrt{\frac{\delta - t}{2R}} \tag{3.20}$$

在 θ_m 取临界值 $\theta_m = \sqrt{\dfrac{\delta - t}{2R}}$ 时,有 $y_A = y_K$,且必有 $x_A = x_K$,即此时动片前端点 A 与直定片端点 K 重合;这是动片与直定片发生干涉的临界状态。由临界状态的计算还可得到关于动片半长的计算式:$s = R\sin\theta_m$,其中 θ_m 应取临界值。

2. $\varphi > 2\theta_m$

参见图 3.19,当曲柄逆时针转动时,动片从左侧向直定片接近,动片直线必与直定片相交,且交点横坐标为 x_K。如果动片前端点 A 的横坐标 $x_A < x_K$,则动片不会接触直定片,干涉不会发生,因此分析 x_A 随转角的变化情况。

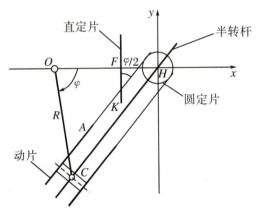

图 3.19 $\varphi > 2\theta_m$ 时无干涉

由式(3.18)计算:

$$\frac{\mathrm{d}x_A}{\mathrm{d}\varphi} = -R\sin\varphi + \frac{p}{2}\sin\frac{\varphi}{2} + \frac{s}{2}\cos\frac{\varphi}{2}$$

$$= -\frac{1}{2}\sin\frac{\varphi}{2}\left(2R\cos\frac{\varphi}{2} - p\right) - \frac{1}{2}\cos\frac{\varphi}{2}\left(2R\sin\frac{\varphi}{2} - s\right) \tag{3.21}$$

(1) 计算 $2R\cos\dfrac{\varphi}{2} - p$。

当动片接近直定片时,必有 $\varphi < 90°$,且结构要求圆定片直径必须小于曲柄半径,即 $p < R$。所以有

$$p < R < \sqrt{2}R = 2R\cos\frac{90°}{2} < 2R\cos\frac{\varphi}{2}$$

从而有

$$2R\cos\frac{\varphi}{2} - p > 0 \tag{3.22}$$

(2) 计算 $2R\sin\dfrac{\varphi}{2} - s$。

由前文可知,在 θ_m 取临界值时,有 $s = R\sin\theta_m$。又由于 θ_m 是很小的角,所以 $s = R\sin\theta_m = 2R\sin\dfrac{\theta_m}{2}$。在 $90°>\varphi>2\theta_m>\theta_m$ 时,有 $\sin\dfrac{\varphi}{2}>\sin\dfrac{\theta_m}{2}$。于是可得

$$2R\sin\dfrac{\varphi}{2} - s = 2R\left(\sin\dfrac{\varphi}{2} - \sin\dfrac{\theta_m}{2}\right) > 0 \tag{3.23}$$

综合式(3.21)~式(3.23),可知 $\dfrac{dx_A}{d\varphi}<0$,即 x_A 关于转角 φ 是单调减少的。

由前文可知,当 $\varphi=2\theta_m$ 且 θ_m 取临界值时,动片前端点 A 与直定片端点 K 接触,处于干涉的临界状态。设此时点 A 的横坐标为 x_{A0},有 $x_{A0}=x_K$。当 $\varphi>2\theta_m$ 时,由单调减的性质知必有 $x_A<x_{A0}$,即动片前端点 A 在直定片的左侧,不会与直定片接触;整个动片必然也不会与直定片接触。

所以,在 $\varphi>2\theta_m$ 时,动片与直定片无干涉。

3. $\varphi<2\theta_m$

参见图 3.20,在此范围内动片直线与直定片直线也会相交,且交点 B 的横坐标为 x_K,设交点的纵坐标为 y_B。可知若 $y_B<y_K$,则交点 B 只能在直定片的延长线上,动片不会与直定片接触。

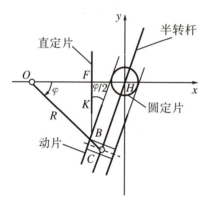

图 3.20 $\varphi<2\theta_m$ 时无干涉

将点 B 的坐标 (x_K, y_B) 代入动片直线方程,有

$$f(x_K, y_B) = (s\sin\theta_m + p\cos\theta_m)\cos\dfrac{\varphi}{2} + y_B\sin\dfrac{\varphi}{2} - p = 0$$

解得

$$y_B = \dfrac{p - (s\sin\theta_m + p\cos\theta_m)\cos\dfrac{\varphi}{2}}{\sin\dfrac{\varphi}{2}}$$

计算:

$$y_B - y_K = \dfrac{p - (s\sin\theta_m + p\cos\theta_m)\cos\dfrac{\varphi}{2}}{\sin\dfrac{\varphi}{2}} - (-s\cos\theta_m + p\sin\theta_m)$$

$$= \dfrac{1}{\sin\dfrac{\varphi}{2}}\left\{p\left[1 - \cos\left(\theta_m - \dfrac{\varphi}{2}\right)\right] - s\sin\left(\theta_m - \dfrac{\varphi}{2}\right)\right\}$$

$$= \frac{1}{\sin\frac{\varphi}{2}} \sin\left(\theta_m - \frac{\varphi}{2}\right) \left[p \tan\frac{\theta_m - (\varphi/2)}{2} - s \right]$$

因为 $\theta_m > \frac{\varphi}{2}$ 且 θ_m 是个小量,所以有 $\sin\left(\theta_m - \frac{\varphi}{2}\right) > 0$, $\tan\frac{\theta_m - (\varphi/2)}{2} < 1$。又由结构特点有 $s > p$,所以有 $y_B - y_K < 0$,即 $y_B < y_K$,动片不会与直定片接触。

所以,在 $\varphi < 2\theta_m$ 时,动片与直定片无干涉。

综上所述,只要满足条件 $\theta_m > \sqrt{\frac{\delta - t}{2R}}$,据以上方法设置的直定片就与动片无干涉。

3.2.6 对侧式局部约束诸设计参数归纳

3.2.6.1 基本参数

(1) R:曲柄半径,对于具体机构是个常数。

(2) ω:半转机构常用转速。

(3) δ:滑槽宽度;t:半转杆厚度。由此知 $\Delta = \frac{\delta - t}{2}$ 为半转杆与滑槽的单侧间隙。

(4) ρ:动片材料的密度;E:动片材料的弹性模量。

3.2.6.2 偏差参数

(1) θ_m:半转杆允许偏转角。由式(3.20)有 $\theta_m > \sqrt{\frac{\delta - t}{2R}}$。

(2) φ_0:动片接触圆定片的初始角度。局部约束的范围是 $[-\varphi_0, \varphi_0]$。由式(3.3b)得 $\varphi_0 = \frac{\delta - t}{2R\theta_m}$;再由式(3.20)有 $\varphi_0 = \theta_m$。

(3) ε:动片端点偏转角,与动片端部和圆定片碰撞位置有关的角度。由碰撞前后速度的关系式 $V_2 = V_1 \cos\varepsilon$ 可知,若要约束切换后半转杆的运动流畅,必须有 $V_2 \approx V_1$,即要求 ε 是个较小的量,作为技术要求预先规定。

3.2.6.3 动片几何参数

(1) s:动片半长,$s = \frac{\delta - t}{2\theta_m}$。

(2) h:矩形截面动片的厚度,按式(3.15)计算。

(3) b:矩形截面动片的宽度,没有特别要求,按构件空间条件确定。

3.2.6.4 圆定片几何参数

(1) p：圆定片半径，由几何关系有 $\cos \varepsilon = 1 - \Delta/p$。由此式给出 ε, Δ 与 p 的关系。由确定的 ε 与 Δ 可以计算 p。

(2) 圆定片高度：与动片宽度配合确定。

3.2.6.5 直定片几何参数

(1) l：直定片的半长，$l = s\cos \theta_m - p\sin \theta_m$。

(2) 直定片宽度：与动片宽度配合确定。

(3) 位置参数 HF：直定片与 y 轴的理论距离，$HF = s\sin \theta_m + p\cos \theta_m$。

注意：在以上几何参数的理论计算中，动片与圆、直定片都是按几何线形计算的，在实际应用中要考虑具体零件的厚度，对相关参数进行修正。

3.2.7 基于 ADAMS 的运动学仿真

根据上一节的计算结果，首先在 UG 中进行建模和装配后导入 ADAMS，然后将动片在 ANSYS 中建立模态中性文件并导入 ADAMS 模型，最后设置参数对半转翼进行动力学仿真。

3.2.7.1 仿真模型建立和动片的柔性化

按以下参数建立对侧式局部约束半转翼的三维模型：曲柄半径 $R = 60 \text{ mm}$，设计转速 $n = 20 \text{ r/s}$，滑槽宽度 $\delta = 0.8 \text{ mm}$，翼片厚度 $t = 0.5 \text{ mm}$。动片材料选择 60Si$_2$MnA，其是制作弹簧钢片的典型材料，具有强度高、弹性好的特点。弹性模量 $E = 206 \text{ GPa}$，密度 $\rho = 7.74 \text{ kg/cm}^3$。模型采用"工"字形机身，将曲柄、翼片和局部约束的各部件装配在一起，建立如图 3.21 所示的三维模型装配图。

图 3.21 半转翼三维建模

由于 ADAMS 中部件为刚体，无法模拟柔性体的运动及受力，因此需在 ANSYS 中对动片柔性化，设置成模态中性文件后导入 ADAMS，图 3.22 为动片网格及模态图。

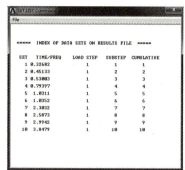

图 3.22　动片网格及模态图

3.2.7.2　动力学仿真

图 3.23 为半转翼在 ADAMS 中的仿真模型。首先修改各构件的材料,然后将翼片与转动滑槽、动片和圆定片、动片与直定片之间都设置成"contact"接触,最后在转轴处设置驱动,添加重力后进行仿真。

图 3.23　对侧式半转翼仿真模型

由于动片的弹性变形主要发生在水平方向,并且翼片如果发生自由转动就会在水平方向产生较大位移波动。为了更好地分析半转翼运行情况,仿真结果输出了动片端点的水平速度及位移曲线、翼片展向端点水平位移曲线。

由图 3.24 和图 3.25 可以看出,虽然动片在进入局部约束时速度出现轻微波动,但是由于波动较小,动片的位移并未出现明显变化。同样,由图 3.26 可以知,由于动片的运动曲线未发生较大波动,翼片的位移也比较平缓,并未出现明显波动。

仿真结果显示翼片的运动平稳,局部约束达到了设计要求。

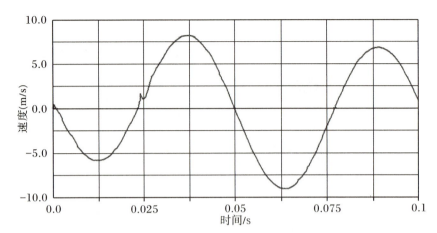

图 3.24　动片端点一周期内端点水平速度变化曲线

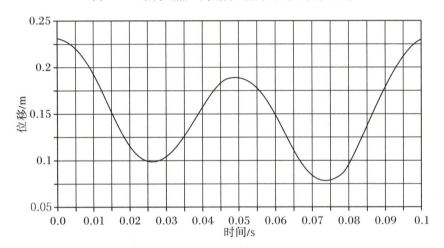

图 3.25　动片端点一周期内水平位移曲线图

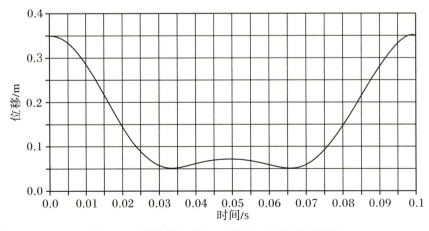

图 3.26　翼片展向端点一周期内水平位移曲线图

3.2.8 局部约束中接触力的优化

对侧式简约化半转翼的局部约束利用定片与圆定片的接触来消除转角偏差，动片为弹性体，与圆定片接触后发生弯曲变形。在半转翼实际运行中，动片与圆定片高频接触，如果接触力太大会损伤动片，因此需在保证局部约束起作用的同时使得接触力最小，提高局部约束各部件的寿命。本小节对接触力的理论计算公式进行仿真验证，然后对接触力进行优化，为样机的制作奠定基础。

3.2.8.1 接触力计算模型

由 3.2.4 小节计算动片与圆定片之间的碰撞冲力，即两者的接触力为

$$F = \rho A V_0^2 \sin\varepsilon = \frac{1}{4}\rho A \omega^2 \left(2R\cos\frac{\varphi}{2} - p\right)^2 \sin\varepsilon \tag{3.10}$$

根据预先选好的动片材料可知动片密度 ρ 的数值，ω 为设计转速，这两个数据为已知条件。φ 为动片与圆定片接触瞬时曲柄的转角，参见图 3.13，可计算得到

$$\cos\frac{\varphi}{2} = \sqrt{1 - \frac{s^2}{4R^2}} \tag{3.24}$$

又由图 3.13 中的几何关系，动片端点偏转角 ε 满足

$$\sin\varepsilon = \sqrt{\frac{\delta - t}{p} - \frac{(\delta - t)^2}{4p^2}} \tag{3.25}$$

故式(3.10)可写成

$$F = \frac{1}{4}\rho b h \omega^2 \left(2R\sqrt{1 - \frac{s^2}{4R^2}} - p\right)^2 \sqrt{\frac{\delta - t}{p} - \frac{(\delta - t)^2}{4p^2}} \tag{3.26}$$

根据设计需要，动片选取制作弹簧钢片的常用材料 60Si$_2$MnA，其密度 ρ = 7.74 g/cm^3，曲柄设计转速为 ω = 40π rad/s。根据半转翼运动空间情况及不干涉条件选取曲柄半径 R = 60 mm。根据式(3.19)的条件，选取不同的最大转角偏差 θ_m，同时根据实际约束情况计算四组不同的影响接触力的参数，代入上式得到计算结果，如表 3.1 所示。

表 3.1

组	b/mm	h/mm	s/mm	p/mm	δ/mm	t/mm	F/N
1	26.5	0.18	25	10	0.6	0.4	0.27
2	30	0.21	28	12	0.7	0.4	0.34
3	40	0.3	26	13	0.6	0.2	0.63
4	30	0.22	25	10	0.65	0.4	0.42

表 3.1 中 b 为动片的宽度，h 为动片的厚度，s 为动片的半长，p 为圆定片的半径，δ 为滑槽的宽度，t 为翼片的厚度。

3.2.8.2 基于 ADAMS 的仿真验证

根据上面计算的四组半转翼局部约束尺寸参数数据，分别在 ADAMS 中建立四个仿真模型，仿真方法与上一章相同，仿真数据如图 3.27～图 3.30 所示。

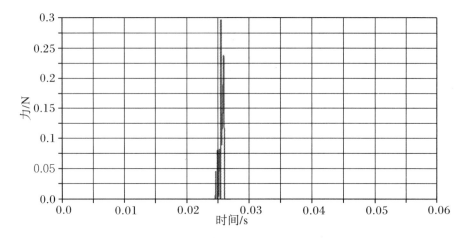

图 3.27　第一组数据仿真结果

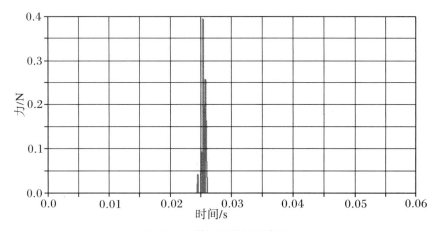

图 3.28　第二组数据仿真结果

当动片与圆定片接触时，使动片发生弯曲的力是动片受到的最大的力，因此取曲线峰值为接触力。由图 3.27～图 3.30 可以看出四个模型的仿真结果最大值分别为 0.3，0.4，0.4 和 0.45。通过对比理论计算数据和 ADAMS 仿真数据可以得到两者数据基本吻合，仿真结果验证了理论计算模型的正确性。

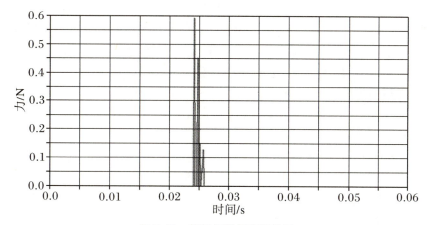

图 3.29 第三组数据仿真结果

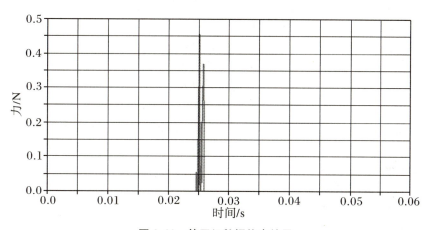

图 3.30 第四组数据仿真结果

3.2.8.3 对侧式简约化半转翼局部约束各参数优化方法

为了减小动片与圆定片的接触力,提高动片的寿命和机构的稳定性,需对局部约束的关键构件(如圆定片直径、动片厚度等)的结构参数进行优化。

1. 目标函数

以动片与圆定片的接触力为目标函数,目的是增加动片的寿命和机构的平稳性。但是动片与圆定片在局部约束范围内一直接触,只有动片刚开始接触圆定片时才可使动片弯曲变形的力最大,因此只需优化最大接触力即可。显然最大接触力越小越好,因此以接触力最小为目标函数:

$$f(x) = \min F$$

2. 设计变量

设计变量是描述目标函数的一组独立参数,其个数称为优化问题的维数。维数又称为设计的自由度,设计变量越多,设计自由度越大,更加容易得到理想的设计结果。同时维数越大,设计问题越复杂,优化设计变得更加困难。因此需尽可能参考经验把机构中关键参数定为设计变量,使得优化设计更加合理进行。由接触力的公式可知影响接触力的因素有动片的宽度 b 和厚度 h、动片半长 s、圆定片半径 p、转动滑槽内滑槽宽 δ 和翼片厚度 t。因此设计变量取

$$X^{\mathrm{T}} = (X_1, X_2, X_3, X_4, X_5, X_6) = (b, h, s, p, \delta, t)$$

3. 约束条件

约束条件对设计变量的取值加以限制,使得需要优化的各参数在规定的范围和约束下取值。根据对侧式简约化半转翼的构件尺寸和设计要求可规定:

(1) 构件尺寸约束。尺寸约束主要根据半转翼的工作空间进行约束,本小节选取的优化模型为第3章计算的模型:

$$15 \text{ mm} \leqslant b \leqslant 50 \text{ mm}$$
$$0.145 \text{ mm} \leqslant h \leqslant 0.5 \text{ mm}$$
$$10 \text{ mm} \leqslant s \leqslant 30 \text{ mm}$$
$$8 \text{ mm} \leqslant p \leqslant 25 \text{ mm}$$
$$0.5 \text{ mm} \leqslant \delta \leqslant 4 \text{ mm}$$
$$0.4 \text{ mm} \leqslant t \leqslant 1.5 \text{ mm}$$

(2) 局部约束的设计尺寸约束。局部约束通过圆定片、动片和直定片的相互作用保证半转翼的顺利运行。为了保证运动不发生干涉和局部约束能顺利起作用,需对以上六个参数进行约束:

$$g_1(x) = \sqrt{\frac{X_5 - X_6}{X_4}} + \frac{X_5 - X_6}{2X_3} - \frac{6.4 \times 10^{-10}}{X_2^2}$$
$$\cdot \left[X_3^2 \left(120\sqrt{1 - \frac{X_3^2}{14400}} - X_4\right)^2 \sqrt{\frac{X_5 - X_6}{X_4} - \frac{(X_5 - X_6)^2}{4X_4^2}} \right]$$
$$\leqslant 0$$

$$g_2(x) = \sqrt{X_4^2 + X_3^2} - 60 \leqslant 0$$

$$g_3(x) = X_6 - X_5 \leqslant 0$$

$$g_4(x) = \frac{X_4}{\sqrt{1 - X_3^2/14400}} - X_3 \leqslant 0$$

$$g_5(x) = X_4 - X_3 \leqslant 0$$

3.2.8.4 基于MATLAB的半转翼局部约束关键参数优化过程

1. MATLAB 优化工具箱的使用

采用 MATLAB 工具箱中的 fmincon 函数解决对侧式简约化半转翼局部约束的设计问题,一般采用以下形式:

$$\min \quad f(X)$$
$$\text{s.t.} \quad A * X \leqslant b$$
$$Aeq * X = beq \quad 线性约束$$
$$c(x) \leqslant 0$$
$$ceq(x) = 0 \quad 非线性约束$$
$$lb \leqslant x \leqslant ub$$

需要调用的 fmincon 函数的格式为

$$x = \text{fmincon}(\text{fun}, X_0, A, b, Aeq, beq, lb, ub, nonlcon, options)$$

其中 fun 为编写的目标函数 M 文件，X_0 为设计变量的初始值，nonlcon 为编写的非线性约束 M 文件。

2. 优化程序的编写

fmincon 函数需要建立关于目标函数的 objfun 文件、关于约束条件的 confun 文件，因此其设计过程如下：

(1) 建立关于目标函数的 objfun 文件。

function f = objfunx2(x)

f = (1/4) * (7.74E − 09) * 1600 * (pi)^2 * x(1). * x(2).
  * (120 * sqrt(1 − ((x(3)^2./14400)) − x(4))^2. * sqrt((x(5) − x(6))./x(4)
  − (x(5) − x(6))^2./(4 * (x(4))^2));

(2) 建立关于约束条件的 confun 文件。

function[c, ceq] = confunx2(x)

c = [sqrt((x(5) − x(6))./x(4)) + (x(5) − x(6))./(2 * x(3))
  − ((8.86e − 03) * 1600 * (pi)^2. * x(3)^2. * (120 * sqrt(1 − (x(3))^2.
  /14400) − x(4))^2. * sqrt((x(5) − x(6))./x(4) − (x(5) − x(6))^2./(4 *
  (x(4))^2))./(8 * (1e + 11) * (1/12). * x(2)^2); sqrt(x(4)^2 + x(3)^2) − 60];

ceq = [];

(3) 将上面建立的两个 M 文件传递到 fmincon 函数进行求解。

X0 = [20.5, 0.2, 26, 10, 0.8, 0.5];

A = [0, 0, 0, 0, −1, 1; 0, 0, 1, 0, 0, 0; 0, 0, −1, 1, 0, 0];

b = [−0.21; 60; 8];

lb = [18, 0.14, 10, 8, 0.5, 0.4];

ub = [40, 0.5, 30, 25, 4, 1.5];

options = optimset('Display', 'iter', 'Algorithm', 'active-set');

[x, fval, exitflag] = fmincon(@objfunx2, x0, A, b, [], [], lb, ub, @confunx2, options);

3. 优化前后的结果比较

利用上一小节的优化方法得到优化前后的半转翼局部约束关键参数的数值和接触力的数值,如表3.2所示。

表 3.2

	s/mm	h/mm	b/mm	p/mm	δ/mm	t/mm	接触力 F/N
优化前	20.5	0.2	26	10	0.8	0.5	0.321
优化后	28	0.145	30	9.3	0.63	0.42	0.212

由表中数值可以看出,局部约束关键参数优化前后数据 s 变化较大,其他变量变化较小。优化后接触力减小了33.9%,由此可见优化结果已经达到了优化目的,可以提高半转翼运行的稳定性和使用寿命。

3.3 同侧式简约化半转机构

3.3.1 局部约束构成

在同侧式带槽动轴破解干涉方案中,半转杆转动约束的丢失是由于固定销钉进入动轴滑槽后与半转杆脱离接触,不再对半转杆起约束作用。设想如果固定销钉的轴进入滑槽后,销钉的一部分仍然能与半转杆接触,就可以仍然保持对半转杆的约束。因此,可以把圆柱状的销钉改成板状的转动滑块,使滑块的转动轴(相当于原销钉)进入滑槽后,滑块的一端仍在滑槽外与半转杆保持接触。这样就能保持原固定销钉对半转杆的约束而继续存在。这就是防止约束丢失的转动滑块方案,参见图3.31。为了保证转动滑块(以下简称滑块)的轴在动轴滑槽内运动时,其一端始终能与半转杆接触,滑块的长度必须比带槽动轴的直径略大。

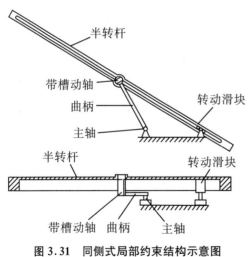

图 3.31 同侧式局部约束结构示意图

3.3.2 约束形成的机理

如图3.32所示,当转动滑块未进入动轴滑槽中时,滑块对半转杆的约束作用与固定销钉(相当于滑块轴)完全相同,板状滑块体不限制半转杆的转动。在转动滑块进入动轴滑槽后,其在动轴内的一端(简称内端)受动轴滑槽约束,不可自由转动;而其在动轴外的一端(简称外端)与半转杆接触,对半转杆形成一个约束。此时转动滑块外端对半转杆的约束与原固定销钉的约束类似,所以半转杆仍然保持一个自由度而不会出现失控的自由转动。

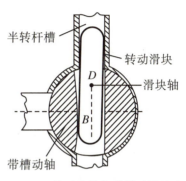

图3.32 转动滑块与带槽动轴约束

3.3.3 转动滑块对动轴的相对运动分析

由于局部约束的"局部"性质,当机构连续运行时,相关构件就有进入与离开局部约束的进出口。在局部约束的进出口,机构约束状态发生"切换":从常规约束进入局部约束,再从局部约束离开回到常规约束。为了保持机构的运动平稳性,这种约束的切换必须是连续的、流畅的无阻碍过渡。这就是局部约束的设计关键要求。

为达到此要求,需进行以下的分析计算:首先分析被约束体在局部约束内对约束体的相对运动规律;其次根据相对运动规律分析被约束体在局部约束的进出口处的速度方向。设计局部约束时,如果使被约束体在进出局部约束时速度方向保持不变,就能实现约束切换时机构运动的连续流畅。

在图3.31中,曲柄转到水平向右的位置时转动滑块进入到动轴滑槽,局部约束产生作用。为便于理解,把曲柄置于这个局部约束的位置(图3.33),再建立固连于曲柄的动系,这是个以角速度ω绕主轴逆时针转动的动系。因为动轴固结在曲柄的端部,所以滑块在此动系中的运动就是相对动轴的运动。

转动滑块的轴安装在机架上,对

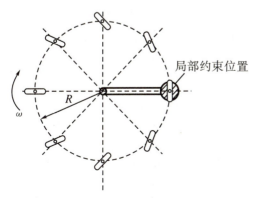

图3.33 转动滑块相对动轴的运动

于地面是静止的。因此在绕主轴转动的动系中,滑块轴的相对运动就是绕主轴的圆周运动,圆周半径等于曲柄长度 R,运动方向为与曲柄转向相反的顺时针方向,速度大小为 ω_a。

转动滑块还有绕其自身滑块轴的转动,该转动对动系的相对角速度可以根据平行轴转动合成的方法计算。由于滑块在半转杆滑槽中滑动,所以它的绝对角速度就是半转杆的角速度,$\omega_a = \omega/2$,动系的角速度即曲柄的角速度为牵连角速度,$\omega_e = \omega$,于是得到滑块的相对角速度

$$\omega_r = \omega_a - \omega_e = -\frac{\omega}{2} \tag{3.27}$$

式(3.27)表明,滑块在动系中的角速度的方向也是顺时针方向,且大小为滑块轴绕主轴圆周运动的角速度的一半。由此可见,滑块相对动轴的运动也是半转运动,不过与半转杆的绝对运动方向正好相反。参见图 3.33,滑块的相对运动就是一个很短的半转杆,沿与曲柄转动相反的方向,穿过动轴滑槽。因此可以用已知的半转杆运动分析方法分析滑块相对动轴的运动。

3.3.4 动轴滑槽设计

同侧式简约化半转机构的局部约束由带槽动轴与转动滑块构成,滑块进入动轴后在动轴滑槽中滑动,所以此局部约束的设计重点是带槽动轴的滑槽曲线形状。

3.3.4.1 平行圆弧槽的基本设想

由图 3.33 可知,滑块在动轴内部运动时,滑块轴沿着半径为 R 的圆周运动,动轴滑槽必定是曲线型的滑槽。而且由滑块相对运动轨迹的对称性可知,滑槽也是关于曲柄的轴线对称的。设滑块的厚度为 t,则对于滑槽的基本设想是以半径 R 的圆周为轴线、宽度略大于 t 的平行圆弧状槽。图 3.34 画出了这样的圆弧槽,为有所区分,我们把接近主轴一侧的槽壁称为内侧,另一侧称为外侧。在图 3.34 中,内侧弧与外侧弧的圆心都是 O 点,半径差略大于 t。图 3.34 中还画出了转动滑块的两个位置:一个位于动轴滑槽入口处,另一个位于动轴滑槽中间位置。

由图 3.34 显然可见,这样的平行圆弧槽是不可取的。在动轴滑槽的入口处,滑块的前端受到滑槽内侧的阻碍,必须强行偏转方向才可进入滑槽,这导致了约束切换不流畅。而在动轴的中间位置,滑槽外侧弧的两端与位于中间位置的滑块发生干涉,因此滑块根本不能到达滑槽中部。

平行圆弧槽虽然不可取,但是它是研究动轴滑槽曲线的基础。在此基础上,根

据以上发现的问题,分别分析计算内侧弧与外侧弧,以确定动轴滑槽两侧壁曲线的形状。

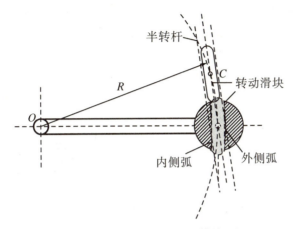

图 3.34 平行圆弧形动轴滑槽的设想

3.3.4.2 动轴滑槽内侧曲线

根据转动滑块在动轴滑槽入口处运动的连续流畅要求,设计动轴滑槽内侧曲线。

从速度沿轨迹切线方向的基本力学规律可知,物体在进入轨道入口时,如果轨道沿着相对速度的切线方向就可保证物体运动的连续流畅。然而,当运动状态比较复杂时物体上各点的速度皆不相同,因此首先必须选择一个能正确确定轨道方向的点的速度。

在目前研究的问题中,滑块的相对运动是平面运动,它可以看作是由随滑块轴的平移与绕滑块轴转动的合成。滑块上各点的速度都是滑块轴的速度与绕滑块轴圆周运动速度的合成。注意到滑块轴以曲柄的角速度绕主轴圆周运动,其速度只由曲柄的运动确定,与滑块自身的转动没有关系。而滑块上其他点的速度都会受到滑块转动的影响。对于不同的滑槽,其中滑动的滑块必然出现不同的转动状态,因而滑块上除滑块轴以外的点的速度也会出现不同的分布。在滑块上,只有滑块轴上的点的速度不受滑槽形态变化的影响,所以我们特别称滑块轴的速度为滑块的特征速度。

滑块在进入动轴时,从半转杆的滑槽进入动轴的滑槽,不同的滑槽对滑块的转动必然产生一定的影响,但是滑块的特征速度不受滑槽改变的影响。因而在考虑滑块进入动轴滑槽的运动连续流畅性时,以特征速度为分析依据是合理的选择。再者,从运动学的角度看,对滑块只考虑特征速度的运动描述,等于视此时滑块处于瞬时平移状态,滑块上各点的速度都等于特征速度。在约束切换的位置,用运动情况简单得多的瞬时平移的滑块进行分析,既能抓住滑块运动的核心参数,又可简化分析的难度。

图 3.35 为滑块进入动轴滑槽的瞬时情况,其中 O 点为曲柄轴(即主轴),R 为曲柄计算长度,H 为半转杆运动的不动点(也是滑块相对运动的不动点),滑块厚度为 t,长度为 $2b$,动轴半径为 r;滑块轴 C 的速度为 $\boldsymbol{V}_C$,滑块的前端点为 A(在滑块纵向对称面上,也在 HC 的连线上)。

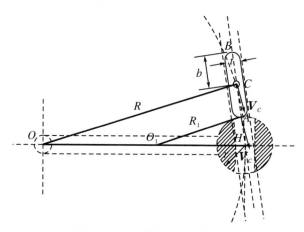

图 3.35　动轴滑槽内侧曲线计算

点 C 绕点 O 做圆周运动,$\boldsymbol{V}_C$ 垂直于 OC,在点 A 作矢量 $\boldsymbol{V}_C$,以此为滑块前端进入滑槽的速度方向。在点 A 作与矢量 $\boldsymbol{V}_C$ 垂直的直线,与 OH 相交于点 O_1。显然,以点 O_1 为圆心、O_1A 为半径的圆弧是与点 A 处的矢量 $\boldsymbol{V}_C$ 相切的。

由 $\triangle HOC$ 与 $\triangle HO_1A$ 的相似,可得 $\dfrac{HC}{HA} = \dfrac{OC}{O_1A} = \dfrac{OH}{O_1H}$,即 $\dfrac{r+b}{r} = \dfrac{R}{O_1A} = \dfrac{R}{O_1H}$,所以有

$$O_1H = O_1A = \frac{Rr}{r+b} \tag{3.28}$$

由此得到内侧弧圆心 O_1 与不动点 H 相距 $\dfrac{Rr}{r+b}$,而内侧弧的半径应为 O_1A 减去半个滑槽宽。滑槽宽度 δ 应该比滑块稍大,设滑块与滑槽的间隙为 ε,则有 $\delta = t + \varepsilon$,得到动轴滑槽内侧弧半径为 $R_1 = O_1A - \delta/2$,即

$$R_1 = \frac{Rr}{r+b} - \frac{\delta}{2} \tag{3.29}$$

由前述运动轨迹的对称性,无须再分析滑槽出口处的运动状态。因而得到动轴滑槽的内侧曲线是圆心在式(3.28)给出的位置、半径按式(3.29)计算的圆弧。

3.3.4.3　动轴滑槽外侧曲线

根据转动滑块在动轴中间位置不会与滑槽干涉的要求设计动轴滑槽外侧弧。

滑块沿滑槽外侧壁的运动相当于一个直线段在凹曲线内滑动,这时只有线段(滑块)的两个端点与曲线(滑槽外侧弧)接触。因此滑槽的外侧曲线应该是滑块端点的运动轨迹。但是滑块端点的运动轨迹不是简单的曲线,对于动轴滑槽这样很小的局部约束,没有必要严格采用端点轨迹,完全可以用简单得多的圆弧代替。如前所述,这样近似代替的结果只会对滑块绕滑块轴的转动产生一些影响,而不会影响滑块的特征速度。

由于滑块相对动轴的运动也是半转运动,根据半转杆的平面运动特点可知,滑块上的点在某瞬时邻域内的轨迹与此时以滑块的瞬心为圆心的圆相切;因此可以用这种以瞬心为圆心的圆近似代替滑块上的点在某瞬时邻域内的轨迹。参见图3.36,当滑块在动轴中间位置时,滑块轴与不动点 H 重合。此时滑块的瞬心在点 P 处,HP 是圆心在点 O、半径为 $2R$ 的圆的直径。当滑块在动轴中的其他位置时,对应的瞬心也是此时滑块轴关于点 O 的对称点。这些瞬心点都聚集在点 P 附近的小范围内。与曲柄半径的 2 倍长度 $2R$ 相比,瞬心点与点 P 的距离要小得多,因此可以近似地认为滑块进入动轴后,其瞬心都是点 P。这等于为简化计算,把在动轴内的滑块运动视为绕点 P 的定轴转动。因此,滑块轴的轨迹近似为圆心在点 P、半径为 $2R$ 的圆弧。再以此圆弧为基础作同心的平行圆弧,可确定滑槽外侧的曲线形状。

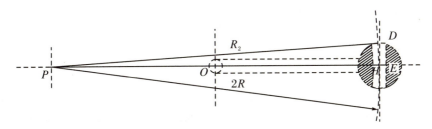

图 3.36 动轴滑槽外侧曲线计算

进而考虑必须避免图 3.34 所示的滑槽出入口处外侧弧两端点与滑块的干涉,以此确定滑槽外侧弧的半径。在图 3.36 中,点 D 是滑槽外侧弧的一个端点,$DE \perp PH$,E 是垂足。当滑块位于动轴中间位置时,滑槽两端点与滑块接触,所以 HE 至少应等于滑槽宽度的一半,令 $HE = \delta/2$。DE 虽然小于动轴的半径,但相差较小,可近似取 $DE = r$。在直角 $\triangle DPE$ 中,计算得滑槽外侧弧的半径 R_2 为

$$R_2 = \sqrt{\left(2R + \frac{\delta}{2}\right)^2 + r^2} \tag{3.30}$$

由前述运动轨迹的对称性,无须再计算滑槽外侧弧的另一个端点。

因而得到动轴滑槽外侧曲线是圆心在不动点 H 关于主轴点 O 的对称点 P ($HP = 2R$)、半径按式(3.30)计算的圆弧。

3.3.5 局部约束的运动误差

半转杆是半转机构产生仿生运动效果的动作构件,其运转的稳定是半转机构应用性的基本要求。半转杆是平面运动构件,其运动可分解为随动轴的平移与绕动轴的转动。随动轴的运动由曲柄确定,在曲柄稳定转动时,半转杆随动轴的平移也是稳定的。绕动轴的转动与转动滑块对半转杆的约束有关。由半转机构的原理可知,滑块轴在半转机构的不动点上,使半转杆在运动中始终通过不动点,保证了半转杆转角为曲柄转角一半的半转关系。当滑块轴未进入动轴滑槽内时,半转杆受滑块轴,即不动点的约束,具有正确的转角关系。但在滑块轴进入动轴滑槽后,动轴与不动点重合,失去了不动点对半转杆的约束;改由局部约束的滑块外端(滑块在动轴外的端部)对半转杆起作用。这种约束点的切换必然会使半转杆的转角产生一定的偏差。如果偏差很小,尚能保证半转杆的正常运行;如果偏差过大,半转杆会偏离正常运转位置,必定会破坏半转机构的工作状态。因此半转杆的转角偏差是衡量局部约束产生的运动误差的主要指标。

为便于计算与理解,在以下半转杆的转角偏差计算中取参照系固连在动轴(曲柄)上,用半转杆和滑块相对动轴的运动进行分析。与它们的绝对运动相比,在相对动轴的运动中只是半转杆与滑块的运动方向与转角方向不同而已,它们的角速度的大小以及半转杆与滑块的约束关系是不变的。因此在相对运动中进行分析,并不影响半转杆转角偏差的计算。

为方便计算,忽略滑块端部的圆角,视其为矩形。矩形滑块的端部与半转杆滑槽的接触,可分别视为两个矩形顶点与直线型半转杆滑槽的接触。由于定位滑块的不同部位与滑槽的不同部位接触能产生不同的转角偏差,因此必须先分析定位滑块与滑槽接触的各种状态。与动轴滑槽类似,对半转杆滑槽的两侧壁也分别称为内侧(接近主轴一侧)与外侧。

3.3.5.1 判断接触状态的根据

在局部约束中,滑块连接动轴与半转杆,通过约束力的传递,承担补充约束的作用。在半转机构中曲柄是主动件,通过动轴的运动副与滑块的约束带动半转杆运动。其中动轴带动半转杆产生随动轴中心(即半转杆中点)的平动,半转杆相对动轴中心的转动是由滑块的约束力对动轴中心的力矩产生的。如果曲柄逆时针方向转动,滑块就必须能给予半转杆逆时针的力矩。由此就可以判断滑块与半转杆滑槽的接触部位。同时,半转杆给予滑块的反作用力会使滑块顺时针方向转动。为了平衡这个反作用力矩,动轴滑槽对滑块的作用力就必须形成一个逆时针的力矩。由此就可以判断滑块与动轴滑槽的接触部位。

3.3.5.2 两种接触状态

图 3.37 表示在滑块进入与退出动轴滑槽的两个阶段,滑块、半转杆滑槽与动轴滑槽三者的不同接触状态。

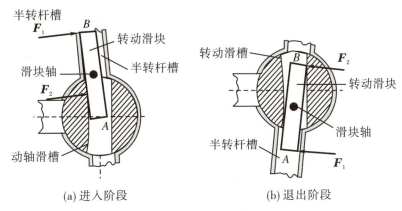

(a) 进入阶段　　　　　　(b) 退出阶段

图 3.37　两种接触状态示意图

在进入阶段,滑块前端 A 进入动轴滑槽与之接触,后端 B 与半转杆滑槽接触。在前述曲柄逆时针方向转动的前提下,滑块就必须能给予半转杆逆时针力矩,所以其后端必须与半转杆滑槽的内侧壁接触。半转杆对滑块的反作用力为 F_1,见图 3.37(a)。F_1 对滑块产生顺时针方向的力矩,为平衡此力矩,滑块必然会与动轴滑槽的内侧壁接触,受力为图中的 F_2。注意到 F_1 作用在滑块后端部内顶点上,F_2 作用在滑块的内侧壁上。

在退出阶段,滑块前端 A 伸出动轴与半转杆滑槽接触,后端 B 仍留在动轴滑槽内并与之接触。在曲柄逆时针方向转动的前提下,滑块仍必须给予半转杆逆时针方向的力矩,所以其前端必须与半转杆滑槽的外侧壁接触。半转杆对滑块的反作用力为 F_1,见图 3.37(b)。F_1 对滑块产生顺时针方向的力矩,为平衡此力矩,滑块必然会与动轴滑槽的外侧壁接触,受力为图中的 F_2。注意到 F_1 作用于滑块前端的外顶点,F_2 作用于滑块后端的外顶点。

3.3.5.3 进入阶段的转角偏差

此时滑块后端内侧顶点 B 与半转杆滑槽内侧壁接触,滑块前端内侧面与动轴滑槽内侧壁面接触,参见图 3.38。

在图 3.38 中,C 为动轴圆心,O_1 为动轴滑槽内侧弧圆心,O 为主轴(即动轴的转动中心)。以 C 为原点建立固连于动轴的动系 xCy,x 轴沿 OO_1 方向。定位滑块的轴在点 H,这也是半转机构的不动点;但在相对运动中它沿以 O 为圆心、OC 为半径的圆周运动。点 B 为滑块外端的内侧顶点,点 D 是滑块与动轴滑槽内侧壁的接触点。与滑块几乎重叠的虚线长槽是半转杆的滑槽。以 C 为圆心的虚线圆是半转杆的计算辅助圆,其直径等于半转杆滑槽宽度 d。以 H 为圆心的虚线圆是滑块的计算辅助圆,其直径等于滑块的厚度 t。滑块的长度为 $2b$,圆 O_1 的半径为 R_1,圆心坐标为 (x_1, y_1),圆 O 的半径为 R,圆心坐标是 (x_0, y_0)。设滑块轴 H 已进入动轴,其坐标为 (x_H, y_H),且由 $HO = R$ 有

$$(x_H - x_0)^2 + (y_H - y_0)^2 = R^2$$

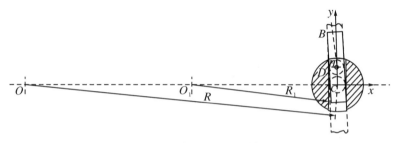

图 3.38 滑块进入阶段计算用图

计算按以下步骤进行:

1. 计算转动滑块的倾斜角

参见图 3.39,圆 H 是圆心在滑块轴上的辅助圆,其半径为滑块厚度的一半 $t/2$。滑块的内侧 BD 与动轴滑槽内侧弧接触时,直线 BD 为圆 H 与滑槽内侧弧的公切线。BD 的倾斜角就是滑块的倾斜角。

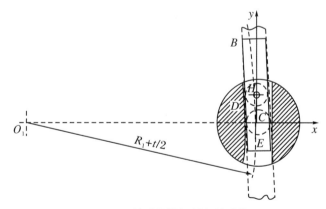

图 3.39 转动滑块倾斜角的计算

为作此公切线,作圆心在 O_1、半径为 $R_1 + t/2$ 的辅助圆 O_1。从点 H 作圆 O_1 的切线,切点为 E。则公切线 BD 与 HE 平行,HE 的倾斜角即为滑块的倾斜角。

设点 E 的坐标为 (x_E, y_E),点 O_1 的坐标为 (x_1, y_1)。

由于 E 为圆 O_1 上的一点,故有

$$(x_E - x_1)^2 + (y_E - y_1)^2 = \left(R_1 + \frac{t}{2}\right)^2 \tag{3.31}$$

由于 E 为切点,且 O_1E 与 HE 垂直,故有

$$\frac{y_E - y_1}{x_E - x_1} \cdot \frac{y_E - y_H}{x_E - x_H} = -1 \tag{3.32}$$

由式(3.32)得

$$(x_E - x_1)(x_E - x_H) + (y_E - y_1)(y_E - y_H) = 0 \tag{3.33}$$

由式(3.31)与式(3.33)得

$$y_E = -A_1 x_E + B_1 \tag{3.34}$$

其中

$$A_1 = \frac{x_H - x_1}{y_H - y_1}, \quad B_1 = A_1 x_1 + y_1 + \frac{(R_1 + t/2)^2}{y_H - y_1}$$

把式(3.34)代入式(3.31),有

$$(1 + A_1^2)x_E^2 - 2[x_1 + A_1(B_1 - y_1)]x_E + x_1^2 + (B_1 - y_1)^2 - (R_1 + t/2)^2 = 0 \tag{3.35}$$

解方程(3.35),并代入式(3.34)得切点坐标的两组解,再按 $y_E < y_P$ 的条件选取所求的切点 E 的坐标(x_E, y_E)。由此可计算 HE 的倾斜角 α_1 为

$$\alpha_1 = \begin{cases} \arctan \dfrac{y_E - y_H}{x_E - x_H} & \left(\dfrac{y_E - y_H}{x_E - x_H} \geq 0\right) \\ \pi + \arctan \dfrac{y_E - y_H}{x_E - x_H} & \left(\dfrac{y_E - y_H}{x_E - x_H} < 0\right) \end{cases}$$

这也是滑块在此位置的倾斜角。

2. 计算点 B 的坐标

参见图 3.40,设点 B 的坐标为(x_B, y_B)。由点 B 到滑块轴点 H 的距离有

$$(x_B - x_H)^2 + (y_B - y_H)^2 = b^2 + \frac{t^2}{4} \tag{3.36}$$

设 BH 与滑块纵向对称轴的夹角为 β,则有 $\tan\beta = t/(2b)$。由于滑块纵向对称轴的倾斜角就是滑块的倾斜角 α_1,所以 BH 的倾斜角就是 $\alpha_1 + \beta$,即有

$$\frac{y_B - y_H}{x_B - x_H} = \tan(\alpha_1 + \beta) \tag{3.37}$$

令 $K_1 = \tan(\alpha_1 + \beta)$,式(3.37)改写为

$$y_B = K_1 x_B - K_1 x_H + y_H \tag{3.38}$$

把式(3.38)代入式(3.36),有$(1 + K_1^2)(x_B - x_H)^2 = b^2 + t^2/4$,此方程有两个解。但所求的顶点 B

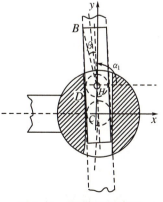

图 3.40 转动滑块顶点 B 坐标的计算

在滑块内侧,由条件 $x_B < x_H$,取

$$x_B = x_H - \frac{1}{2}\sqrt{\frac{4b^2 + t^2}{1 + K_1^2}} \tag{3.39}$$

再把式(3.39)代入式(3.38),得顶点 B 的坐标为

$$y_B = y_H - \frac{K_1}{2}\sqrt{\frac{4b^2 + t^2}{1 + K_1^2}}$$

3. 计算半转杆的转角

参见图 3.41,虚线圆 C 是圆心在动轴中心的辅助圆,其直径为半转杆滑槽宽度 δ。由定位滑块顶点 B 作辅助圆 C 的切线(切点为 F),此切线就是半转杆滑槽内侧壁,其倾斜角就是半转杆在此位置的倾斜角。

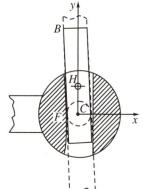

图 3.41 半转杆转角的计算

设切点 F 的坐标为 (x_F, y_F)。由于点 F 在辅助圆 C 上,故有

$$x_F^2 + y_F^2 = \frac{\delta^2}{4} \tag{3.40}$$

又 F 为切点,CF 与 BF 垂直,故有

$$\frac{y_F}{x_F} \cdot \frac{y_F - y_B}{x_F - x_B} = -1 \tag{3.41}$$

由式(3.41)得 $x_F^2 + y_F^2 = x_B x_F + y_B y_F$,代入式(3.40),可得

$$y_F = -\frac{x_B}{y_B}x_F + \frac{\delta^2}{4y_B} \tag{3.42}$$

把式(3.42)代入式(3.40),有

$$16(x_B^2 + y_B^2)x_F^2 - 8x_B\delta^2 x_F + \delta^4 - 4\delta^2 y_B^2 = 0 \tag{3.43}$$

解方程(3.43),并代入式(3.42),可得切点坐标的两组解;再按 $x_F < 0$ 的条件选取所求的切点 F 的坐标 (x_F, y_F)。由此可计算 BF 的倾斜角 θ_1:

$$\theta_1 = \begin{cases} \arctan\dfrac{y_F - y_B}{x_F - x_B} & \left(\dfrac{y_F - y_B}{x_F - x_B} \geqslant 0\right) \\ \pi + \arctan\dfrac{y_F - y_B}{x_F - x_B} & \left(\dfrac{y_F - y_B}{x_F - x_B} < 0\right) \end{cases}$$

这也是半转杆在此局部约束位置的倾斜角。但是在半转机构的运动分析中半转杆的转角是从 y 轴计算的,所以在此位置半转杆的转角为

$$\varphi_1 = \frac{\pi}{2} - \theta_1$$

而此时半转杆的理论转角为

$$\varphi_0 = \arctan\frac{x_H}{y_H}$$

所以进入阶段半转杆的转角偏差为

$$\Delta\varphi_1 = \varphi_1 - \varphi_0 \tag{3.44}$$

3.3.5.4 退出阶段的转角偏差

此时滑块前端外侧顶点 A 与半转杆滑槽外侧壁接触,滑块内端外顶点与动轴滑槽外侧壁面接触,参见图 3.42。

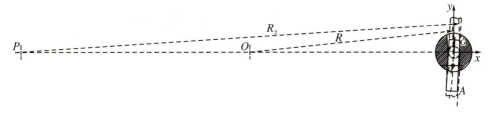

图 3.42 滑块与滑槽外侧接触计算用图

在图 3.42 中,C 为动轴的圆心,O 为主轴(即动轴的转动中心),P 为动轴滑槽外侧弧圆心。以 C 为原点建立固连于动轴的动系 xCy,x 轴沿 OC 方向。滑块的轴过点 H,这也是半转机构的不动点;但在相对运动中它沿以 O 为圆心、OC 为半径的圆周运动。点 A 为滑块前端的外侧顶点,滑块后端的外侧顶点 G 与动轴滑槽外侧壁接触。与滑块几乎重叠的虚线长槽是半转杆的滑槽。以 C 为圆心的虚线圆是半转杆的计算辅助圆,其直径等于半转杆滑槽宽度 δ。滑块的长度为 $2b$,圆 O 的半径为 R,圆 P 的半径为 R_2,圆心 P 的坐标为 (x_2, y_2)。设定位滑块轴点 H 已进入动轴内,其坐标为 (x_H, y_H)。

计算按以下步骤进行:

1. 计算转动滑块的倾斜角

参见图 3.43,滑块与动轴滑槽外侧壁的接触形式是滑块后端外顶点 G 与滑槽接触。设点 G 的坐标为 (x_G, y_G),因为点 G 在圆 P 的圆周上,故

$$(x_G - x_2)^2 + (y_G - y_2)^2 = R_2^2 \tag{3.45}$$

又点 G 到滑块轴点 H 的距离为

$$(x_G - x_H)^2 + (y_G - y_H)^2 = b^2 + \frac{t^2}{4} \tag{3.46}$$

由式(3.45)与式(3.46)得

$$y_G = -A_2 x_G + B_2 \tag{3.47}$$

其中

$$A_2 = \frac{x_H - x_2}{y_H - y_2}, \quad B_2 = \frac{R_2^2 + x_H^2 + y_H^2 - x_2^2 - y_2^2 - b^2 - \dfrac{t^2}{4}}{2(y_H - y_2)}$$

把式(3.47)代入式(3.45),有

$$(1 + A_2^2)x_G^2 - 2[x_2 + A_2(B_2 - y_2)]x_G + x_2^2 + (B_2 - y_2)^2 - R_2^2 = 0 \tag{3.48}$$

解方程(3.48),并代入式(3.47)得两组解;再按 $y_G > 0$ 的条件选取所求的点 G 的坐标 (x_G, y_G)。

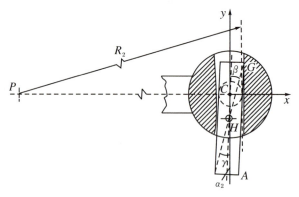

图 3.43 转动滑块倾斜角的计算

于是 HG(即滑块对角线)与 y 轴的夹角 γ 为(令顺时针方向为正向)

$$\gamma = \arctan \frac{x_G - x_H}{y_G - y_H}$$

设 HG 与滑块纵向对称轴的夹角为 β,则有 $\tan\beta = t/(2b)$。又设滑块纵向对称轴与 y 轴的夹角为 α_2,参见图 3.43,可得 $\alpha_2 = \gamma - \beta$。此即滑块与 y 轴的夹角,从而有

$$\alpha_2 = \arctan \frac{x_G - x_H}{y_G - y_H} - \arctan \frac{t}{2b}$$

此时滑块对称轴的倾斜角为 $\alpha_3 = \pi/2 - \alpha_2$,故滑块对称轴的斜率为

$$K_2 = \tan\alpha_3 = \frac{1}{\tan\alpha_2}$$

2. 计算点 A 的坐标

参见图 3.44,设点 A 的坐标为 (x_A, y_A)。由于点 A 到点 G 的距离为 $2b$,故有

$$(x_A - x_G)^2 + (y_A - y_G)^2 = 4b^2 \tag{3.49}$$

又 AG 的斜率即为滑块对称轴的斜率 K_2,所以

$$\frac{y_A - y_G}{x_A - x_G} = K_2 \tag{3.50}$$

注意由于动轴滑槽外侧弧为凹曲线,所以必有 $K_2 > 0$。

将式(3.50)改写为

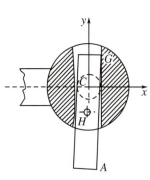

图 3.44 滑块顶点 A 的计算

$$x_A = \frac{y_A - y_G}{K_2} + x_G \tag{3.51}$$

把式(3.51)代入式(3.49),有$(1+K_2^2)(y_A-y_G)^2=4K_2^2 b^2$,此方程有两个解。但所求的顶点 A 在滑块前端,有条件 $y_A<0$;但已有 $y_G>0$,且 $K_2>0$,故取

$$y_A = y_G - \frac{2K_2 b}{\sqrt{1+K_2^2}} \tag{3.52}$$

再把式(3.52)代入式(3.51),得顶点 A 的坐标 x_A:

$$x_A = x_G - \frac{2b}{\sqrt{1+K_2^2}}$$

3. 计算半转杆的转角

参见图 3.45,虚线圆 C 是圆心在动轴中心的辅助圆,其直径为半转杆滑槽宽度 δ。由滑块顶点 A 作辅助圆 C 的切线(切点为 J),此切线就是半转杆滑槽内侧壁,其倾斜角就是半转杆在此位置的倾斜角。

设切点 J 的坐标为 (x_J, y_J)。由于点 J 在辅助圆 C 上,故有

$$x_J^2 + y_J^2 = \frac{\delta^2}{4} \tag{3.53}$$

且因 J 为切点,CJ 与 AJ 垂直,故有

$$\frac{y_J}{x_J} \cdot \frac{y_J - y_A}{x_J - x_A} = -1 \tag{3.54}$$

由式(3.54)得 $x_J^2 + y_J^2 = x_A x_J + y_A y_J$,代入式(3.53),可得

$$y_J = -\frac{x_A}{y_A} x_J + \frac{\delta^2}{4 y_A} \tag{3.55}$$

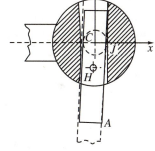

图 3.45 半转杆转角的计算

把式(3.55)代入式(3.53),有

$$16(x_A^2 + y_A^2)x_J^2 - 8x_A \delta^2 x_J + \delta^4 - 4\delta^2 y_A^2 = 0 \tag{3.56}$$

解方程(3.56),并代入式(3.55)得切点坐标的两组解;再按 $x_J>0$ 的条件选取所求的切点 J 的坐标 (x_J, y_J)。由此可计算 AJ 的倾斜角 θ_2:

$$\theta_2 = \begin{cases} \arctan \dfrac{y_J - y_A}{x_J - x_A} & \left(\dfrac{y_J - y_A}{x_J - x_A} \geqslant 0\right) \\ \pi + \arctan \dfrac{y_J - y_A}{x_J - x_A} & \left(\dfrac{y_J - y_A}{x_J - x_A} < 0\right) \end{cases}$$

这就是半转杆在此局部约束位置的倾斜角。但是在半转机构的运动分析中半转杆的转角是从 y 轴计算的,所以在此位置半转杆的转角为

$$\varphi_2 = \frac{\pi}{2} - \theta_2$$

而此时半转杆的理论转角为

$$\varphi_0 = \arctan\frac{x_H}{y_H}$$

所以在退出阶段半转杆的转角偏差为

$$\Delta\varphi_2 = \varphi_2 - \varphi_0 \tag{3.57}$$

3.3.5.5 算例

以一简约半转机构的设计实例进行计算。此例的具体几何参数如下：$b = 6$ mm，$t = 2.8$ mm，$\delta = 3$ mm，$x_1 = -26.7$ mm，$y_1 = 0$，$R_1 = 25.1$ mm，$x_2 = -120$ mm，$y_2 = 0$，$R_2 = 121.8$ mm，$x_0 = -60$ mm，$y_0 = 0$，$R = 60$ mm，动轴半径 $r = 5$ mm。计算滑块轴在动轴槽内某一位置时半转杆的转角偏差。

(1) 令滑块轴处于 $y_H = 4$ mm 处，此时由方程 $(x_H - x_0)^2 + (y_H - y_0)^2 = R^2$ 可得 $x_H = x_3 + \sqrt{r_3^2 - y_H^2} = -0.133$ mm，滑块轴已进入动轴滑槽内，局部约束产生作用。用以上公式计算得此时半转杆的理论转角为 $-1.094°$，即从 y 轴正向逆时针转 $1.094°$，此时半转杆的转角为 $0.358°$，转角偏差为 $2.263°$。

(2) 令 $y_H = -4$ mm，仍有 $x_H = x_3 + \sqrt{r_3^2 - y_H^2} = -0.133$ mm，此时滑块轴尚未退出动轴滑槽，局部约束仍起作用。用以上公式计算得此时半转杆的理论转角为 $1.904°$，即从 y 轴正向顺时针转 $1.904°$，此时半转杆的转角为 $4.342°$，转角偏差为 $2.438°$。

(3) 令 $y_H = 1$ mm，有 $x_H = x_3 + \sqrt{r_3^2 - y_H^2} = -8.334 \times 10^{-3}$ mm，此时滑块轴接近动轴中心，局部约束仍起作用。用以上公式计算得此时半转杆的理论转角为 $-0.477°$，即从 y 轴正向逆时针转 $0.477°$，此时半转杆的转角为 $5.081°$，转角偏差为 $5.558°$。

(4) 令 $y_H = -1$ mm，仍有 $x_H = x_3 + \sqrt{r_3^2 - y_H^2} = -8.334 \times 10^{-3}$ mm，此时滑块轴刚过动轴中心，局部约束仍起作用。用以上公式计算得此时半转杆的理论转角为 $0.477°$，即从 y 轴正向顺时针转 $0.477°$，此时半转杆的转角为 $3.433°$，转角偏差为 $2.955°$。

由此可见，由于局部约束造成的半转杆转角偏差是可以接受的小量，这样的偏差对于半转杆的正常运转是不会造成影响的。

3.3.6 运动学仿真

在机械设计制造过程中，虚拟样机技术（virtual prototype technology）被广泛应用。它主要指在产品设计之前利用虚拟样机替代物理样机来对产品的各种特性进行测试和评价。该技术具有以下优点：① 减少了产品的设计费用；② 可以辅助物理样机进行设计验证和测试;③ 缩短了产品开发周期,可使产品尽快上市。目前,使用虚拟样机技术最具代表性的就是波音 777 客机,该机从图纸设计到最终的产品都直接或间接地采用了虚拟样机技术。目前国内外市场上,比较流行的虚拟样机产品有:Mechanical Dynamics Inc 的 ADAMS、CADSI 的 DADS 和德国航天局的 SIMPACK。本书采用当今比较流行的 ADAMS 软件对半转翼进行仿真分析。

3.3.6.1 运动学仿真模型

为了便于分析,规定曲柄的初始位置水平向左。根据课题组初步设计的同侧式半转机构的尺寸来建立运动学仿真模型。半转机构尺寸如下:曲柄长度 $R = 60$ mm,带槽动轴半径 $r = 8$ mm,动轴滑槽内外侧弧半径分别为 $R_1 = 25.1$ mm 和 $R_2 = 121.8$ mm,动轴滑槽内外侧弧圆心位置到动轴中心的距离分别为 26.7 mm 和 120 mm,定位滑块长度和宽度分别为 $2b = 20$ mm 和 $t = 2.8$ mm,半转杆长度和滑槽宽度分别为 $l = 282$ mm 和 $\delta = 3$ mm。将曲柄端的带槽动轴中心放置在原点,利用 ADAMS/View 建立同侧式半转机构模型,如图 3.46 所示,设定曲柄转速为 $\omega = 10\pi$ rad/s,对机构进行一个运动周期的运动学仿真(此时局部约束作用时间 $t \in [0.096, 0.104]$),获得局部约束作用过程中半转杆转角偏差的仿真曲线。

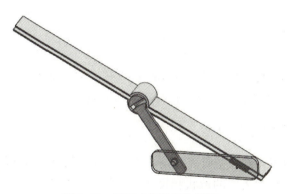

图 3.46 同侧式半转机构模型

3.3.6.2 转角偏差分析的验证

为验证上文中半转杆转角偏差理论模型的可行性,首先利用 MATLAB 获得局部约束过程中的半转杆转角偏差理论模型曲线,然后将该模型曲线与上节中通过 ADAMS 运动学仿真得到的半转杆转角偏差仿真曲线进行比较,如图 3.47 所示。需要指出的是,为了使转角偏差的理论模型曲线与仿真曲线的横坐标一致,在绘制转角偏差理论模型曲线之前,需通过公式 $y_P = -r\sin \omega t$ 将转角偏差理论模

型中自变量 y_P 转变为时间 t。

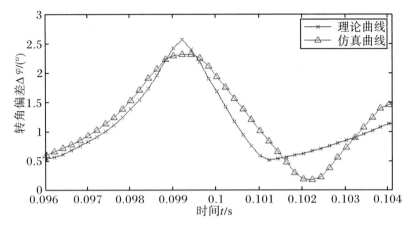

图 3.47　半转杆转角偏差理论与仿真曲线比较

通过图 3.47 的比较可见,半转杆转角偏差的理论模型曲线与仿真曲线基本吻合,其误差来源主要为转角偏差理论计算模型中定位滑块端部圆角以矩形近似替代。

验证半转杆转角偏差模型的准确性。从 ADAMS 运动学仿真可知,半转杆转角偏差的计算模型是可靠的。

3.3.7　动力学仿真

利用 ADAMS 虚拟仿真软件对同侧式半转翼进行动力学仿真,获得半转翼样机的动能参数,并将仿真值与理论计算值进行比较。

3.3.7.1　动力学仿真模型

仿真模型的实体对象是研究组设计的一架翼展为 282 mm 的同侧式半转翼装置。现按照该半转翼装置的形状和尺寸,利用 UG 建立整机模型并转换成通用的 x_t 格式,然后将该模型导入 ADAMS,图 3.48 为同侧式半转翼仿真模型。图中样机机架与地面固连,半转翼翼片的材料采用碳纤维。由于 ADAMS 材料库中没有碳纤维这种材料,故需根据其弹性模量、泊松比以及密度在 ADAMS 中进行定义。其他构件的材料均选用铝。

模型建立好后,通过 ADAMS 中的模型自检工具对样机模型进行检测,以避免模型中隐藏的错误对仿真分析造成的干扰。通过该自检测工具发现,半转翼仿真模型的建立无误。随后对其进行运动学的仿真,仿真结果也与 3.3.6 小节中的结果完全一致,这也就再一次证明了该样机模型的构建是准确的。因此,利用该模型进行动力学仿真是可行的。

图 3.48　同侧式半转翼仿真模型

3.3.7.2　翼片上气动力的加载

半转翼动力学仿真的主要过程为：首先利用 MATLAB 计算半转翼整个运行周期内的气动力数据，接着将其导入 ADAMS 并创建相应数据的样条曲线，然后将该样条曲线加到气动力函数中，最后在曲柄处施加驱动力矩并不断修改参数，直到得到合适的仿真结果。该动力学仿真的核心在于翼片上气动力的加载和曲柄处驱动力矩的添加。

气动力加载的实质就是将半转翼翼片上的分布力系向该翼片的气动中心简化并通过函数加载，半转翼翼片上的分布力系向翼片的气动中心简化的主矢和主矩可由式(2.7)与式(2.8)求得。

1. 半转翼翼片上气动力简化数据的导出

半转翼气动力在加载过程中，常常存在气动力理论计算值的初相位和 AD-AMS 仿真的初相位不吻合问题。为避免这样的错误，可在气动力数据导出之前直接通过程序实现气动力理论计算值的初相位与动力学仿真的初始相位一致，并使用以下程序将气动力简化数据保存为 txt 文本格式。

……
$H = [t; F_R]$
fileID = fopen('F_R.txt','w');
fprintf(fileID,'%6s %12s\n','t','F_R');
fprintf(fileID,'%6.4f %12.4f\n',H);
fclose(fileID);

需要指出的是，上述程序是主矢 F_R 的数据保存方法，主矩 M_{O1} 的保存方法与 F_R 类似。

2. 翼片上气动力的加载

在 ADAMS 建模中,半转翼样机模型的坐标原点是机架中心。由于翼片是长方形薄板,其气动中心也就是翼片的中心,因此通过计算,半转翼左右翼片在初始位置时的气动中心坐标分别为(170,0,155)和(-170,0,155)。

在半转翼飞行器动力学仿真中,气动力数据导入 ADAMS,并加载到左右翼片上的过程如下:

(1) 打开"File"菜单栏下的"import",读入气动力简化的主矢 F_R 与主矩 M_{O1} 数据。这里需要指出的是,必须将"file import"界面中的"independent column index"值设为1,其表示导入数据的第一列为独立变量时间。

(2) 选择"Build"菜单栏下的样条曲线创建按钮,得到主矢 F_R 与主矩 M_{O1},如图3.49 和图3.50 所示。

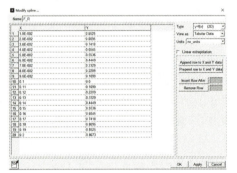
(a) 主矢 F_R 在一个周期内的数据

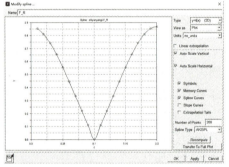
(b) 主矢 F_R 的样条曲线

图3.49 主矢数据及其对应的样条曲线

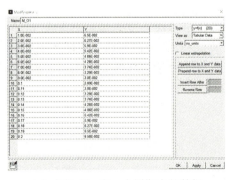
(a) 主矢 M_{O1} 在一个周期内的数据

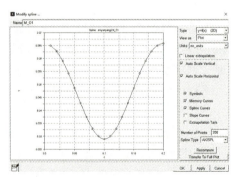
(b) 主矢 M_{O1} 的样条曲线

图3.50 主矩数据及其对应的样条曲线

(3) 在 ADAMS 动力学仿真中,半转翼翼片上气动力简化的主矢数据添加方法与主矩数据添加方法类似,故这里只介绍主矢数据的添加方法。首先在翼片气动中心处添加一个约束力,选择该力后点击"Modify"项,将"Function"函数中的内容删除并点击其右侧按钮,弹出"Function Builder"对话框,选择"Function Builder"对话框左端中部的"Spline"函数下的"AKISPL"样条插值方法,然后在"AKISPL"选项中的第一列中输入时间"time",第三列中输入主矢名称 F_R,如图 3.51 所示。最后一直选择"确定"按钮,就可以将主矢 F_R 的样条曲线加入半转翼翼片气动中心处的约束力。同理,主矩数据的添加也是如此。于是经过计算得到的气动力简化的主矢数据与主矩数据就全部加载到了半转翼飞行器左右翼片上。

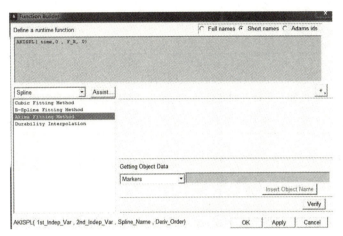

图 3.51　主矢 F_R 样条曲线的添加

3.3.7.3　动力学仿真验证

在完成半转翼仿真模型的构件以及气动力的加载后,设定曲柄的转速为 10π rad/s,对半转翼飞行器进行一个运动周期的动力学仿真(此时局部约束作用时间 $t \in [0.096, 0.104]$)。利用 ADAMS 的后处理模块 ADAMS/PostProcessor 得到局部约束作用过程中的各力能参数,并将其变为 txt 数据导入 MATLAB 与第 4 章中的计算值比较。图 3.52～图 3.55 为各力能参数半转翼驱动机构在局部约束作用过程中的理论计算与仿真数据对比图。

通过图 3.52～图 3.55 可以得出,理论计算数据与仿真数据是比较吻合的,产生差别的主要原因是力能参数计算模型中定位滑块端部圆角以矩形近似替代,由此也就验证了第 3 章中力能参数计算方法与结果的正确性。

另外,从仿真曲线可以看出局部约束作用的各阶段区分并不是特别明显,可能的原因主要有:① 局部约束的阶段划分是在比较理想的情况下进行的,而半转翼驱动机构的动力学仿真又比较贴近于实际;② 局部约束作用构件之间的运动副为 3D 接触,该接触中相关参数的设置也会对仿真曲线产生影响。

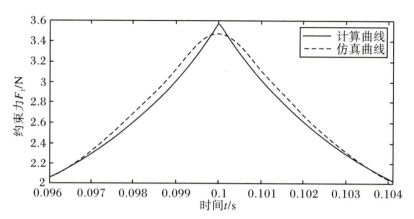

图 3.52 半转杆对定位滑块约束力的理论计算与仿真对比图

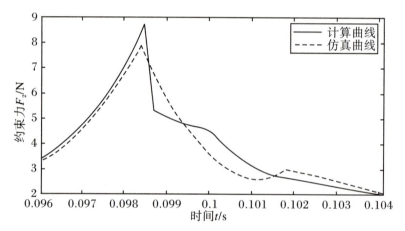

图 3.53 定位滑块对动轴滑槽约束力的理论计算与仿真对比图

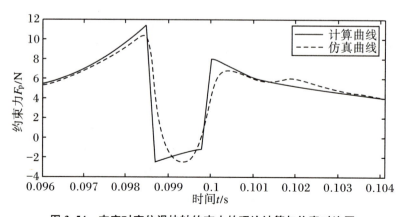

图 3.54 支座对定位滑块轴约束力的理论计算与仿真对比图

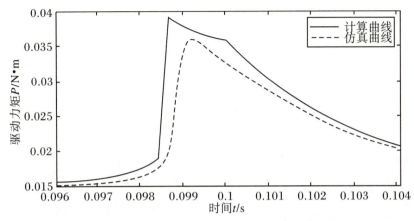

图 3.55 驱动力矩 M_O 的理论计算与仿真对比图

3.4 单向转动的最简半转机构

3.4.1 机构构成

以上两种局部约束对于机构的转动方向没有限制,在正反转运行时都能同样起作用,适于半转机构的一般应用场合。但在一些特殊的应用场合,比如仿扑翼飞行,翅膀只需要产生向上的气动力,不必产生向下的气动力;这时只需要半转翼产生升力的单向转动即可。对于这种只有单向转动的需求,半转机构还可以进一步简约化。

进一步简约化的关键是单向轴承。在半转机构的动轴与滑块(转槽)轴处分别设置单向轴承:动轴处设置只允许转向与曲轴转向相反的单向轴承(以下称为反向轴承),滑块或转槽轴处设置只允许转向与曲柄转向相同的单向轴承(以下称为同向轴承)。两个同向与反向单向轴承共同作用,就可以实现局部约束的效果。

前述两种简约化半转机构,采用单向轴承后结构可以进一步简化。

3.4.1.1 对侧式

由于对侧式布置不会发生干涉,所以可全部去除构成局部约束的动片、直定片与圆定片。在连接曲柄与半转杆的动轴处使用反向轴承,在转槽轴处使用同向轴承。参见图 3.56(a)。

3.4.1.2 同侧式

去除局部约束中对动轴滑槽的特殊形状要求,只要能保证转动滑块无障碍通过即可。也就是说,动轴的滑槽只保留破除干涉的功能,而将补充约束的功能交由单向轴承对完成。为了保证滑块与半转杆的充分接触,还可以加长滑块、缩小动轴。同时在连接曲柄与半转杆的动轴处使用反向轴承,在转动滑块轴处使用同向轴承。参见图 3.56(b)。

(a)
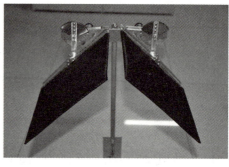
(b)

图 3.56 两种最简半转机构构成的半转翼模型

3.4.2 作用原理

半转机构在使用普通轴承时,半转杆受动轴与滑块(或转槽)的约束力,运动一般是确定的。但在动轴与滑块轴(或转槽轴)重合时,滑块(或转槽)的约束力对动轴的力矩为零,半转杆的转动约束丢失,出现转动的不确定性。

改换成单向轴承后,在一般位置其作用与普通轴承相同,并未对原系统增加约束。但在动轴与滑块轴(或转槽轴)重合处,由于动轴反向轴承只允许半转杆向后转动,因而也会带动滑块(或转槽)向后转动。但是滑块轴(或转槽轴)正向轴承限制向后转动,只允许向前转动。两者对转动形成了双向的限制,相当于对半转杆转动的补充约束。这样两个单向轴承的组合构成了简约化半转机构的局部约束。

3.4.3 性能特点

3.4.3.1 结构最简约

采用单向轴承的半转机构,只是在基础机构上改换了两个轴承,没有添加任何其他局部约束结构,因此可谓半转机构简约化的终极方案。它只用三个零件(曲柄、半转杆、滑块或转槽),其中只有曲柄与半转杆两个运动件,完全可以达到结构简单、重量轻巧的要求,是构成半转翼的最佳机构形式。

3.4.3.2 运动更精确

在前述的两种简约化半转机构方案中,由于滑槽的间隙或两种滑槽的切换,半转杆产生了不可避免的转角偏差,影响运动精度。使用两个单向轴承的组合后,动轴反向轴承可限制半转杆向前偏转,而滑块轴(或转槽轴)正向轴承可限制半转杆向后偏转。共同作用的结果,使半转杆不会出现因滑槽间隙而前后偏转的现象,只能严格按理论位置运动。所以单向轴承组不但在约束丢失处承担局部约束的作用,在一般位置还有校正运动精度的功能。

3.4.3.3 只能单向转

改换单向轴承的机构虽然有以上优点,但由于轴承单向转动的特点,半转机构也只能单向转动运行。对于需要正反转的场合,这样的机构是不适用的。

第 4 章
半转翼气动力分析基础

4.1 计算翼面元气动力的基本公式

鸟的扑翼与昆虫的振翅都会产生复杂的流场,半转翼飞行中的流场也同样是复杂的,对其气动力规律的精确分析并非易事。然而,为了半转翼飞行器初步设计时能有必要的基本依据,需要有能对半转翼产生的气动力作出估算的可行方法。

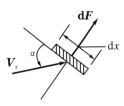

图 4.1 翼面元示意图

为此选择两个基本飞行状态——悬停与前进,且只考虑飞行中相对运动的气流作用在翼面上的压力,给出基本飞行状态中翼面气动力的主矢、主矩与升力的估算方法。

设翼面上任一微小面积(称为翼面元)dA 处气流的相对速度是 V_r,翼面元所受的气动力主要表现为翼面法向的压差阻力 dF,切向的摩擦力可以忽略不计。受力图如图 4.1 所示,其中翼面元的面积为 dA。

翼面元上的压力元 dF 就是分析半转翼气动力的起点。按照是否考虑气流对翼面元的绕流效应,计算 dF 有两种方法。

4.1.1 不计绕流的压力元计算

设有一面积无穷大的翼面,气流不会形成绕流。气流相对速度 V_r 与翼面的夹角(迎角)为 α,参见图 4.2。V_r 沿翼面切向与法向的分量分别是 V_t 和 V_n,有 $V_r^2 = V_n^2 + V_t^2$。

气流接触到翼面后,法向分速度 $V_n = 0$,而切向分速度 V_t 不变。又设远方来流处与无流动的翼面背侧的压强为 p_0,翼面迎流处的压强为 p_1,且气体的密度为 ρ。则由伯努利方程

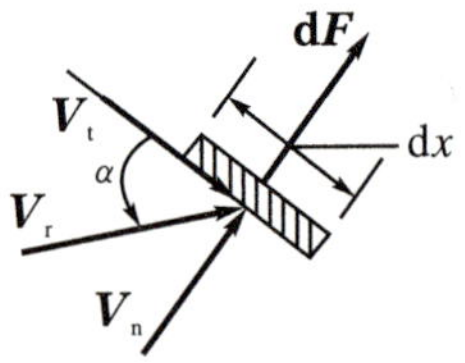

$$\frac{p_0}{\rho} + \frac{V_r^2}{2} = \frac{p_1}{\rho} + \frac{V_t^2}{2}$$

图 4.2 气流相对速度分量

可得

$$\Delta p = p_1 - p_2 = \frac{1}{2}\rho(V_r^2 - V_t^2) = \frac{1}{2}\rho V_n^2$$

对于背面绝对没有流动的无绕流翼面元,其压差阻力就是 $\frac{1}{2}\rho V_n^2 dA$。但是对于面积有限的翼面,绕流肯定是存在的,因此必须对只由 Δp 造成的压差阻力进行修正。为此引入修正因子——阻力系数 C_D,翼面元的压力元为 $dF = \frac{1}{2}C_D\rho V_n^2 dA$。阻力系数 C_D 由具体翼面的结构与运动形式,通过实验测定。

由于 $V_n = V_r \sin\alpha$,故不计绕流的压力元为

$$dF = \frac{1}{2}C_D\rho V_r^2 \sin^2\alpha \, dA \tag{4.1}$$

此法实质上是只用气流的相对法向速度计算翼面的压力,故称为法向速度式,以与其他方法区分。此式中承压面积为翼面元面积 dA。第 2 章的基本计算中就是采用的这个方法。

4.1.2 考虑绕流的压力元计算

流体动力学中绕流物体的基本压差阻力公式是

$$dF = \frac{1}{2}C_D\rho V_r^2 \sin\alpha \, dA \tag{4.2}$$

此式表示压力是由气流的全相对速度产生的,不仅有法向速度,也有与切向速度有关的绕流,故称之为全速度式。其中 $\sin\alpha \, dA$ 是迎流面的面积,即翼面元在垂直于流动方向上的投影面积。

式(4.1)与式(4.2)中的阻力系数 C_D 皆由实验测定,它是只与翼面的结构与运动形式有关的系数。测定半转翼 C_D 的实验是在不同转速下(相当于不同迎角)测得半转翼的平均升力 $\overline{F}$,然后采用

$$C_D = \frac{\overline{F}}{\frac{1}{2}\rho V_r^2}$$

计算相应的阻力系数,最后再计算不同转速下 C_D 的平均值。这样得到的 C_D 具有只与翼面的结构与运动形式有关的普适性。

比较式(4.1)与式(4.2)可知,如此测定的 C_D 与具体的迎角 α 无关,因此上述两种公式中的 C_D 是相同的。

在半转翼的气动力计算中,根据不同的场合可以选用不同的公式。在绕流很小以至可以忽略不计时可用式(4.1),在绕流明显而不宜忽略时应该使用式(4.2)。

4.1.3 半转升力系数

在以上翼面元气动力的计算中,出现了压差阻力系数 C_D。在整个半转翼气动力的分析中,翼面元上的"阻力"是半转翼整体的"升力"来源。用"阻力系数"计算半转翼的升力,容易造成令人费解的概念上的冲突,而且 C_D 是通过半转翼的升力实验进行测定的,对于半转翼整体而言,此"阻力系数"实质上是"升力系数"。因此在半转翼研究中应该按实际效果改称之为半转翼的升力系数。为了与通常的升力系数 C_L 区别,特记"半转升力系数"为 C_H。

因此,在半转翼气动力的计算中,压力元的两个基本计算公式如下:

不计绕流时(法向速度式)

$$dF = \frac{1}{2} C_H \rho V_r^2 \sin^2 \alpha \, dA \tag{4.3}$$

考虑绕流时(全速度式)

$$dF = \frac{1}{2} C_H \rho V_r^2 \sin \alpha \, dA \tag{4.4}$$

4.2 静止空气中悬停半转翼的气动力计算

4.2.1 翼面元的确定

设半转翼飞行器在静止空气中悬停,翼面附近气流相对速度完全由翼片的速度决定,两者大小相等,方向相反。翼片上一点的速度计算参见 2.2.3 小节。

在图 4.3 中,气流相对速度在翼面法向的分量与翼面垂直且沿翼面展向线性分布,切向分量与翼面相切沿展向均布。各速度皆分布在翼片的展向平面内,其大小分别为

$$V_r = \omega \sqrt{R^2 + Rx\sin\frac{\varphi}{2} + \frac{x^2}{4}}$$

$$V_n = \omega \left(R\sin\frac{\varphi}{2} + \frac{x}{2} \right)$$

$$V_t = \omega R\cos\frac{\varphi}{2}$$

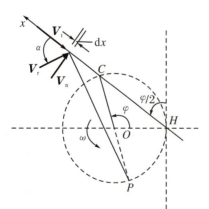

图 4.3 气流的相对速度分量

翼面元沿展向截取,分布方向与切向速度方向一致。除翼片展向两端的翼面元以外,其他翼面元的左右两侧皆有其他翼面元存在;因此除了翼片两端,气流沿展向没有绕流的可能,所以此场合用法向速度式(4.3)计算压力元较好。此时的翼面元参见图4.2,由于速度皆分布在展向平面内,所以气动力也在展向平面内。在2.2.4小节中就是采用这样的压力元进行计算的。

4.2.2 主矢与主矩

在2.2.4小节中已经计算出这种场合翼面气动力向动轴 C 简化的主矢与主矩,此处把其中的阻力系数 C_D 改为半转升力系数 C_H 即可:

$$F_R = \frac{1}{6} C_H \rho h R \omega^2 \sin\frac{\varphi}{2} \left(4R^2 \sin^2\frac{\varphi}{2} + 3a^2 \right) \tag{4.5}$$

$$M_C = \frac{1}{48} C_H \rho h \omega^2 \left(-16 R^4 \sin^4\frac{\varphi}{2} + 24 R^2 a^2 \sin^2\frac{\varphi}{2} + 3a^4 \right) \tag{4.6}$$

4.2.3 升力

在2.2.4小节中已经计算出这种场合单个半转翼面的瞬时升力与曲柄一转内的平均升力,此处把其中的阻力系数 C_D 改为半转升力系数 C_H 即可:

$$F_L = \frac{1}{6} C_H \rho h R \omega^2 \sin^2\frac{\varphi}{2} \left(4R^2 \sin^2\frac{\varphi}{2} + 3a^2 \right) \tag{4.7}$$

$$\overline{F_L} = \frac{1}{4} C_H \rho h R (R^2 + a^2) \omega^2 \tag{4.8}$$

4.2.4 全速度式的比较计算

作为比较,再用全速度式(4.4)计算静止空气中悬停半转翼的气动力向动轴 C 简化的主矢与主矩。

4.2.4.1 压力元与异向区

参见图4.3,气流相对速度与翼面的迎角为 α,则有

$$\sin\alpha = \frac{V_n}{V_r} = \frac{2R\sin\frac{\varphi}{2} + x}{\sqrt{4R^2 + 4Rx\sin\frac{\varphi}{2} + x^2}} \tag{4.9}$$

考虑绕流效应时,用全速度式(4.4)且令 $dA = h dx$,h 为翼片弦向长度,可得压力元的大小

$$dF_1 = \frac{1}{2} C_H \rho h V_r^2 \sin\alpha \, dx$$

$$= \frac{1}{8} C_H \rho h \omega^2 \left(2R\sin\frac{\varphi}{2} + x\right)\sqrt{4R^2 + 4Rx\sin\frac{\varphi}{2} + x^2} \, dx \qquad (4.10)$$

压力元的方向规定与2.2.4小节相同。

当 $x = -2R\sin(\varphi/2)$ 时，$dF_1 = 0$，这是不动点在翼片上的位置；

当 $x > -2R\sin(\varphi/2)$ 时，$dF_1 > 0$，这是从不动点到翼片外端的区间；

当 $x < -2R\sin(\varphi/2)$ 时，$dF_1 < 0$，这是从不动点到翼片内端的区间。

可见与法向速度式相同，翼面上的压力同样以不动点为界存在异向区，参见图4.4。从不动点到翼片外端的区间气动力产生向上的升力，相当于动物扑翼的下拍行程，所以也称该区间为下拍区。从不动点到翼片内端的区间气动力产生向下的"负升力"，相当于动物拍翼的上挥行程，所以也称该区间为上挥区。运动的半转翼在一个翼面上同时产生类似动物扑翼的下拍与上挥行程，且下拍区始终大于上挥区。这是不对称转动代替不对称摆动的显著特点。

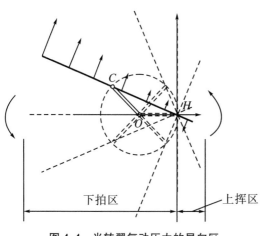

图4.4 半转翼气动压力的异向区

4.2.4.2 主矢与主矩

以动轴点 C 为简化中心，把翼面上气动力分布力系简化，计算力系的主矢与主矩：

$$F_{R1} = \int_{-a}^{a} dF_1 = \frac{1}{24} C_H \rho h \omega^2 (A^3 - B^3) \qquad (4.11)$$

$$M_{C1} = \int_{-a}^{a} x \, dF_1$$

$$= \frac{1}{4} C_H \rho h \omega^2 \left\{ \frac{1}{24}\left[\left(3a - 2R\sin\frac{\varphi}{2}\right)A^3 + \left(3a + 2R\sin\frac{\varphi}{2}\right)B^3\right]\right.$$

$$- \frac{R^2}{4}\cos^2\frac{\varphi}{2}\left[\left(a + 2R\sin\frac{\varphi}{2}\right)A - \left(2R\sin\frac{\varphi}{2} - a\right)B\right]$$

$$\left. - R^4\cos^4\frac{\varphi}{2}\ln\frac{2R\sin\frac{\varphi}{2} + a + A}{2R\sin\frac{\varphi}{2} - a + B}\right\} \qquad (4.12)$$

其中

$$A = \sqrt{4R^2 + 4aR\sin\frac{\varphi}{2} + a^2}, \quad B = \sqrt{4R^2 - 4aR\sin\frac{\varphi}{2} + a^2}$$

4.2.4.3 比较

设 $a = 0.14$ m, $R = 0.06$ m, $C_H = 3$, $\rho = 1.225$ kg/m³, $\omega = 10\pi$ s⁻¹；当 $\varphi \in (0, 2\pi)$ 时，作 F_{R1} 与 F_R、M_{C1} 与 M_C 曲线并进行比较，参见图 4.5 与图 4.6。

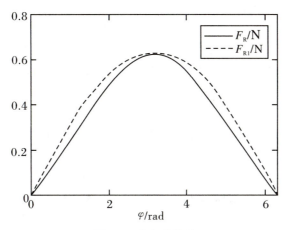

图 4.5 主矢的比较

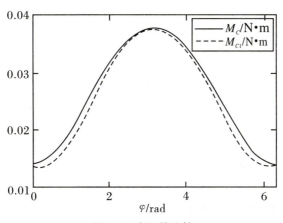

图 4.6 主矩的比较

由图 4.5 和图 4.6 可见，两者的主矩很接近；主矢在翼片垂直与水平时相等，在翼片倾斜时用全速度式计算的较大，最大误差约达 18%。翼片在水平位置时主矢有最大值，此时气流相对速度与翼片垂直，无切向分速度，所以无绕流发生，两者的计算结果相同。翼片倾斜时气流相对速度有切向分量，但如前所述，实际上翼片中部不可能有展向绕流产生，所以按全速度式绕流翼面元计算所得结果应大于实际情况。主矢是计算升力的根据,在估算升力时可以把用全速度式计算的升力视为升力的上限,而把用法向速度式计算的升力视为升力的下限。

4.3 前方水平来流中悬停半转翼的气动力计算

4.3.1 翼面元的确定

上节对半转翼在静止空气中悬停飞行状态进行了分析,本节进而研究半转翼飞行器在前方有速度为 V_0 的水平迎面气流中悬停时的气动力计算。参见图 4.7,图中点 C 为动轴点,点 H 为转槽(不动点)。

由于半转翼的运动,气流相对翼面的速度还受翼面上点的法向速度 V_n 与沿展向的切向速度 V_t 两个分量的影响。但沿展向的切向速度 V_t 与前方来流的迎角无关;且由 4.2 节可知展向的切向相对速度产生的展向绕流效应对升力的影响甚微,故此时亦不计展向的切向分速度 V_t。所以在前方来流中悬停半转翼的气动力计算中,只考虑气流在与翼面垂直的弦向平面内的运动,翼面元如图 4.8 所示。由于只考虑弦向平面内的速度,所以气动力也在弦向平面内,图 4.7 是翼面元在弦向平面内的速度与受力图。

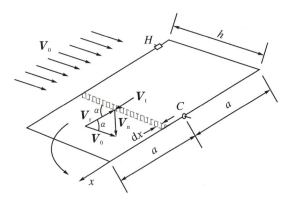

图 4.7 前方来流中悬停半转翼

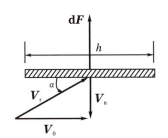

图 4.8 前方来流中悬停半转翼气动力的翼面元的计算

悬停飞行时,半转翼的翼面弦呈水平状态,与水平来流 V_0 平行。气流相对翼面的速度 $V_r = V_0 + V_n$,迎角为 α。由半转翼的运动有

$$V_n = \frac{1}{2}\omega\left(2R\sin\frac{\varphi}{2} + x\right)$$

所以有

$$\sin\alpha = \frac{V_n}{V_r}$$

$$V_r = \sqrt{V_0^2 + V_n^2} = \sqrt{V_0^2 + \frac{1}{4}\omega^2\left(2R\sin\frac{\varphi}{2} + x\right)^2}$$

在这种情况下,气流在整个翼面都有弦向绕流,所以用全速度式(4.4)计算翼面的压力元:

$$dF = \frac{1}{2}C_H \rho h V_r^2 \sin\alpha\, dx = \frac{1}{2}C_H \rho h V_n V_r\, dx$$

$$= \frac{1}{8}C_H \rho h \omega^2 \left(2R\sin\frac{\varphi}{2} + x\right)\sqrt{\frac{4V_0^2}{\omega^2} + \left(2R\sin\frac{\varphi}{2} + x\right)^2} \quad (4.13)$$

4.3.2 主矢与主矩

以动轴点 C 为简化中心,把翼面上气动力分布力系简化,计算力系的主矢 F_R 与主矩 M_C:

$$F_R = \int_{-a}^{a} dF = \frac{C_H \rho h \omega^2}{8}\int_{-a}^{a}\left(2R\sin\frac{\varphi}{2} + x\right)\sqrt{\frac{4V_0^2}{\omega^2} + \left(2R\sin\frac{\varphi}{2} + x\right)^2}\, dx$$

$$= \frac{C_H \rho h \omega^2}{24}\left\{\left[\left(2R\sin\frac{\varphi}{2} + a\right)^2 + \frac{4V_0^2}{\omega^2}\right]^{\frac{3}{2}} - \left[\left(2R\sin\frac{\varphi}{2} - a\right)^2 + \frac{4V_0^2}{\omega^2}\right]^{\frac{3}{2}}\right\}$$

$$= \frac{C_H \rho h \omega^2}{24}(C^3 - D^3) \quad (4.14)$$

$$M_C = \int_{-a}^{a} x\, dF = \frac{C_H \rho h \omega^2}{8}\int_{-a}^{a} x\left(2R\sin\frac{\varphi}{2} + x\right)\sqrt{\left(2R\sin\frac{\varphi}{2} + x\right)^2 + \frac{4V_0^2}{\omega^2}}\, dx$$

$$= \frac{C_H \rho h \omega^2}{8}\left[\frac{3a - 2R\sin\frac{\varphi}{2}}{12}C^3 + \frac{3a + 2R\sin\frac{\varphi}{2}}{12}D^3 - \frac{V_0^2}{2\omega^2}\left(2R\sin\frac{\varphi}{2} + a\right)C\right.$$

$$\left. - \frac{V_0^2}{2\omega^2}\left(2R\sin\frac{\varphi}{2} - a\right)D - \frac{2V_0^4}{\omega^4}\ln\frac{2R\sin\frac{\varphi}{2} + a + C}{2R\sin\frac{\varphi}{2} - a + D}\right] \quad (4.15)$$

在以上两式中,C 与 D 是简记的表达式,它们分别为

$$C = \sqrt{\left(2R\sin\frac{\varphi}{2} + a\right)^2 + \frac{4V_0^2}{\omega^2}}, \quad D = \sqrt{\left(2R\sin\frac{\varphi}{2} - a\right)^2 + \frac{4V_0^2}{\omega^2}}$$

容易验证:当 $V_0 = 0$ 时,注意到条件 $a > 2R\sin(\varphi/2)$,故 $C = a + 2R\sin(\varphi/2)$,$D = a - 2R\sin(\varphi/2)$,可得此时式(4.14)的结果与前者式(4.5)相同,式(4.15)的结果与前者式(4.6)相同。即前者是后者的一个特例。

4.3.3 升力

由主矢的结果可得在前方来流中悬停半转翼的瞬时升力为

$$F_L = F_R \sin\frac{\varphi}{2} = \frac{C_H \rho h \omega^2}{24}(C^3 - D^3)\sin\frac{\varphi}{2}$$

平均升力为

$$\overline{F_L} = \frac{1}{2\pi}\int_0^{2\pi} F_L \mathrm{d}\varphi$$

此积分无法给出闭式表达式。为了得到便于使用的近似公式,对被积函数按 $\sin\frac{\varphi}{2}$ 的级数展开到 $\sin^4\frac{\varphi}{2}$ 项,整理后有

$$\begin{aligned}F_L &= \frac{C_H \rho h \omega^2 \sin\frac{\varphi}{2}}{24}\left\{\left[\left(2R\sin\frac{\varphi}{2}+a\right)^2 + \frac{4V_0^2}{\omega^2}\right]^{\frac{3}{2}} - \left[\left(2R\sin\frac{\varphi}{2}-a\right)^2 + \frac{4V_0^2}{\omega^2}\right]^{\frac{3}{2}}\right\}\\ &\approx \frac{C_H \rho h \omega^2}{24} \cdot \frac{4Ra\sqrt{a^2+\frac{4V_0^2}{\omega^2}}\sin^2\frac{\varphi}{2}}{(a^2\omega^2+4V_0^2)^2}\\ &\quad \cdot \left(4R^2 a^2 \omega^4 \sin^2\frac{\varphi}{2} + 24R^2\omega^2 V_0^2 \sin^2\frac{\varphi}{2} + 3a^4\omega^4 + 24a^2\omega^2 V_0^2 + 48V_0^4\right)\\ &= \frac{C_H \rho h R a \omega(1-\cos\varphi)}{12(a^2\omega^2+4V_0^2)^{\frac{3}{2}}}(48V_0^4 + 3a^4\omega^4 + 2R^2 a^2 \omega^4 + 12R^2\omega^2 V_0^2\\ &\quad + 24a^2\omega^2 V_0^2 - 2R^2 a^2 \omega^4 \cos\varphi - 12R^2\omega^2 V_0^2 \cos\varphi)\end{aligned} \tag{4.16}$$

设 $a = 0.14 \text{ m}, R = 0.06 \text{ m}, C_H = 3.46, \rho = 1.225 \text{ kg/m}^3, \omega = 20\pi \text{ s}^{-1}, h = 0.2 \text{ m}, V = 3 \text{ m/s}$,分别按式(4.14)与式(4.16)作 $\varphi \in (0, 2\pi)$ 时升力 F_L 的理论曲线与近似曲线并进行比较,参见图4.9。可见两者的曲线几乎完全一致,所以此近似式有很高的精度。

式(4.16)也可以改写成关于 $\cos\varphi$ 的近似线性表达式:

$$F_L \approx E(F - G\cos\varphi) \tag{4.16'}$$

其中

$$E = \frac{C_H \rho h R a \omega}{12(a^2\omega^2+4V_0^2)^{\frac{3}{2}}}$$
$$F = 48V_0^4 + 3a^4\omega^4 + 2R^2 a^2 \omega^4 + 12R^2\omega^2 V_0^2 + 24a^2\omega^2 V_0^2$$
$$G = 48V_0^4 + 3a^4\omega^4 + 4R^2 a^2 \omega^4 + 24R^2\omega^2 V_0^2 + 24a^2\omega^2 V_0^2$$

误差为

$$\Delta = E \cdot 2R^2 \omega^2 \cos^2\varphi(a^2\omega^2 + V_0^2)$$

设 $a = 0.14$ m,$R = 0.06$ m,$C_H = 3.46$,$\rho = 1.225$ kg/m³,$\omega = 20\pi$ s⁻¹,$h = 0.2$ m,$V = 3$ m/s,分别按式(4.16)与式(4.16′)作 $\varphi \in (0, 2\pi)$ 时升力 F_L 的两种近似曲线并进行比较,参见图 4.10。可见两者的曲线十分接近,此近似值与原近似值的误差小于 2%,比原近似值略小。在建立运动方程时用式(4.16′)比较方便,可以避免出现非线性微分方程。

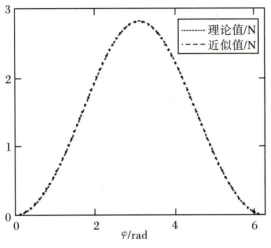

图 4.9 升力计算值比较

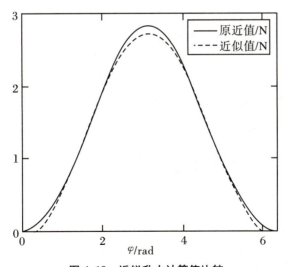

图 4.10 近似升力计算值比较

可通过对式(4.16)积分计算平均升力,得到平均升力的近似式为

$$\overline{F}_L \approx \frac{C_H \rho h R a \omega}{4(a^2\omega^2 + 4V_0^2)^{\frac{3}{2}}} (R^2 a^2 \omega^4 + 6R^2 V_0^2 \omega^2 + a^4 \omega^4 + 8a^2 \omega^2 V_0^2 + 16V_0^4)$$

(4.17)

当在静止空气中悬停飞行,即 $V_0 = 0$ 时,由式(4.17)得到与式(4.8)相同的结果。

4.4 前进飞行半转翼的升力与推力

4.4.1 翼面元的确定

研究半转翼飞行器在静止空气中以速度 V_0 前进飞行的状态。此时设定曲柄以角速度 ω 匀速转动,机身有俯仰角 α,因而翼面亦有前倾的俯仰角 α。此时相对气流的运动情况如图 4.11 所示。气流相对翼面的速度 V_r 与翼面的夹角,即气流的迎角为 γ。

翼面上一点的法向速度为

$$V_n = \frac{1}{2}\omega\left(2R\sin\frac{\varphi}{2} + x\right)$$

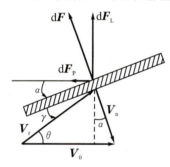

图 4.11 前进飞行半转翼的翼面元

所以气流相对速度为

$$V_r^2 = (V_n\cos\alpha)^2 + (V_0 - V_n\sin\alpha)^2$$
$$= V_n^2 + V_0^2 - 2V_0 V_n \sin\alpha$$

且有 $\sin\theta = \dfrac{V_n\cos\alpha}{V_r}$, $\cos\theta = \dfrac{V_0 - V_n\sin\alpha}{V_r}$。

因为 $\gamma + \alpha = \theta$,所以 $\gamma = \theta - \alpha$,从而得到

$$\sin\gamma = \sin\theta\cos\alpha - \cos\theta\sin\alpha = \frac{V_n\cos\alpha}{V_r}\cos\alpha - \frac{V_0 - V_n\sin\alpha}{V_r}\sin\alpha$$

$$= \frac{1}{V_r}(V_n - V_0\sin\alpha)$$

由此可得翼面压力元

$$dF = \frac{1}{2}C_H \rho h V_r^2 \sin\gamma$$

$$= \frac{1}{2}C_H \rho h (V_n - V_0\sin\alpha)\sqrt{(V_n - V_0\sin\alpha)^2 + V_0^2\cos^2\alpha}$$

代入 $V_n = \dfrac{1}{2}\omega\left(2R\sin\dfrac{\varphi}{2} + x\right)$,有

$$dF = \frac{1}{8} C_H \rho h \omega^2 \left(2R\sin\frac{\varphi}{2} + x - \frac{2V_0}{\omega}\sin\alpha\right)$$

$$\cdot \sqrt{\left(2R\sin\frac{\varphi}{2} + x - \frac{2V_0}{\omega}\sin\alpha\right)^2 + \frac{4V_0^2}{\omega^2}\cos^2\alpha} \quad (4.18)$$

4.4.2 主矢及其近似式

对式(4.18)沿翼面的展向积分,得气动力的主矢为

$$F_R = \int_{-a}^{a} dF = \frac{C_H \rho h \omega^2}{24}\left\{\left[\left(2R\sin\frac{\varphi}{2} + a - \frac{2V_0}{\omega}\sin\alpha\right)^2 + \frac{4V_0^2}{\omega^2}\cos^2\alpha\right]^{\frac{3}{2}}\right.$$

$$\left. - \left[\left(2R\sin\frac{\varphi}{2} - a - \frac{2V_0}{\omega}\sin\alpha\right)^2 + \frac{4V_0^2}{\omega^2}\cos^2\alpha\right]^{\frac{3}{2}}\right\} \quad (4.19)$$

为了得到便于使用的近似公式,对主矢 F_R 的表达式按 $\sin(\varphi/2)$ 的级数展开到 $\sin(\varphi/2)$ 的一次方项,整理后有

$$F_R \approx \frac{C_H \rho h \omega^2}{24}\left\{\left(a^4 + \frac{4V_0^2}{\omega^2} - \frac{4aV_0\sin\alpha}{\omega}\right)^{\frac{3}{2}} - \left(a^4 + \frac{4V_0^2}{\omega^2} + \frac{4aV_0\sin\alpha}{\omega}\right)^{\frac{3}{2}}\right.$$

$$+ 6R\sin\frac{\varphi}{2}\left[\left(a - \frac{2V_0\sin\alpha}{\omega}\right)\sqrt{a^4 + \frac{4V_0^2}{\omega^2} - \frac{4aV_0\sin\alpha}{\omega}}\right]$$

$$\left. + \left[\left(a + \frac{2V_0\sin\alpha}{\omega}\right)\sqrt{a^4 + \frac{4V_0^2}{\omega^2} + \frac{4aV_0\sin\alpha}{\omega}}\right]\right\} \quad (4.19')$$

设 $a = 0.14$ m, $R = 0.06$ m, $C_H = 3.46$, $\rho = 1.225$ kg/m³, $\omega = 20\pi$ s^{-1}, $h = 0.2$ m, $V = 3$ m/s。分别按式(4.19)与式(4.19′)作 $\varphi \in (0, 2\pi)$ 时主矢 F_R 的理论曲线与近似曲线并进行比较,参见图4.12。可见在取最大值(在 $\sin(\varphi/2) = 1$ 邻近)时近似值比理论值约小18%,其余部分皆吻合良好。因此式(4.19′)给出偏于保守的近似值,可以使用。

为简化表达式的书写,做以下简化运算:

$$a^4 + \frac{4V_0^2}{\omega^2} - \frac{4aV_0\sin\alpha}{\omega} = \left(a - \frac{2V_0\sin\alpha}{\omega}\right)^2 + \frac{4V_0^2}{\omega^2}\cos^2\alpha$$

$$a^4 + \frac{4V_0^2}{\omega^2} + \frac{4aV_0\sin\alpha}{\omega} = \left(a + \frac{2V_0\sin\alpha}{\omega}\right)^2 + \frac{4V_0^2}{\omega^2}\cos^2\alpha$$

且令

$$P_1 = a - \frac{2V_0\sin\alpha}{\omega}, \quad P_2 = a + \frac{2V_0\sin\alpha}{\omega}, \quad P_3 = \frac{2V_0\cos\alpha}{\omega}$$

则有

$$F_R \approx \frac{C_H \rho h \omega^2}{24}\left[(P_1^2 + P_3^2)^{\frac{3}{2}} - (P_2^2 + P_3^2)^{\frac{3}{2}}\right.$$

$$+ 6R(P_1 \sqrt{P_1^2 + P_3^2} + P_2 \sqrt{P_2^2 + P_3^2})\sin\frac{\varphi}{2}\Big] \tag{4.20}$$

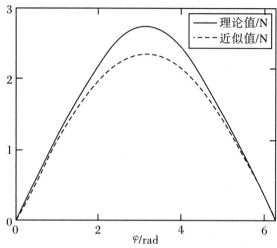

图 4.12　前飞主矢计算值比较

4.4.3　升力与推力

当翼面有前倾的俯仰角 α 时,半转翼产生的升力 F_L 与推力 F_P 的瞬时值分别为 $F_L = F_R \sin\frac{\varphi}{2}\cos\alpha$ 与 $F_P = F_R \sin\frac{\varphi}{2}\sin\alpha$。再由式(4.20)可得前进飞行半转翼的升力与推力瞬时值的近似式分别为

$$F_L \approx \frac{C_H \rho h \omega^2 \cos\alpha}{24}\sin\frac{\varphi}{2}\Big[(P_1^2 + P_3^2)^{\frac{3}{2}} - (P_2^2 + P_3^2)^{\frac{3}{2}}$$

$$+ 6R(P_1 \sqrt{P_1^2 + P_3^2} + P_2 \sqrt{P_2^2 + P_3^2})\sin\frac{\varphi}{2}\Big]$$

$$= \frac{C_H \rho h \omega^2 \cos\alpha}{24}\Big\{\big[(P_1^2 + P_3^2)^{\frac{3}{2}} - (P_2^2 + P_3^2)^{\frac{3}{2}}\big]\sin\frac{\varphi}{2}$$

$$+ 3R(P_1 \sqrt{P_1^2 + P_3^2} + P_2 \sqrt{P_2^2 + P_3^2})(1 - \cos\varphi)\Big\} \tag{4.21}$$

$$F_P \approx \frac{C_H \rho h \omega^2 \sin\alpha}{24}\sin\frac{\varphi}{2}\Big[(P_1^2 + P_3^2)^{\frac{3}{2}} - (P_2^2 + P_3^2)^{\frac{3}{2}}$$

$$+ 6R(P_1 \sqrt{P_1^2 + P_3^2} + P_2 \sqrt{P_2^2 + P_3^2})\sin\frac{\varphi}{2}\Big]$$

$$= \frac{C_H \rho h \omega^2 \sin\alpha}{24}\Big\{\big[(P_1^2 + P_3^2)^{\frac{3}{2}} - (P_2^2 + P_3^2)^{\frac{3}{2}}\big]\sin\frac{\varphi}{2}$$

$$+ 3R(P_1 \sqrt{P_1^2 + P_3^2} + P_2 \sqrt{P_2^2 + P_3^2})(1 - \cos\varphi)\} \qquad (4.22)$$

进一步计算在曲柄一转内升力与推力的平均值:

$$\overline{F}_L \approx \frac{C_H \rho h \omega^2 \cos\alpha}{24\pi} \{2[(P_1^2 + P_3^2)^{\frac{3}{2}} - (P_2^2 + P_3^2)^{\frac{3}{2}}]$$

$$+ 3\pi R(P_1 \sqrt{P_1^2 + P_3^2} + P_2 \sqrt{P_2^2 + P_3^2})\} \qquad (4.23)$$

$$\overline{F}_P \approx \frac{C_H \rho h \omega^2 \sin\alpha}{24\pi} \{2[(P_1^2 + P_3^2)^{\frac{3}{2}} - (P_2^2 + P_3^2)^{\frac{3}{2}}]$$

$$+ 3\pi R(P_1 \sqrt{P_1^2 + P_3^2} + P_2 \sqrt{P_2^2 + P_3^2})\} \qquad (4.24)$$

4.5 单纯侧向气流中半转翼的气动力

当飞行中的半转飞行器的侧向(如图 4.13 中的 y 方向)出现速度为 V_y 的气流,或者飞行器出现横移时,侧向气流会对半转翼产生附加作用力。本节采用基本的法向速度式对此附加作用力进行估算。

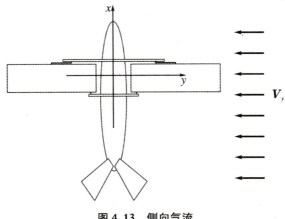

图 4.13 侧向气流

4.5.1 翼面元确定

首先确定出现侧向气流 V_y 时,气流与翼面的相对速度。参见图 4.14,沿每个翼面的展向建立坐标轴 ζ 轴,原点在该翼片的动轴点 C,正向指向该翼片外端(相当于图 4.3 中的 x 轴)。由于两侧的翼片对称反向转动,所以两侧翼片的转角定义方向相反。左侧翼片的转角逆时针方向为正,右侧翼片的转角顺时针方向为正。

相应地,左侧翼片与右侧翼片上的坐标系($\zeta-\eta$)的方向也相反。

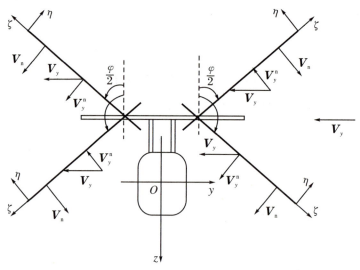

图 4.14　左、右翼的气流相对速度

从图 4.14 可见,左右两侧的翼片在机架横梁上部与下部气流相对速度也不同。左上与右下相似,右上与左下相似,因此以下分四个象限对翼面进行研究。依习惯向机头方向看去,分别规定右上为第一象限,左上为第二象限,左下为第三象限,右下为第四象限,如图 4.14 所示。

翼面上一点 ζ 处的法向速度在 η 轴上的投影为(参阅 4.2.1 小节)

$$V_n = -\omega \left(R\sin\frac{\varphi}{2} + \frac{\zeta}{2} \right)$$

侧向气流垂直于翼面的分速度在 η 轴上的投影为

$$V_y^n = \pm V_y \cos\frac{\varphi}{2} \quad \text{(右侧翼片取正号,左侧翼片取负号)}$$

用下标表示各象限的气流相对翼面的法向速度,对于图中所示的侧向气流,有

$$V_{r1} = V_{r4} = V_y^n - V_n = \omega \left(R\sin\frac{\varphi}{2} + \frac{\zeta}{2} \right) + V_y \cos\frac{\varphi}{2}$$

$$V_{r2} = V_{r3} = V_y^n - V_n = \omega \left(R\sin\frac{\varphi}{2} + \frac{\zeta}{2} \right) - V_y \cos\frac{\varphi}{2}$$

从以上两式还可以得到气流相对翼面的法向速度的方向分布规律:

在第一、第三象限,有 $V_{r1}>0$,$V_{r3}>0$,即第一、第三象限气流相对翼面的法向速度沿 η 轴正向。

在第二、第四象限中,当翼片外端点接近 y 轴,即 φ 在 π 的邻域时,有 $V_{r2}>0$,$V_{r4}>0$,此时第二、第四象限气流相对翼面的法向速度沿 η 轴正向。但当翼片外端点接近 z 轴,即 φ 在 0 或 2π 的邻域时,有 $V_{r2}<0$,$V_{r4}<0$,此时第二、第四象限气

流相对翼面的法向速度沿 η 轴负向。

因此可得各象限翼面上点 ζ 处的翼面元上的压力元为

$$\begin{aligned}\mathrm{d}\boldsymbol{F}_1 = \mathrm{d}\boldsymbol{F}_4 &= \frac{1}{2} C_\mathrm{H} \rho h V_{\mathrm{r}1}^2 \mathrm{d}\zeta \\ &= \frac{1}{2} C_\mathrm{H} \rho h \omega^2 \left(R\sin\frac{\varphi}{2} + \frac{V_y}{\omega}\cos\frac{\varphi}{2} + \frac{\zeta}{2} \right)^2 \mathrm{d}\zeta\end{aligned} \quad (4.25)$$

$$\begin{aligned}\mathrm{d}\boldsymbol{F}_2 = \mathrm{d}\boldsymbol{F}_3 &= \frac{1}{2} C_\mathrm{H} \rho h V_{\mathrm{r}2}^2 \mathrm{d}\zeta \\ &= \frac{1}{2} C_\mathrm{H} \rho h \omega^2 \left(R\sin\frac{\varphi}{2} - \frac{V_y}{\omega}\cos\frac{\varphi}{2} + \frac{\zeta}{2} \right)^2 \mathrm{d}\zeta\end{aligned} \quad (4.26)$$

压力元的方向与气流相对翼面的法向速度的方向相同，由以上气流相对法向速度的分布规律就可以确定气动压力的分布规律。

4.5.2 翼面上压力分布

作用在翼面上的气动压力的方向也是压力的一个要素，但是压力元的表达式(4.25)与(4.26)并不能反映压力的方向。上一小节定性地叙述了气动压力方向由气流对翼面的相对速度的方向确定，本小节进一步定量地研究这个分布规律。

由式(4.25)与式(4.26)可知，相对速度为零时压力亦为零，在这个零点的两侧 $\mathrm{d}\boldsymbol{F}$ 的方向相反，因此相对速度的零点就是压力异向区的分界点。对于各象限的翼片，可计算相对速度的零点如下：

对于 $\mathrm{d}\boldsymbol{F}_1$ 与 $\mathrm{d}\boldsymbol{F}_4$，令 $V_{\mathrm{r}1} = V_{\mathrm{r}4} = 0$，得 $\zeta_{10} = \zeta_{40} = -2\left(R\sin\frac{\varphi}{2} + \frac{V_y}{\omega}\cos\frac{\varphi}{2} \right)$；

对于 $\mathrm{d}\boldsymbol{F}_2$ 与 $\mathrm{d}\boldsymbol{F}_3$，令 $V_{\mathrm{r}2} = V_{\mathrm{r}3} = 0$，得 $\zeta_{20} = \zeta_{30} = -2\left(R\sin\frac{\varphi}{2} - \frac{V_y}{\omega}\cos\frac{\varphi}{2} \right)$。

应注意只有相对速度的零点（即分界点）位于翼面上时，翼面上才会出现压力异向区。以下分别对各象限中翼片上压力异向区的存在性进行讨论。

4.5.2.1 第一象限中翼片上的压力异向区

研究在第一象限（$0 \leqslant \varphi/2 \leqslant \pi/2$）中分界点坐标 ζ_{10} 随曲柄转角 φ 的变化。

先考虑在第一象限中区间两端的情况：

当 $\varphi = 0$ 时，

$$\zeta_{10} = -\frac{2V_y}{\omega} = -2R\frac{V_y}{R\omega} \begin{cases} \leqslant -2R & (V_y \geqslant R\omega) \\ > -2R & (V_y < R\omega) \end{cases}$$

当 $\varphi = \pi$ 时，

$$\zeta_{10} = -2R$$

由半转翼的结构可知,必须有 $a > 2R$,但 a 只比 $2R$ 略大,所以讨论中可设 $2R \approx a$。在翼片的内外端部(外端在 ζ 轴正方向,内端在 ζ 负方向),有 $\zeta = \pm a$。所以当 $\zeta_{10} \leqslant -2R$ 时,压力异向区的分界点已移到翼片内端部或内端以外,此时翼面上的压力全部在同一方向,没有异向区存在。因此在第一象限中的区间始端,只有在 $V_y < R\omega$(即侧向气流较小)时出现异向区,而在区间末端无异向区。

再考虑 $0 < \varphi < \pi$ 的情况:

由于

$$\zeta'_{10} = -R\cos\frac{\varphi}{2} + \frac{V_y}{\omega}\sin\frac{\varphi}{2}, \quad \zeta''_{10} = \frac{1}{2}\left(R\sin\frac{\varphi}{2} + \frac{V_y}{\omega}\cos\frac{\varphi}{2}\right) > 0$$

令 $\zeta'_{10} = 0$,得 $\tan\frac{\varphi}{2} = \frac{R\omega}{V_y}$,则 $\zeta_{10\min} = -2R\sqrt{1 + \frac{V_y^2}{R^2\omega^2}}$ 是 ζ_{10} 的极小值。当 $V_y \neq 0$ 时,必有 $\zeta_{10\min} < -2R \approx -a$,即到达翼面之外。

结合区间两端的数值,可知随着 φ 从 0 增大,分界点 ζ_{10} 从 $\zeta_{10} = -(2V_y)/\omega$ 处渐渐向 ζ 轴负方向移动,移出翼面外,达到极小值后又向 ζ 轴正方向移动,在 $\varphi = \pi$ 时达到翼面的内端点。

进一步计算 $V_y < R\omega$ 时分界点移出翼面时翼片的位置。

设 $\zeta_{10} = -a$,即 $R\sin\frac{\varphi}{2} + \frac{V_y}{\omega}\cos\frac{\varphi}{2} = \frac{a}{2}$。令 $t = \tan\frac{\varphi}{4}$,得方程

$$\left(\frac{a}{2} + \frac{V_y}{\omega}\right)t^2 - 2Rt + \frac{a}{2} - \frac{V_y}{\omega} = 0$$

解得

$$t = \frac{R \pm \sqrt{R^2 + \frac{V_y^2}{\omega^2} - \frac{a^2}{4}}}{\frac{a}{2} + \frac{V_y}{\omega}}$$

令 $a = 2R$,有

$$t = \frac{R \pm \frac{V_y}{\omega}}{R + \frac{V_y}{\omega}} = \begin{cases} 1 \\ \dfrac{1 - \dfrac{V_y}{R\omega}}{1 + \dfrac{V_y}{R\omega}} \end{cases}$$

由 $t = \tan(\varphi/4) = 1$,得 $\varphi = \pi$。这是区间末端的情况。

由 $t = \tan\dfrac{\varphi}{4} = \dfrac{1 - V_y/(R\omega)}{1 + V_y/(R\omega)}$,得 $\varphi_{1a} = 4\arctan\dfrac{1 - (V_y/R\omega)}{1 + (V_y/R\omega)}$,即分界点移出翼面的临界转角。

因此当 $V_y < R\omega$ 时,在第一象限内,当 $0 \leqslant \varphi < \varphi_{1a}$ 时翼面上有压力异向区;当

$\varphi_{1a} \leqslant \varphi \leqslant \pi$ 时翼面上无压力异向区。在当 $V_y \geqslant R\omega$ 时，第一象限内的翼面上始终没有异向区。

4.5.2.2 第二象限中翼片上的压力异向区

研究在第二象限（$0 \leqslant \varphi/2 \leqslant \pi/2$）中分界点坐标 ζ_{20} 随曲柄转角 φ 的变化。

先考虑在第二象限中区间两端的情况：

当 $\varphi = 0$ 时，

$$\zeta_{20} = \frac{2V_y}{\omega} = 2R\frac{V_y}{R\omega} \begin{cases} < 2R \approx a & (V_y < R\omega) \\ \geqslant 2R \approx a & (V_y \geqslant R\omega) \end{cases}$$

当 $\varphi = \pi$ 时，

$$\zeta_{20} = -2R \approx -a$$

可见在第二象限中的区间始端，当 $V_y < R\omega$（即侧向气流较小）时翼面上出现压力异向区；当 $V_y \geqslant R\omega$ 时分界点在翼片外端部或外端以外，翼面上无压力异向区。在区间末端分界点在翼面内端点，翼面上无压力异向区。

再考虑 $0 < \varphi < \pi$ 的情况：

由 $\zeta'_{20} = -\left(R\cos\frac{\varphi}{2} + \frac{V_y}{\omega}\sin\frac{\varphi}{2}\right) < 0$，可知随着 φ 从 0 增大，坐标 ζ_{20} 不断减小，分界点向 ζ 轴负方向移动。即在 $V_y > R\omega$ 的情况下，当 $\varphi = 0$ 时分界点在翼面外端点之外，翼面上出现同向区；但在此后的运动中，分界点一定会移动到翼面上，并一直到区间末端才到达翼面的内端点。

进一步计算 $V_y > R\omega$ 时分界点移进翼面时翼片的位置。

设 $\zeta_{20} = a$，即 $R\sin\frac{\varphi}{2} - \frac{V_y}{\omega}\cos\frac{\varphi}{2} = -\frac{a}{2}$。令 $t = \tan\frac{\varphi}{4}$，得方程

$$\left(\frac{a}{2} + \frac{V_y}{\omega}\right)t^2 + 2Rt + \frac{a}{2} - \frac{V_y}{\omega} = 0$$

解得

$$t = \frac{-R \pm \sqrt{R^2 + \frac{V_y^2}{\omega^2} - \frac{a^2}{4}}}{\frac{a}{2} + \frac{V_y}{\omega}}$$

令 $a = 2R$，有

$$t = \frac{-R \pm \frac{V_y}{\omega}}{R + \frac{V_y}{\omega}} = \begin{cases} -1 \\ \dfrac{\dfrac{V_y}{R\omega} - 1}{\dfrac{V_y}{R\omega} + 1} \end{cases}$$

由 $t = \tan(\varphi/4) = -1$，得 $\varphi = 3\pi$。由于曲柄的转动周期是 2π，故 $\varphi = 3\pi$ 的位置相当于 $\varphi = \pi$ 的位置，这是区间末端的情况。

由 $t = \tan\dfrac{\varphi}{4} = \dfrac{V_y/(R\omega) - 1}{V_y/(R\omega) + 1}$，得 $\varphi_{2a} = 4\arctan\dfrac{V_y/(R\omega) - 1}{V_y/(R\omega) + 1}$，即分界点移进翼面的临界转角。

因此，对于在第二象限内的翼片，在 $V_y < R\omega$ 的情况下，翼面上始终存在异向区；在 $V_y \geqslant R\omega$ 的情况下，当 $0 \leqslant \varphi \leqslant \varphi_{1a}$ 时翼面上无压力异向区；当 $\varphi_{1a} < \varphi < \pi$ 时翼面上有压力异向区。

4.5.2.3　第三象限中翼片上的压力异向区

研究在第三象限（$\pi/2 \leqslant \varphi/2 \leqslant \pi$）中分界点坐标 ζ_{30} 随曲柄转角 φ 的变化。

先考虑在第三象限中区间两端的情况：

当 $\varphi = \pi$ 时，
$$\zeta_{30} = -2R \approx -a$$

当 $\varphi = 2\pi$ 时，
$$\zeta_{30} = -\dfrac{2V_y}{\omega} = -2R\dfrac{V_y}{R\omega} \begin{cases} \leqslant -2R \approx -a & (V_y \geqslant R\omega) \\ > -2R \approx -a & (V_y < R\omega) \end{cases}$$

可见在第三象限中的区间始端，分界点在翼面内端点，翼面上无压力异向区。在区间末端，当 $V_y < R\omega$（即侧向气流较小）时翼面上出现压力异向区；当 $V_y \geqslant R\omega$ 时分界点在翼片内端部或内端以外，翼面上无压力异向区。

再考虑 $\pi < \varphi < 2\pi$ 的情况：

由于
$$\zeta'_{30} = -R\cos\dfrac{\varphi}{2} - \dfrac{V_y}{\omega}\sin\dfrac{\varphi}{2}, \quad 且 \quad \zeta''_{30} = \dfrac{1}{2}\left(R\sin\dfrac{\varphi}{2} - \dfrac{V_y}{\omega}\cos\dfrac{\varphi}{2}\right) > 0$$

令 $\zeta'_{30} = 0$，得 $\tan\dfrac{\varphi}{2} = -\dfrac{R\omega}{V_y}$，则 $\zeta_{30\min} = -2R\sqrt{1 + \dfrac{V_y^2}{R^2\omega^2}}$ 是 ζ_{30} 在第一象限内的极小值。当 $V_y \neq 0$ 时，必有 $\zeta_{30\min} < -2R \approx -a$，即到达翼面之外。

结合区间两端的数值，可知随着 φ 从 π 增大，分界点 ζ_{30} 从 $\zeta_{30} = -a$ 处渐渐向 ζ 轴负方向移动，移到翼面外，到达极小值 $\zeta_{30\min}$。后又向 ζ 轴正方向移动，进入翼面上，最后在 $\varphi = 2\pi$ 时到达 $\zeta_{30} = -2V_y/\omega$ 点。

进一步计算 $V_y < R\omega$ 时分界点移进翼面时翼片的位置。

设 $\zeta_{30} = -a$，即 $R\sin\dfrac{\varphi}{2} - \dfrac{V_y}{\omega}\cos\dfrac{\varphi}{2} = \dfrac{a}{2}$。令 $t = \tan\dfrac{\varphi}{4}$，得方程

$$\left(\dfrac{a}{2} - \dfrac{V_y}{\omega}\right)t^2 - 2Rt + \dfrac{a}{2} + \dfrac{V_y}{\omega} = 0$$

解得

$$t = \frac{R \pm \sqrt{R^2 + \dfrac{V_y^2}{\omega^2} - \dfrac{a^2}{4}}}{\dfrac{a}{2} - \dfrac{V_y}{\omega}}$$

令 $a = 2R$，有

$$t = \frac{R \pm \dfrac{V_y}{\omega}}{R - \dfrac{V_y}{\omega}} = \begin{cases} 1 \\ \dfrac{1 + \dfrac{V_y}{R\omega}}{1 - \dfrac{V_y}{R\omega}} \end{cases}$$

由 $t = \tan(\varphi/4) = 1$，得 $\varphi = \pi$。这是区间始端的情况。

由 $t = \tan\dfrac{\varphi}{4} = \dfrac{1 + V_y/(R\omega)}{1 - V_y/(R\omega)}$，得 $\varphi_{3a} = 4\arctan\dfrac{1 + V_y/(R\omega)}{1 - V_y/(R\omega)}$，即分界点移进翼面的临界转角。

因此当 $V_y < R\omega$ 时，在第三象限内，当 $\pi \leqslant \varphi < \varphi_{3a}$ 时翼面上无压力异向区；当 $\varphi_{3a} \leqslant \varphi < 2\pi$ 时翼面上有压力异向区。当 $V_y \geqslant R\omega$ 时，第三象限内翼面上始终没有异向区。

4.5.2.4 第四象限中翼片上的压力异向区

研究在第四象限($\pi/2 \leqslant \varphi/2 \leqslant \pi$)中分界点坐标 ζ_{40} 随曲柄转角 φ 的变化。

先考虑在第四象限区间两端的情况：

当 $\varphi = \pi$ 时，

$$\zeta_{40} = -2R \approx -a$$

当 $\varphi = 2\pi$ 时，

$$\zeta_{40} = \frac{2V_y}{\omega} = 2R\frac{V_y}{R\omega} \begin{cases} \geqslant 2R \approx a & (V_y \geqslant R\omega) \\ < 2R \approx a & (V_y < R\omega) \end{cases}$$

可见在第四象限中的区间始端即 $\varphi = \pi$ 时，分界点在翼面内端点，翼面上无压力异向区。在区间末端，当 $V_y \geqslant R\omega$ 时分界点在翼片外端部或外端以外，翼面上无压力异向区；当 $V_y < R\omega$ 时翼面上出现压力异向区。

再考虑 $\pi < \varphi < 2\pi$ 的情况：

由 $\zeta'_{40} = -R\cos\dfrac{\varphi}{2} + \dfrac{V_y}{\omega}\sin\dfrac{\varphi}{2} > 0$，可知随着 φ 从 π 增大，坐标 ζ_{40} 不断增大，分界点向 ζ 轴正方向移动。即使在 $V_y > R\omega$ 的情况下，当 $\varphi = 2\pi$ 时分界点在翼面外端点之外，翼面上也会出现同向区；但在此前的运动中，分界点一定都在翼面上，并一直到接近区间末端才有可能移动到翼面端部之外。

进一步计算 $V_y > R\omega$ 时分界点移出翼面时翼片的位置。

设 $\zeta_{40} = a$，即 $R\sin\dfrac{\varphi}{2} + \dfrac{V_y}{\omega}\cos\dfrac{\varphi}{2} = -\dfrac{a}{2}$。令 $t = \tan\dfrac{\varphi}{4}$，得方程

$$\left(\dfrac{a}{2} - \dfrac{V_y}{\omega}\right)t^2 + 2Rt + \dfrac{a}{2} + \dfrac{V_y}{\omega} = 0$$

解得

$$t = \dfrac{-R \pm \sqrt{R^2 + \dfrac{V_y^2}{\omega^2} - \dfrac{a^2}{4}}}{\dfrac{a}{2} - \dfrac{V_y}{\omega}}$$

令 $a = 2R$，有

$$t = \dfrac{-R \pm \dfrac{V_y}{\omega}}{R - \dfrac{V_y}{\omega}} = \begin{cases} -1 \\ \dfrac{\dfrac{V_y}{R\omega} + 1}{\dfrac{V_y}{R\omega} - 1} \end{cases}$$

由 $t = \tan(\varphi/4) = -1$，得 $\varphi = 3\pi$。由于曲柄的转动周期是 2π，故 $\varphi = 3\pi$ 的位置相当于 $\varphi = \pi$ 的位置，这是区间始端的情况；

由 $t = \tan\dfrac{\varphi}{4} = \dfrac{V_y/(R\omega) + 1}{V_y/(R\omega) - 1}$，得 $\varphi_{4a} = 4\arctan\dfrac{V_y/(R\omega) + 1}{V_y/(R\omega) - 1}$，即分界点移出翼面的临界转角。

因此，对于在第四象限内的翼片，在 $V_y < R\omega$ 的情况下，翼面上始终存在异向区；在 $V_y \geq R\omega$ 的情况下，当 $\pi \leq \varphi < \varphi_{4a}$ 时翼面上有压力异向区；当 $\varphi_{4a} \leq \varphi \leq 2\pi$ 时翼面上无压力异向区。

综上所述，在第一和第三象限内翼面上大多数情况下不存在压力异向区，且压力沿 η 轴正向；只在 $V_y < R\omega$ 的情况下在翼片接近 z 轴时（即 φ 接近 0 或 2π 时）才会出现异向区。而在翼片接近 z 轴的区域，翼片产生的升力较小。所以，如果忽略这些少数的异向区，则可认为在第一和第三象限内翼面上始终不存在异向区，对气动力的分析结果影响不致过大。

在第二和第四象限内翼面上大多数情况存在压力异向区，且翼面外端区域的压力沿 η 轴正向；只在 $V_y \geq R\omega$ 的情况下在翼片接近 z 轴时（即 φ 接近 0 或 2π 时）才会出现无异向区的状态，此时压力沿 η 轴负向。但在翼片接近 z 轴的区域，翼片产生的升力较小，所以如果忽略这些少数的无异向区状态，认为在第二和第四象限内翼面上始终存在异向区，对气动力的分析结果影响不致过大。

因此，在以下计算中采用合理的简化：在第一与第三象限中翼面上始终不存

在压力异向区,在第二与第四象限中翼面上始终存在压力异向区,如图 4.15 所示。

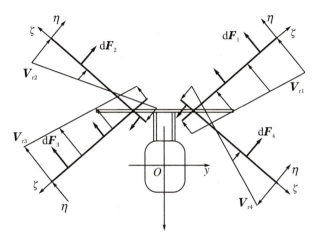

图 4.15 翼面上的异向区示意图

4.5.3 主矢与主矩

在 4.5.1 小节给出了翼片在第一与第四象限中压力元的表达式相同,第二与第三象限压力元的表达式相同的结果。在 4.5.2 小节给出了翼片在第一和第三象限中翼面上始终无压力异向区,在第二和第四象限中翼面上始终存在压力异向区的简化设定的理由。由此可以分象限计算气动力的主矢与主矩。

为简化书写,令

$$A_1 = R\sin\frac{\varphi}{2} + \frac{V_y}{\omega}\cos\frac{\varphi}{2}, \quad A_2 = R\sin\frac{\varphi}{2} - \frac{V_y}{\omega}\cos\frac{\varphi}{2}$$

则式(4.25)与式(4.26)可分别简写为

$$dF_1 = dF_4 = \frac{1}{2}C_H \rho h \omega^2 \left(A_1 + \frac{\zeta}{2}\right)^2 d\zeta \tag{4.25a}$$

$$dF_2 = dF_3 = \frac{1}{2}C_H \rho h \omega^2 \left(A_2 + \frac{\zeta}{2}\right)^2 d\zeta \tag{4.26a}$$

在各象限中翼面气动力系向动轴点 C 简化,且规定主矢的正向为 η 轴正向,主矩的正向为从 ζ 轴正向转 90° 到 η 轴正向的方向。各相应的主矢与主矩如下:

翼片在第一象限时,气动力的主矢与主矩分别为

$$F_{R1} = \int_{-a}^{a} dF_1 = \frac{1}{2}C_H\rho h\omega^2 \int_{-a}^{a}\left(A_1 + \frac{\zeta}{2}\right)^2 d\zeta = \frac{1}{12}C_H\rho h\omega^2 a(12A_1^2 + a^2)$$

(4.27)

$$M_{C1} = \int_{-a}^{a} \zeta dF_1 = \frac{1}{2}C_H\rho h\omega^2 \int_{-a}^{a}\zeta\left(A_1 + \frac{\zeta}{2}\right)^2 d\zeta = \frac{1}{3}C_H\rho h\omega^2 a^3 A_1 \quad (4.28)$$

翼片在第二象限时,气动力的主矢与主矩分别为

$$F_{R2} = \int_{-a}^{-2A_2} -dF_2 + \int_{-2A_2}^{a} dF_2 = \frac{1}{6}C_H\rho h\omega^2 A_2(4A_2^2 + 3a^2) \quad (4.29)$$

$$M_{C2} = \int_{-a}^{-2A_2} -\zeta dF_2 + \int_{-2A_2}^{a} \zeta dF_2 = \frac{1}{48}C_H\rho h\omega^2(-16A_2^4 + 24A_2^2 a^2 + 3a^4)$$

(4.30)

翼片在第三象限时,气动力的主矢与主矩分别为

$$F_{R3} = \int_{-a}^{a} dF_3 = \frac{1}{2}C_H\rho h\omega^2 \int_{-a}^{a}\left(A_2 + \frac{\zeta}{2}\right)^2 d\zeta = \frac{1}{12}C_H\rho h\omega^2 a(12A_2^2 + a^2)$$

(4.31)

$$M_{C3} = \int_{-a}^{a} \zeta dF_3 = \frac{1}{2}C_H\rho h\omega^2 \int_{-a}^{a}\zeta\left(A_2 + \frac{\zeta}{2}\right)^2 d\zeta = \frac{1}{3}C_H\rho h\omega^2 a^3 A_2 \quad (4.32)$$

翼片在第四象限时,气动力的主矢与主矩分别为

$$F_{R4} = \int_{-a}^{-2A_2} -dF_4 + \int_{-2A_2}^{a} dF_4 = \frac{1}{6}C_H\rho h\omega^2 A_1(4A_1^2 + 3a^2) \quad (4.33)$$

$$M_{C4} = \int_{-a}^{-2A_1} -\zeta dF_4 + \int_{-2A_1}^{a} \zeta dF_4 = \frac{1}{48}C_H\rho h\omega^2(-16A_1^4 + 24A_1^2 a^2 + 3a^4)$$

(4.34)

4.5.4 滚转力矩

侧向气流造成左右翼片的气动力不对称,因而产生会使飞行器发生滚转运动的力矩。在前述计算的基础上,对此滚转力矩进行分析。以下分无初始滚转角和有小初始滚转角两种情况进行计算。

4.5.4.1 无初始滚转角

飞行器在平衡状态飞行时无初始滚转角,此时侧向气流与机身的 y 轴平行。气动力的主矢和主矩已在 4.5.3 小节中得到。现据此计算气动力对飞行器质心轴的滚转力矩 M_x,参见图 4.16。

图中,点 O 为飞行器质心,l_0 是转动滑槽到机身纵向对称面的距离,l_1 是机翼横梁到质心 O 的距离。

分别计算翼片在横梁上侧的滚转力矩 M_{x1} 与横梁下侧的滚转力矩 M_{x2},计算

中按机身 x 轴的正向确定滚转力矩的正负号。

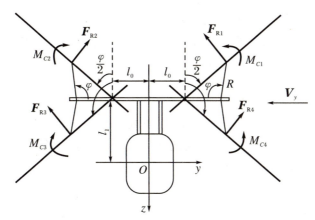

图 4.16 无初始滚转角时滚转力矩计算图

翼片在横梁上侧时,第一象限翼片与第二象限翼片的主矢对点 O 的力矩分别为

$$M_O(F_{R1}) = -F_{R1}\left[(2R+l_0)\sin\frac{\varphi}{2}+l_1\cos\frac{\varphi}{2}\right]$$

$$M_O(F_{R2}) = F_{R2}\left[(2R+l_0)\sin\frac{\varphi}{2}+l_1\cos\frac{\varphi}{2}\right]$$

且有 $M_{x1}=M_O(F_{R1})-M_{C1}+M_O(F_{R2})+M_{C2}$。再由式(4.27)~式(4.30)可得

$$M_{x1} = -(F_{R1}-F_{R2})\left[(2R+l_0)\sin\frac{\varphi}{2}+l_1\cos\frac{\varphi}{2}\right]-M_{C1}+M_{C2}$$

$$= -\frac{1}{48}C_H\rho h\omega^2\left\{4(12aA_1^2-8A_2^3+a^3-6a^2A_2)\right.$$

$$\cdot\left[(2R+l_0)\sin\frac{\varphi}{2}+l_1\cos\frac{\varphi}{2}\right]$$

$$\left.+16a^3A_1+16A_2^4-24a^2A_2^2-3a^4\right\} \tag{4.35}$$

翼片在横梁下侧时,第三象限翼片与第四象限翼片的主矢对点 O 的力矩分别为

$$M_O(F_{R3}) = F_{R3}\left[(2R+l_0)\sin\frac{\varphi}{2}+l_1\cos\frac{\varphi}{2}\right]$$

$$M_O(F_{R4}) = -F_{R4}\left[(2R+l_0)\sin\frac{\varphi}{2}+l_1\cos\frac{\varphi}{2}\right]$$

且有 $M_{x2}=M_O(F_{R3})+M_{C3}+M_O(F_{R4})-M_{C4}$。再由式(4.31)~式(4.34)可得

$$M_{x2} = (F_{R3}-F_{R4})\left[(2R+l_0)\sin\frac{\varphi}{2}+l_1\cos\frac{\varphi}{2}\right]+M_{C3}-M_{C2}$$

$$= \frac{1}{48}C_H\rho h\omega^2\left\{4(12aA_2^2-8A_1^3+a^3-6a^2A_1)\left[(2R+l_0)\sin\frac{\varphi}{2}+l_1\cos\frac{\varphi}{2}\right]\right.$$

$$+ 16a^3 A_2 + 16A_1^4 - 24a^2 A_1^2 - 3a^4 \bigg\} \qquad (4.36)$$

比较式(4.35)与式(4.36)可见,两者的不同仅在于符号相反以及 A_1 与 A_2 对换。当 $\varphi = \pi$ 时,在结构条件 $a = 2R$ 下两者相等(皆为零),说明分段表示的滚转力矩函数是连续的。

4.5.4.2 有小初始滚转角

设飞行器在外界干扰下产生小的正扰动滚转角 γ,此时原水平侧向气流相对飞行器偏转了 $-\gamma$ 角,相当于在平衡状态的飞行器受到侧向与 y 轴负方向夹角 $-\gamma$ 的气流的作用,参见图 4.17。

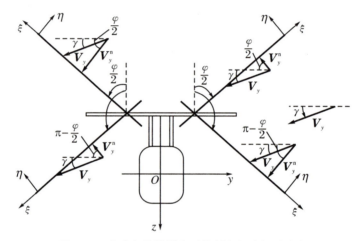

图 4.17 有小初始滚转角时的侧向气流相对速度

翼面上一点 ζ 处的法向速度在 η 轴上的投影为

$$V_n = -\omega \left(R\sin\frac{\varphi}{2} + \frac{\zeta}{2} \right)$$

侧向气流垂直于翼面的分速度在 η 轴上的投影为

$$V_y^n = \pm V_y \cos\left(\frac{\varphi}{2} \pm \gamma \right) \quad (\text{右侧翼片取正号,左侧翼片取负号})$$

用下标表示各象限的气流相对翼面的法向速度,对于图 4.17 中所示的侧向气流,有

$$V_{r1} = V_{r4} = V_y^n - V_n = \omega\left(R\sin\frac{\varphi}{2} + \frac{\zeta}{2} \right) + V_y\cos\left(\frac{\varphi}{2} + \gamma \right)$$

$$V_{r2} = V_{r3} = V_y^n - V_n = \omega\left(R\sin\frac{\varphi}{2} + \frac{\zeta}{2} \right) - V_y\cos\left(\frac{\varphi}{2} - \gamma \right)$$

在小扰动滚转角 γ 的条件下,侧向气流垂直翼面的分速度与无滚转角相比变化很小,可以忽略由此造成的翼面压力异向区的改变。因此与前述无初始滚

转角的气流相对翼面速度的计算结果比较,只要改变原计算中的 $A_1 = R\sin\frac{\varphi}{2} + \frac{V_y}{\omega}\cos\frac{\varphi}{2}$, $A_2 = R\sin\frac{\varphi}{2} - \frac{V_y}{\omega}\cos\frac{\varphi}{2}$ 为 $B_1 = R\sin\frac{\varphi}{2} + \frac{V_y}{\omega}\cos\left(\frac{\varphi}{2}+\gamma\right)$, $B_2 = R\sin\frac{\varphi}{2} - \frac{V_y}{\omega}\cos\left(\frac{\varphi}{2}-\gamma\right)$ 即可得到各象限的主矢与主矩表达式。从而相应的滚转力矩为

$$\begin{aligned}M_{x1} &= -(F_{R1} - F_{R2})\left[(2R+l_0)\sin\frac{\varphi}{2} + l_1\cos\frac{\varphi}{2}\right] - M_{C1} + M_{C2} \\ &= -\frac{1}{48}C_H\rho h\omega^2\Big\{4(12aB_1^2 - 8B_2^3 + a^3 - 6a^2B_2) \\ &\quad \cdot \left[(2R+l_0)\sin\frac{\varphi}{2} + l_1\cos\frac{\varphi}{2}\right] \\ &\quad + 16a^3B_1 + 16B_2^4 - 24a^2B_2^2 - 3a^4\Big\}\end{aligned} \quad (4.37)$$

$$\begin{aligned}M_{x2} &= (F_{R3} - F_{R4})\left[(2R+l_0)\sin\frac{\varphi}{2} + l_1\cos\frac{\varphi}{2}\right] + M_{C3} - M_{C2} \\ &= \frac{1}{48}C_H\rho h\omega^2\Big\{4(12aB_2^2 - 8B_1^3 + a^3 - 6a^2B_1) \\ &\quad \cdot \left[(2R+l_0)\sin\frac{\varphi}{2} + l_1\cos\frac{\varphi}{2}\right] \\ &\quad + 16a^3B_2 + 16B_1^4 - 24a^2B_1^2 - 3a^4\Big\}\end{aligned} \quad (4.38)$$

4.5.5 有上反角的半转翼的滚转力矩

上一小节讨论的机翼横梁是水平直梁,相当于没有上反角的固定翼。本小节进一步讨论有上反角的半转翼,即机翼横梁呈 V 形两端上翘。设上反角为 β,参见图 4.18。此时横梁不再是直线,l_1 表示横梁与纵向对称面 xz 面的交点,即横梁的中点到质心 O 的距离。

4.5.5.1 无初始滚转角

首先讨论无初始滚转角的情况。此时侧向气流沿水平方向,如图 4.18 所示。对于有上反角 β 的机翼横梁,各段横梁的垂线(即局部坐标 η 轴)亦相应偏转 β 角。因上反角 β 方向与曲柄转角 φ 的计算方向相反,所以 η 轴反向偏转 β 角后,翼片与全局坐标 z 轴负方向的夹角由原来的 $\varphi/2$ 变为 $\varphi/2-\beta$。水平侧向气流速度 V_y 与其在翼片法向的分量 V_y^n 的夹角亦变为 $\varphi/2-\beta$。

分象限计算法向的分量 V_y^n 在相应局部坐标系上的投影。

第一象限：$V_y^n = V_y \cos\left(\dfrac{\varphi}{2} - \beta\right)$；

第二象限：$V_y^n = -V_y \cos\left(\dfrac{\varphi}{2} - \beta\right)$；

第三象限：$V_y^n = V_y \cos\left(\pi - \dfrac{\varphi}{2} + \beta\right) = -V_y \cos\left(\dfrac{\varphi}{2} - \beta\right)$；

第四象限：$V_y^n = -V_y \cos\left(\pi - \dfrac{\varphi}{2} + \beta\right) = V_y \cos\left(\dfrac{\varphi}{2} - \beta\right)$。

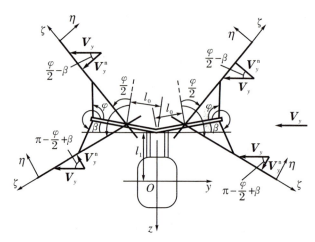

图 4.18　有上反角、无初始滚转角侧向气流法向分量

上述几种情况可简记如下：侧向气流垂直于翼面的分速度在 η 轴上的投影为

$$V_y^n = \pm V_y \cos\left(\dfrac{\varphi}{2} - \beta\right)$$ （右侧翼片取正号，左侧翼片取负号）

翼面上一点 ζ 处的法向速度在 η 轴上的投影

$$V_n = -\omega\left(R\sin\dfrac{\varphi}{2} + \dfrac{\zeta}{2}\right)$$

用下标表示各象限的气流相对翼面的法向速度，有

$$V_{r1} = V_{r4} = V_y^n - V_n = \omega\left(R\sin\dfrac{\varphi}{2} + \dfrac{\zeta}{2}\right) + V_y\cos\left(\dfrac{\varphi}{2} - \beta\right)$$

$$V_{r2} = V_{r3} = V_y^n - V_n = \omega\left(R\sin\dfrac{\varphi}{2} + \dfrac{\zeta}{2}\right) - V_y\cos\left(\dfrac{\varphi}{2} - \beta\right)$$

由于上反角一般都较小，所以侧向气流垂直翼面的分速度与无上反角相比变化很小，可以忽略由此造成的翼面压力异向区的改变。因此与 4.5.3 小节中无上反角的计算比较，只要改变原计算中的 $A_1 = R\sin\dfrac{\varphi}{2} + \dfrac{V_y}{\omega}\cos\dfrac{\varphi}{2}$，$A_2 = R\sin\dfrac{\varphi}{2} - \dfrac{V_y}{\omega}\cos\dfrac{\varphi}{2}$ 为 $C_1 = R\sin\dfrac{\varphi}{2} + \dfrac{V_y}{\omega}\cos\left(\dfrac{\varphi}{2} - \beta\right)$，$C_2 = R\sin\dfrac{\varphi}{2} - \dfrac{V_y}{\omega}\cos\left(\dfrac{\varphi}{2} - \beta\right)$ 即可得

到各象限的主矢与主矩表达式。即有：

翼片在第一象限时，气动力的主矢与主矩分别为

$$F_{R1} = \frac{1}{12} C_H \rho h \omega^2 a (12 C_1^2 + a^2) \tag{4.39}$$

$$M_{C1} = \frac{1}{3} C_H \rho h \omega^2 a^3 C_1 \tag{4.40}$$

翼片在第二象限时，气动力的主矢与主矩分别为

$$F_{R2} = \frac{1}{6} C_H \rho h \omega^2 C_2 (4 C_2^2 + 3 a^2) \tag{4.41}$$

$$M_{C2} = \frac{1}{48} C_H \rho h \omega^2 (-16 C_2^4 + 24 C_2^2 a^2 + 3 a^4) \tag{4.42}$$

翼片在第三象限时，气动力的主矢与主矩分别为

$$F_{R3} = \frac{1}{12} C_H \rho h \omega^2 a (12 C_2^2 + a^2)$$

$$M_{C3} = \frac{1}{3} C_H \rho h \omega^2 a^3 C_2 \tag{4.43}$$

翼片在第四象限时，气动力的主矢与主矩分别为

$$F_{R4} = \frac{1}{6} C_H \rho h \omega^2 C_1 (4 C_1^2 + 3 a^2) \tag{4.44}$$

$$M_{C4} = \frac{1}{48} C_H \rho h \omega^2 (-16 C_1^4 + 24 C_1^2 a^2 + 3 a^4) \tag{4.45}$$

有上反角以后，计算滚转力矩的力臂情况也发生变化，需重新计算。为便于计算各主矢对质心 O 的力矩，先把各翼片上的主矢从本翼片动轴 C 平移到转槽 H 的位置，相应的附加力偶分别记为 M_{F1}, M_{F2}, M_{F3} 和 M_{F4}，参见图 4.19，且有

$$M_{F1} = 2 F_{R1} R \sin \frac{\varphi}{2}, \quad M_{F2} = 2 F_{R2} R \sin \frac{\varphi}{2}$$

$$M_{F3} = 2 F_{R3} R \sin \frac{\varphi}{2}, \quad M_{F4} = 2 F_{R4} R \sin \frac{\varphi}{2}$$

再计算平移到转槽 H 的各主矢对质心 O 的力矩，参见图 4.19，并参考图 4.14 中的角度：

$$M_O(F_{R1}) = -F_{R1} \sin\left(\frac{\varphi}{2} - \beta\right) l_0 \cos\beta - F_{R1} \cos\left(\frac{\varphi}{2} - \beta\right)(l_0 \sin\beta + l_1)$$

$$= -F_{R1} \left[l_0 \sin\frac{\varphi}{2} + l_1 \cos\left(\frac{\varphi}{2} - \beta\right) \right]$$

$$M_O(F_{R2}) = F_{R2} \sin\left(\frac{\varphi}{2} - \beta\right) l_0 \cos\beta + F_{R2} \cos\left(\frac{\varphi}{2} - \beta\right)(l_0 \sin\beta + l_1)$$

$$= F_{R2} \left[l_0 \sin\frac{\varphi}{2} + l_1 \cos\left(\frac{\varphi}{2} - \beta\right) \right]$$

$$M_O(F_{R3}) = F_{R3} \sin\left(\frac{\varphi}{2} - \beta\right) l_0 \cos\beta + F_{R3} \cos\left(\frac{\varphi}{2} - \beta\right)(l_0 \sin\beta + l_1)$$

$$= F_{R3}\left[l_0\sin\frac{\varphi}{2} + l_1\cos\left(\frac{\varphi}{2} - \beta\right)\right]$$

$$M_O(F_{R4}) = -F_{R4}\sin\left(\frac{\varphi}{2} - \beta\right)l_0\cos\beta - F_{R4}\cos\left(\frac{\varphi}{2} - \beta\right)(l_0\sin\beta + l_1)$$

$$= -F_{R4}\left[l_0\sin\frac{\varphi}{2} + l_1\cos\left(\frac{\varphi}{2} - \beta\right)\right]$$

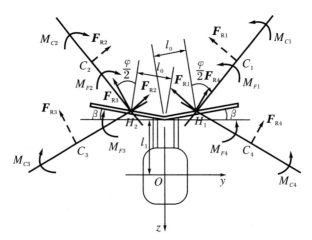

图 4.19 计算滚转力矩用图

利用以上计算结果及式(4.39)~式(4.45),可得翼片在横梁上下时,两侧翼片产生的滚转力矩 M_{x1} 与 M_{x2} 分别为

$$M_{x1} = M_O(F_{R1}) - M_{F1} - M_{C1} + M_O(F_{R2}) + M_{F2} + M_{C2}$$

$$= -F_{R1}\left[l_0\sin\frac{\varphi}{2} + l_1\cos\left(\frac{\varphi}{2} - \beta\right)\right] - 2F_{R1}R\sin\frac{\varphi}{2} - \frac{1}{3}C_H\rho h\omega^2 a^3 C_1$$

$$+ F_{R2}\left[l_0\sin\frac{\varphi}{2} + l_1\cos\left(\frac{\varphi}{2} - \beta\right)\right] + 2F_{R2}R\sin\frac{\varphi}{2}$$

$$+ \frac{1}{48}C_H\rho h\omega^2(-16C_2^4 + 24a^2C_2^2 + 3a^4)$$

$$= -\frac{1}{48}C_H\rho h\omega^2\Big\{4(a^3 + 12aC_1^2 - 8C_2^3 - 6a^2C_2)$$

$$\cdot\left[(2R + l_0)\sin\frac{\varphi}{2} + l_1\cos\left(\frac{\varphi}{2} - \beta\right)\right]$$

$$+ 16a^3C_1 - 3a^4 + 16C_2^4 - 24a^2C_2^2\Big\} \tag{4.46}$$

$$M_{x2} = M_O(F_{R3}) + M_{F3} + M_{C3} + M_O(F_{R4}) - M_{F4} - M_{C4}$$

$$= F_{R3}\left[l_0\sin\frac{\varphi}{2} + l_1\cos\left(\frac{\varphi}{2} - \beta\right)\right] + 2F_{R3}R\sin\frac{\varphi}{2} + \frac{1}{3}C_H\rho h\omega^2 a^3 C_2$$

$$-F_{R4}\left[l_0\sin\frac{\varphi}{2}+l_1\cos\left(\frac{\varphi}{2}-\beta\right)\right]-2F_{R4}R\sin\frac{\varphi}{2}$$

$$-\frac{1}{48}C_H\rho h\omega^2(-16C_1^4+24a^2C_1^2+3a^4)$$

$$=\frac{1}{48}C_H\rho h\omega^2\Big\{4(a^3+12aC_2^2-8C_2^3-6a^2C_1)$$

$$\cdot\left[(2R+l_0)\sin\frac{\varphi}{2}+l_1\cos\left(\frac{\varphi}{2}-\beta\right)\right]$$

$$+16a^3C_2-3a^4+16C_1^4-24a^2C_1^2\Big\} \tag{4.47}$$

其中

$$C_1=R\sin\frac{\varphi}{2}+\frac{V_y}{\omega}\cos\left(\frac{\varphi}{2}-\beta\right),\quad C_2=R\sin\frac{\varphi}{2}-\frac{V_y}{\omega}\cos\left(\frac{\varphi}{2}-\beta\right)$$

4.5.5.2 有初始滚转角

讨论有上反角 β 并且有初始滚转角 γ 时,侧向气流产生的滚转力矩。此时原水平侧向气流相对飞行器偏转了 $-\gamma$ 角。相当于在平衡状态的飞行器受到侧向与 y 轴负方向夹角 $-\gamma$ 的气流的作用,参见图 4.20。

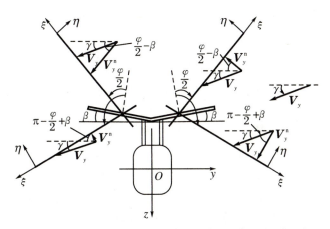

图 4.20 有上反角与初始滚转角时的侧向气流相对速度

翼面上一点 ζ 处的法向速度在 η 轴上的投影为

$$V_n=-\omega\left(R\sin\frac{\varphi}{2}+\frac{\zeta}{2}\right)$$

侧向气流垂直于翼面的分速度在 η 轴上的投影为

$$V_y^n=\pm V_y\cos\left(\frac{\varphi}{2}-\beta\pm\gamma\right)\quad\text{(右侧翼片取正号,左侧翼片取负号)}$$

用下标区别各象限的气流相对翼面的法向速度,对于图 4.20 中所示的侧向气

流,有

$$V_{r1} = V_{r4} = V_y^n - V_n = \omega\left(R\sin\frac{\varphi}{2} + \frac{\zeta}{2}\right) + V_y\cos\left(\frac{\varphi}{2} - \beta + \gamma\right)$$

$$V_{r2} = V_{r3} = V_y^n - V_n = \omega\left(R\sin\frac{\varphi}{2} + \frac{\zeta}{2}\right) - V_y\cos\left(\frac{\varphi}{2} - \beta - \gamma\right)$$

在小扰动滚转角 γ 的条件下,侧向气流垂直翼面的分速度与无滚转角相比变化很小,可以忽略由此造成的翼面压力异向区的改变。因此与前述无初始滚转角的气流相对速度的计算结果比较,只要改变原计算中的 $C_1 = R\sin\frac{\varphi}{2} + \frac{V_y}{\omega}\cos\left(\frac{\varphi}{2} - \beta\right)$, $C_2 = R\sin\frac{\varphi}{2} - \frac{V_y}{\omega}\cos\left(\frac{\varphi}{2} - \beta\right)$ 为

$$D_1 = R\sin\frac{\varphi}{2} + \frac{V_y}{\omega}\cos\left(\frac{\varphi}{2} - \beta + \gamma\right), \quad D_2 = R\sin\frac{\varphi}{2} - \frac{V_y}{\omega}\cos\left(\frac{\varphi}{2} - \beta - \gamma\right)$$

即可得到各象限的主矢与主矩表达式。从而相应的滚转力矩为

$$\begin{aligned}M_{x1} = -\frac{1}{48}C_H\rho h\omega^2 \Big\{ &4(a^3 + 12aD_1^2 - 8D_2^3 - 6a^2 D_2) \\ &\cdot \left[(2R + l_0)\sin\frac{\varphi}{2} + l_1\cos\left(\frac{\varphi}{2} - \beta\right)\right] \\ &+ 16a^3 D_1 - 3a^4 + 16D_2^4 - 24a^2 D_2^2 \Big\} \end{aligned} \quad (4.48)$$

$$\begin{aligned}M_{x2} = \frac{1}{48}C_H\rho h\omega^2 \Big\{ &4(a^3 + 12aD_2^2 - 8D_1^3 - 6a^2 D_1) \\ &\cdot \left[(2R + l_0)\sin\frac{\varphi}{2} + l_1\cos\left(\frac{\varphi}{2} - \beta\right)\right] \\ &+ 16a^3 D_2 - 3a^4 + 16D_1^4 - 24a^2 D_1^2 \Big\} \end{aligned} \quad (4.49)$$

比较式(4.35)、式(4.36)和(4.37)、式(4.38),式(4.46)、式(4.47)与式(4.48)、式(4.49),可见除了各式中简记符号 A,B,C 和 D 不同以外,表达式的形式完全相同。式(4.48)和式(4.49)对应横梁有上反角且有初始滚转角的情况,是包含前三者的更一般状态;但是前三者的独立分析并非多余,因为对于翼面上的压力异向区,只在第一种基本情况(横梁无上反角且无初始滚转角)中进行了详细分析,其他场合是基于上反角及初始滚转角是小量的前提进行的近似简化处理。前者是后者的必要基础。

4.5.6 数值算例

取一半转翼模型的计算参数为 $C_H = 2$, $\rho = 1.229 \text{ kg/m}^3$, $h = 0.2 \text{ m}$, $R = 0.06 \text{ m}$, $a = 0.14 \text{ m}$, $\omega = 6\pi \text{ rad/s}$, $l_0 = 0.1 \text{ m}$, $l_1 = 0.2 \text{ m}$, $V_y = 1 \text{ m/s}$, $\gamma = \dfrac{\pi}{18} = 10°$, $\beta = \dfrac{\pi}{12} = 15°$。计算得以下曲线图：

图 4.21 是半转翼梁无上反角时，曲柄的一个转动周期内，半转翼无初始滚转角与有小初始滚转角两种状态下侧向气流产生的滚转力矩比较。

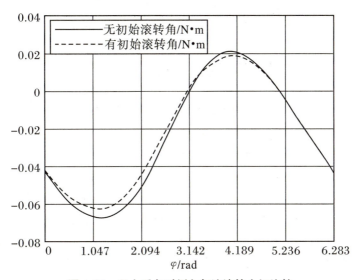

图 4.21 无上反角时侧向气流滚转力矩比较

由曲线可见：① 滚转力矩按曲柄运动周期变化（图中只画出一个周期）；② 在设定的侧向气流方向下，平均滚转力矩为负值，表示半转翼顺着侧向相对气流的方向滚转；③ 初始滚转角导致滚转力矩略微变小，且初始滚转角越大滚转力矩越小。

侧向气流有时是自然侧风，有时也可能是飞行器受到干扰产生滚转横向移动而产生的相对侧向气流。对于前者要通过控制动作进行飞行姿态调整；对于后者，干扰运动后形成的相对侧向气流会产生与干扰滚转方向相反的恢复力矩，保证了飞行的稳定性。

图 4.22 是半转翼梁有上反角时，曲柄的一个转动周期内，半转翼无初始滚转角与有小初始滚转角两种状态下侧向气流产生的滚转力矩比较。

由曲线可见，与无上反角的情况相似，但滚转力矩增大。

图 4.23 是无初始滚转角时，曲柄的一个转动周期内，半转翼梁无上反角与有

上反角两种状态下侧向气流产生的滚转力矩比较。

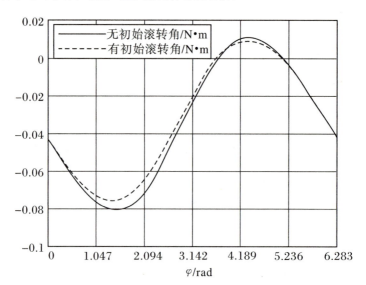

图 4.22　有上反角时侧向气流滚转力矩比较

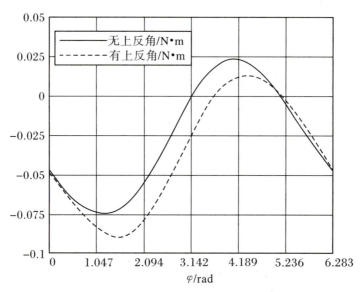

图 4.23　无初始滚转角时侧向气流滚转力矩比较

由曲线可见,半转翼梁的上反角对滚转力矩的影响明显。有上反角后滚转力矩曲线整体向下偏移,使一个周期内滚转力矩平均值的绝对值有较大增加。在算例中,15°的上反角使滚转力矩增大了 40%。由此可知,有适当上反角的半转翼梁有助于提高半转翼飞行器的滚转稳定性。

第 5 章
半转翼机翼总成设计

半转翼飞行器的机翼由沿机身左右对称布置的简约化半转机构,即半转翼片与产生其半转运动的曲柄、转槽、机架构成。各翼片的机架组合为一体的机翼梁,再与飞行器机身连接。机翼梁与安装于其上的简约化半转机构统称为半转翼机翼总成。本章从总成的整体讨论翼片的布置、动平衡、机翼梁的受力等问题。

5.1 单翼片的动力学方程

5.1.1 受力分析

半转翼运动时半转机构上作用的主动力有:曲柄与翼片的重力 P_1 和 P_2、翼片上的空气动力(其主矢 F_R 与主矩 M_C 可用前文所述的方法计算)以及作用在曲柄端主轴 O 上的发动机的驱动力矩 M_O。

作用在半转机构上的外约束力有:主轴处的 Y_O, Z_O, M_y, M_z 和转槽处的法向约束力 F_H 与摩擦力 F_f,如图 5.1 所示。

考虑机构的一般运动状态,还应计算惯性力。在简约化半转机构中只需计算运动件曲柄与翼片的惯性力。当计算惯性力时,设曲柄的角速度与角加速度分别为 ω 与 α,曲柄与翼片的质量分别为 m_1 与 m_2。曲柄与翼片的惯性力系向各

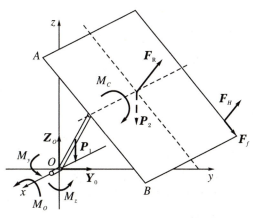

图 5.1 半转翼机构的主动力与约束力

自质心简化的主矢与主矩分别为 $F_{I1}^t, F_{I1}^n, M_{I1}$ 与 $F_{I2}^t, F_{I2}^n, M_{I2}$，参见以整体（翼片与曲柄）为研究对象的正视受力图（如图 5.3 所示）。具体计算如下：

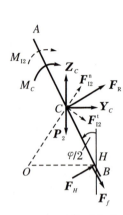

图 5.2 翼片受力图

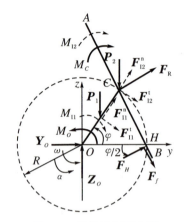

图 5.3 整体正视受力图

$$F_{I1}^t = \frac{R}{2}\alpha m_1, \quad F_{I1}^n = \frac{R}{2}\omega^2 m_1, \quad M_{I1} = \frac{1}{12}m_1 R^2 \alpha$$

$$F_{I2}^t = R\alpha m_2, \quad F_{I2}^n = R\omega^2 m_2, \quad M_{I2} = \frac{1}{12}m_2(2a)^2\frac{\alpha}{2} = \frac{1}{6}m_2 a^2 \alpha$$

设曲柄的转角为 φ，则有 $\omega = \dot{\varphi}, \alpha = \ddot{\varphi}$，又有 $F_f = fF_H$（f 为摩擦系数）；所以此问题中只有六个独立未知量：Y_O, Z_O, M_y, M_z, F_H 与 φ。此问题可解。

5.1.2 动力方程

以翼片为研究对象计算 F_H，受力图如图 5.2 所示。图中 X_C 和 Y_C 是动轴对翼片的约束力。

由 $\sum M_C = 0, F_H \cdot CH - M_C - M_{I2} = 0$，得

$$F_H = \frac{M_C + M_{I2}}{CH} = \frac{M_C + M_{I2}}{2R\sin\dfrac{\varphi}{2}} \tag{5.1}$$

故有

$$F_f = fF_H = \frac{f(M_C + M_{I2})}{2R\sin(\varphi/2)} \tag{5.2}$$

注意：如果转槽与翼片之间是滚动摩擦，则 F_f 可以忽略不计。

以整体为研究对象，受力图见图 5.3。

由 $\sum M_O = 0$，

$$M_O - M_C - M_{I1} - M_{I2} + (F_H - F_R)R\sin\frac{\varphi}{2}$$
$$- \left(\frac{F_{I1}^t}{2} + F_{I2}^t\right)R - \left(\frac{P_1}{2} + P_2\right)R\cos\varphi = 0 \qquad (5.3)$$

由式(5.1)有 $F_H R\sin\dfrac{\varphi}{2} = \dfrac{M_C + M_{I2}}{2}$，代入式(5.3)，得

$$M_O - \frac{1}{2}M_C - M_{I1} - \frac{1}{2}M_{I2} - F_R R\sin\frac{\varphi}{2} - \left(\frac{F_{I1}^t}{2} + F_{I2}^t\right)R - \left(\frac{P_1}{2} + P_2\right)R\cos\varphi$$
$$= 0 \qquad (5.3a)$$

代入各惯性力与惯性力矩关于 ω 与 α 的表达式，化简得到关于 φ 的运动微分方程

$$\left(\frac{1}{3}m_1 R^2 + m_2 R^2 + \frac{1}{12}m_2 a^2\right)\ddot\varphi + \frac{1}{2}M_C + F_R R\sin\frac{\varphi}{2}$$
$$- \left(\frac{m_1}{2} + m_2\right)Rg\cos\varphi - M_O = 0 \qquad (5.3b)$$

式中根据飞行状态选择相应的气动力的主矢 F_R 与主矩 M_C，参见第 4 章。由式(5.3b)可以计算在已知驱动力矩 M_O 的作用下，曲柄与翼片的运动变化规律。

由于与翼片的弦长 h 相比，曲柄端部主轴颈与动轴颈的长度可忽略不计，所以为简化计算，在以下计算中列方程时认为点 O 在翼片的侧边上。

由 $\sum Y = 0$，
$$Y_O + (F_{I1}^n + F_{I2}^n)\cos\varphi + (F_{I1}^t + F_{I2}^t)\sin\varphi + (F_R + F_H)\cos\frac{\varphi}{2} + F_f\sin\frac{\varphi}{2} = 0$$
得
$$Y_O = -\left(\frac{m_1}{2} + m_2\right)R\omega^2\cos\varphi - \left(\frac{m_1}{2} + m_2\right)R\alpha\sin\varphi$$
$$- F_R\cos\frac{\varphi}{2} - F_H\left(\cos\frac{\varphi}{2} + f\sin\frac{\varphi}{2}\right) \qquad (5.4)$$

由 $\sum Z = 0$，
$$Z_O + (F_{I1}^n + F_{I2}^n)\sin\varphi - (F_{I1}^t + F_{I2}^t)\cos\varphi$$
$$+ (F_R + F_H)\sin\frac{\varphi}{2} - F_f\cos\frac{\varphi}{2} - P_1 - P_2 = 0$$
得
$$Z_O = -\left(\frac{m_1}{2} + m_2\right)R\omega^2\sin\varphi + \left(\frac{m_1}{2} + m_2\right)R\alpha\cos\varphi$$
$$- F_R\sin\frac{\varphi}{2} - F_H\left(\sin\frac{\varphi}{2} - f\cos\frac{\varphi}{2}\right) + (m_1 + m_2)g \qquad (5.5)$$

以侧视图为研究对象,计算 M_y(图 5.4):

由 $\sum M_O = 0$,

$$M_y + \left(F_H \sin\frac{\varphi}{2} - F_f \cos\frac{\varphi}{2}\right)h + \left(F_R \sin\frac{\varphi}{2} - P_2 + F_{12}^n \sin\varphi - F_{12}^t \cos\varphi\right)\frac{h}{2} = 0$$

得

$$M_y = -F_H h \left(\sin\frac{\varphi}{2} - f\cos\frac{\varphi}{2}\right) - \frac{F_R h}{2}\sin\frac{\varphi}{2}$$
$$- \frac{m_2 R h}{2}(\omega^2 \sin\varphi - \alpha\cos\varphi) + \frac{m_2 g h}{2} \quad (5.6)$$

以俯视图为研究对象,计算 M_z(图 5.5):

由 $\sum M_O = 0$,

$$M_z - \left(F_H \cos\frac{\varphi}{2} + F_f \sin\frac{\varphi}{2}\right)h - \left(F_R \cos\frac{\varphi}{2} + F_{12}^n \cos\varphi + F_{12}^t \sin\varphi\right)\frac{h}{2} = 0$$

得

$$M_z = F_H h \left(\cos\frac{\varphi}{2} + f\sin\frac{\varphi}{2}\right) + \frac{F_R h}{2}\cos\frac{\varphi}{2} + \frac{m_2 R h}{2}(\omega^2 \cos\varphi + \alpha\sin\varphi) \quad (5.7)$$

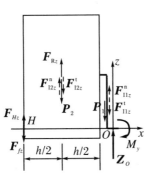

图 5.4 整体侧视受力图

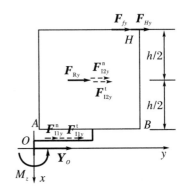

图 5.5 整体俯侧视受力图

由以上诸式可计算半转翼机构的外约束力及翼片的转动规律,但必须指出它们有一定的适用范围。从式(5.1)可见,当 φ 趋近于零时,F_H 趋向无穷大。实际上这是不会出现的,这与单向轴承约束的特性有关。

单向轴承限制被约束体沿某个方向转动,所以它产生的约束力是与被限制转动的方向相反的约束力偶。半转翼运转时,翼片受气动力作用产生与曲柄转动方向相反的转动趋势。由 3.4 节可知在最简半转机构中,动轴处设置反向轴承,而转槽处设置同向轴承。动轴处的反向轴承不限制与曲柄转动方向相反的转动趋势,所以在正常运转时动轴处的单向轴承对翼片不产生约束力偶。而转槽处的同向轴承限制与曲柄转动方向相反的转动趋势,所以在运转中转槽处的单向轴承会对翼片作用与曲柄转动方向相同的约束力偶,此力偶与 F_H 对翼片的力矩方向相同。

但是单向轴承的约束力偶只有在局部约束起作用的范围内产生,即在 φ 很小的范围内产生。所以当 φ 趋近于零时,F_H 并不会趋向无穷大;此时单向轴承发挥作用,附加的约束力偶补充了 F_H 的不足。因此以上计算结果只适合在局部约束范围之外使用,即对绝大部分运动区间是适用的,不影响对半转翼的整体动力分析结果。

5.2 单翼片的动平衡

由上节可知,半转机构的外约束力中含有附加动约束力的成分。这表明半转翼存在动不平衡问题。半转翼的不对称运动特点造成半转机构结构上的质量偏心,是导致静不平衡与动不平衡的根源,必须消除。因为简约化半转机构是单翼片形式,所以以单翼片半转翼为对象,研究半转翼的平衡。

5.2.1 静平衡计算:确定配重的平面布置

在与主轴垂直的平面(即半转机构的运动平面)内,曲柄质心在 C_1,翼片质心在 C_2,皆偏在主轴 O 的一侧。设配重 m 在主轴的另一侧,且位于曲柄直线上,与主轴的距离为 r。参见图 5.6。

静平衡时,系统的质心必须在主轴点 O,由此要求有

$$m_1 \frac{R}{2} + m_2 R - mr = 0$$

从而得到

$$mr = \left(\frac{m_1}{2} + m_2\right) R \tag{5.8}$$

这就是静平衡对配重的要求。可见加大 r 可以减轻配重的质量 m,这对飞行器是有利的。静平衡翼片的示意图如图 5.7 所示。

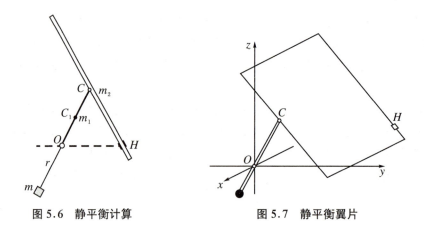

图 5.6 静平衡计算　　　　图 5.7 静平衡翼片

5.2.2 动平衡计算：确定配重的空间布置

所谓动平衡，即惯性力自成平衡，或惯性力造成的附加动约束力为零。设曲柄匀速转动，则只有法向惯性力。参见图 5.8。

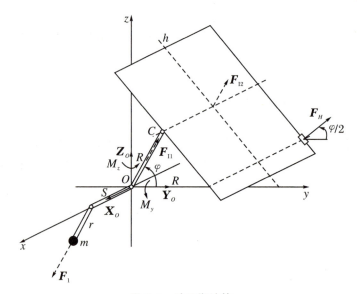

图 5.8 动平衡计算

曲柄惯性力 $F_{I1} = m_1 \omega^2 R/2$，在三个坐标轴上的投影为

$$F_{I1x} = 0, \quad F_{I1y} = m_1 \omega^2 \frac{R}{2} \cos\varphi, \quad F_{I1z} = m_1 \omega^2 \frac{R}{2} \sin\varphi$$

翼片惯性力 $F_{I2} = m_2 \omega^2 R$，在三个坐标轴上的投影为

$$F_{I2x} = 0, \quad F_{I2y} = m_2 \omega^2 R \cos\varphi, \quad F_{I2z} = m_2 \omega^2 R \sin\varphi$$

配重惯性力 $F_I = m\omega^2 r$,在三个坐标轴上的投影为
$$F_{Ix} = 0, \quad F_{Iy} = -m\omega^2 r\cos\varphi, \quad F_{Iz} = -m\omega^2 r\sin\varphi$$
主轴承的附加动约束力为 X_O, Y_O, Z_O, M_y, M_z(主轴承属平面圆柱铰约束)。
转槽约束力为 F_H,它在三个坐标轴上的投影为(转槽摩擦力 F_f 忽略不计)
$$F_{Hx} = 0, \quad F_{Hy} = F_H \cos\frac{\varphi}{2}, \quad F_{Hz} = F_H \sin\frac{\varphi}{2}$$
由动静法列平衡方程,有:

$\sum M_x = 0, F_{Hz}R = 0$,所以 $F_{Hz} = 0, F_H = 0$。这表明,曲柄匀速转动时转槽的附加动约束力为零。

$\sum F_x = 0, X_O = 0$。

$\sum F_y = 0, Y_O + F_{I1y} + F_{I2y} - F_{Iy} = 0$,即 $Y_O + \omega^2 R\left(\frac{m_1}{2} + m_2\right)\cos\varphi - m\omega^2 r\cos\varphi = 0$。由此可得
$$Y_O = \omega^2 \cos\varphi \left[mr - \left(\frac{m_1}{2} + m_2\right)R\right]$$

$\sum F_z = 0, Z_O + F_{I1z} + F_{I2z} - F_{Iz} = 0$,即 $Z_O + \omega^2 R\left(\frac{m_1}{2} + m_2\right)\sin\varphi - m\omega^2 r\sin\varphi = 0$。由此可得
$$Z_O = \omega^2 \sin\varphi \left[mr - \left(\frac{m_1}{2} + m_2\right)R\right]$$

$\sum M_y = 0, M_y + F_{I2z}\frac{h}{2} - F_{Iz}s + F_{Hz}h = 0$,即 $M_y + m_2\omega^2 R\frac{h}{2}\sin\varphi - m\omega^2 rs\sin\varphi = 0$。由此可得
$$M_y = m\omega^2 rs\sin\varphi - m_2\omega^2 R\frac{h}{2}\sin\varphi$$

$\sum M_z = 0, M_z - F_{I2y}\frac{h}{2} + F_{Iy}s - F_{Hy}h = 0$,即 $M_z + m_2\omega^2 R\frac{h}{2}\cos\varphi - m\omega^2 rs\cos\varphi = 0$。由此可得
$$M_z = m\omega^2 rs\cos\varphi - m_2\omega^2 R\frac{h}{2}\cos\varphi$$

由系统动平衡的条件,可知必须有 $X_O = Y_O = Z_O = M_y = M_z = F_H = 0$。在以上计算中已有 $F_H = 0$ 与 $X_O = 0$。把式(5.8)代入以上相关方程,可得 $Y_O = Z_O = 0$。再令 $M_y = M_z = 0$,两者皆得到
$$s = -\frac{m_2 Rh}{2mr} = -\frac{m_2}{m_1 + 2m_2}h \tag{5.9}$$

式(5.9)表明,配重块应在与翼片同侧的位置,惯性力才能自行平衡,从而实现半转翼的动平衡。为了避免配重与翼片的干涉,可采用 L 形配重的方案,参见图 5.9。

注意从式(5.9)可见，s 的大小与配重的大小 m 及 r 并无关系，所以在空间允许的条件下，取较大的 r 使 m 减小，对于减轻飞行器的质量有利。

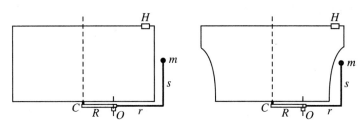

图 5.9 L 形配重的两种布置方案

5.2.3 配重块的设计

在前述的原理推导中是把配重作为一个质点处理的，实际设计中配重杆与配重块都有一定的质量与形状，所以必须具体计算才能有较好的动平衡效果。

以下讨论配重块是三角形的方案。参见图 5.10，设配重杆长为 r，质量为 m_r，惯性力为 F_{Ir}，配重块质量为 m_s，惯性力为 F_{Is}，三角形配重块质心到配重杆的距离 $s = \frac{2}{3}DE$。布置时要注意使三角形平面与配重杆（即曲柄的延长线）垂直。有 $F_{Ir} = m_r \omega^2 \frac{r}{2}$，$F_{Is} = m_s \omega^2 r$。

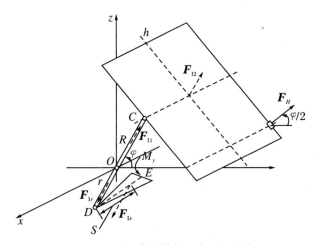

图 5.10 动平衡翼片的三角形配重块

由静平衡有 $m_r \frac{r}{2} + m_s r = m_1 \frac{R}{2} + m_2 R$，可得

$$r = \frac{m_1 + 2m_2}{m_r + 2m_s} R \tag{5.10}$$

再由动平衡有 $\sum M_y = 0, M_y + F_{I2} \frac{h}{2} \sin\varphi - F_{Is} s \sin\varphi = 0$, 令 $M_y = 0$, 可得

$$s = \frac{m_2 R}{m_s r} \cdot \frac{h}{2} \tag{5.11}$$

把式(5.10)代入式(5.11), 得到 s 的计算式为

$$s = \frac{m_2}{m_s} \cdot \frac{m_r + 2m_s}{m_1 + 2m_2} \cdot \frac{h}{2} = \frac{m_2 h}{m_1 + 2m_2} \left(1 + \frac{m_r}{2m_s}\right) \tag{5.12}$$

在具体设计时, m_r 与 m_s 要选择确定的值。为了减小机构的尺寸, 显然取 $m_r \ll m_s$ 较好。这样配重总体较轻, 且长度 s 也较小。然而 $\frac{1}{2}m_r + m_s$ 减小时, r 会增大, 所以要权衡 m_s, m_r, r 与 s 四个量的关系再做决定。

s 确定以后, 就可算出三角形的高 GE; 再结合配重块质量与材料厚度计算出三角形的底边长, 即可完成三角形配重块的设计。

5.3 机翼的布置与平衡

半转翼飞行器的机翼由若干简约化设计的单翼片半转翼组成, 常用单对翼与双对翼的不同布置形式。

5.3.1 单对翼布置

用一对5.2节所述动平衡的单翼(见图5.10)对称分置于机身左右两侧, 构成单对翼的机翼布置形式, 如图5.11所示。

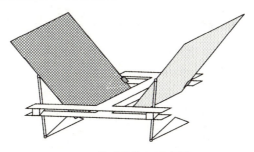

图 5.11 单对翼的机翼布置

这种布置的特点是翼片数量少, 机翼总成较简单, 适合小型飞行器使用。

5.3.2 平行双对翼布置

这种布置采用如图 5.7 所示的静平衡翼片,两对翼片前后布置在机身左右两侧,左右对称。前后翼片的翼面平行且共用一个主轴,构成平行双对翼的机翼布置形式,如图 5.12 所示。

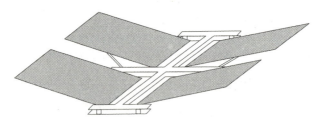

图 5.12 平行双对翼的机翼布置

这种布置的特点是翼片自身静平衡,而由两对翼片的组合实现机翼总成的动平衡。

每个翼片只带有直线形的平衡杆,只对翼片自身静平衡起作用。每个翼片的平衡块的惯性力与翼片、曲柄的惯性力形成一个惯性力偶,在单个翼片上这个惯性力偶不能自成平衡,但另一对前(或后)翼片上的相应惯性力偶与其大小相等、方向相反。因此整个机翼组合的惯性力自成平衡,从而实现机翼总成的动平衡。

5.3.3 正交双对翼布置

这种布置采用不带平衡块的单纯翼片,两对翼片前后布置在机身左右两侧,左右对称;同侧的前后翼片共用一个主轴,且翼面相互垂直,构成正交双对翼的机翼布置形式,如图 5.13 所示。

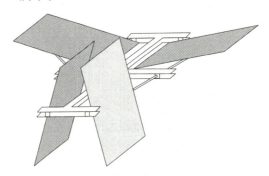

图 5.13 正交双对翼的机翼布置

这种布置的特点是单个翼片不平衡,而由两对翼片的正交组合实现机翼总成的静平衡,但总成不能动平衡。

由于同侧前后翼片的曲柄呈反相布置,因此两对翼的翼片相互垂直。同侧前后两个翼片的质心对主轴呈中心对称,所以这两个翼片形成静平衡。因此无须再用配重实现静平衡,从而减轻自重,这是这种布置的优点。但是这种布置不能实现动平衡:两对翼片的惯性力对 y 轴的力矩方向相同,相加后得到加强。这个力矩对机身形成一个周期变化的俯仰力偶,会使飞行器产生俯仰角的震荡。

解决这个问题的办法,一是"外界求援",即采用机翼以外的其他消震措施;二是"自身解决",即采用自身能动平衡的翼片,但这样一来前后翼对自身静平衡的优点就没有意义了。

由于如此布置有其气动力的特点,所以仍作为一种典型布置形式进行介绍。

5.4 机翼组合气动力系的简化

第 4 章研究了单个翼片上气动力的主矢与主矩,以此为基础对机翼组合上的气动力系进行简化。

5.4.1 单对翼

单对翼布置的场合如图 5.14 所示。取左右两翼主轴的连线中点,即主轴横梁与机身纵轴的交点 D 为机翼组合坐标系的原点。在飞行器结构上,可视点 D 是机翼总成与机身的连接点。由机翼布置的对称性,左右单翼片上的主矢分量与主矩的关系为 $F_{Ry2} = -F_{Ry1}$,$M_{C2} = -M_{C1}$,$F_{Rz2} = F_{Rz1} = F_R \sin(\varphi/2)$。两翼片上 y 方向的主矢分量及主矩皆相互抵消,所以单对翼的气动力可合成为一个力,此合力大小为 $2F_{Rz} = 2F_{Ry1}$,作用线与点 D 相距 $h/2$。

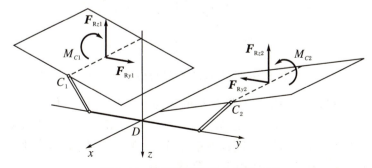

图 5.14 单对翼翼片的主矢与主矩

气动力系再向点 D 简化,得到作用在点 D 的一个力 $F_z = 2F_{Rz}$ 与一个力偶 $M_y = F_z h/2$,如图 5.15 所示,有

$$F_z = 2F_R \sin\frac{\varphi}{2}, \quad M_y = F_R h \sin\frac{\varphi}{2} \quad (5.13)$$

其中 h 是翼片的弦长。

5.4.2 平行双对翼

在这种布置的场合,前后翼的运动形式完全相同,气动力系的简化也相似。前后翼上的气动力系各自向点 D 简化后,得到的主矢相同,但主矩大小相

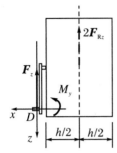

图 5.15 单对翼组合的主矢与主矩

等、方向相反,参见图 5.16。

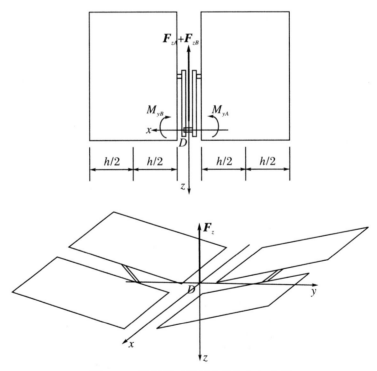

图 5.16 平行双对翼组合的主矢与主矩

分别用 A 和 B 表示前后翼,则各自的气动力系向点 D 简化后有 $F_{zA} = F_{zB} = 2F_R \sin(\varphi/2)$,且 $M_{yA} = M_{yB}$ 但方向相反。所以平行双对翼组合的气动力系向点 D 简化后的主矢为 $F_z = F_{zA} + F_{zB}$,主矩为 $M_y = M_{yA} - M_{yB} = 0$,即平行双对翼组合的气动力系可合成为一个作用于点 D 的合力

$$F_z = 4F_R \sin\frac{\varphi}{2} \tag{5.14}$$

5.4.3 正交双对翼

在这种布置的场合,前后翼 A 与 B 的翼片垂直,曲柄反相,即 A 翼片的曲柄转角为 φ 时,B 翼片的曲柄转角为 $\varphi + 2\pi$。又由于翼片左右对称,前翼对气动力的合力 F_{zA} 作用在前翼两翼片中心连线的中点,大小为 $F_{zA} = 2F_R(\varphi)\sin(\varphi/2)$;后翼对气动力的合力 F_{zB} 作用在后翼两翼片中心连线的中点,大小为 $F_{zB} = 2F_R(\varphi + \pi)\cos(\varphi/2)$,参见图 5.17。

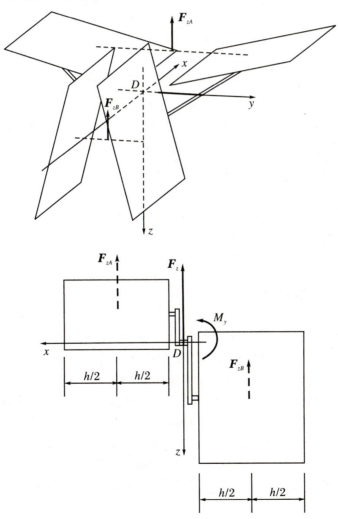

图 5.17 正交双对翼组合的主矢与主矩

前后翼对各自的合力进一步再向点 D 简化,得正交双对翼组合的气动力系的主矢为 $F_z = F_{zA} + F_{zB}$,主矩为 $M_y = M_D(F_{zA}) + M_D(F_{zB}) = (F_{zB} - F_{zA})h/2$,即简化为作用在点 D 的一个力与一个力偶,它们是

$$\left. \begin{aligned} F_z &= 2\left[F_R(\varphi)\sin\frac{\varphi}{2} + F_R(\varphi+\pi)\cos\frac{\varphi}{2}\right] \\ M_y &= h\left[F_R(\varphi+\pi)\cos\frac{\varphi}{2} - F_R(\varphi)\sin\frac{\varphi}{2}\right] \end{aligned} \right\} \quad (5.15)$$

对于前进飞行的飞行器,用式(4.20)计算 F_R,可得

$$F_z = \frac{C_H \rho h \omega^2}{12}\left\{6R(P_1\sqrt{P_1^2+P_3^2} + P_2\sqrt{P_2^2+P_3^2})\right.$$

$$\left. + \sqrt{2}[(P_1^2+P_3^2)^{\frac{3}{2}} - (P_2^2+P_3^2)^{\frac{3}{2}}]\sin\left(\frac{\varphi}{2}+\frac{\pi}{4}\right)\right\}$$

$$M_y = \frac{C_H \rho h^2 \omega^2}{24}\left\{6R(P_1\sqrt{P_1^2+P_3^2} + P_2\sqrt{P_2^2+P_3^2})\cos\varphi\right.$$

$$\left. + \sqrt{2}[(P_1^2+P_3^2)^{\frac{3}{2}} - (P_2^2+P_3^2)^{\frac{3}{2}}]\cos\left(\frac{\varphi}{2}+\frac{\pi}{4}\right)\right\}$$

由此可见正交双对翼布置的机翼组合的气动力特点如下:

(1) 升力 $F_L = F_z \cos\alpha$ 的变化比较平缓,近似周期为 4π,且振幅减小。

(2) 产生周期变化的俯仰力矩,近似周期为 4π,且均值为零。此力矩会引起飞行器的俯仰晃动,但不会导致俯仰角持续增加。

5.5 机翼梁设计基础

5.5.1 机翼梁的布局

驱动半转翼的半转机构的机架部分是半转机构中的不动件,各个单翼的机架相连形成机翼梁。机翼梁的布局由机翼的布置形式确定。

如前所述,机翼的布置分单对翼与双对翼两种。由于每对翼由两片左右对称的翼片组成,对称轴为机身纵轴线,所以与机身纵轴对应的纵梁是机翼总成的基础梁。从纵梁的两端(及中部)向左右两侧对称外伸出两根(三根)横梁,用以安置主轴与转槽。因此对于单对翼机翼梁为"工"字形梁组合,对于双对翼为"王"字形梁组合。其中较长的称为主轴梁,较短的称为转槽梁。"工"字形梁组合中,一端是主轴梁,另一端是转槽梁;"王"字形梁组合中,主轴梁在中部,转槽梁在两端。如图5.18所示。

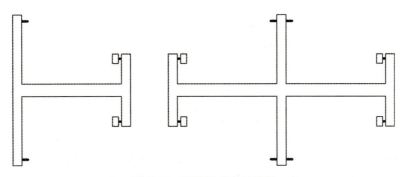

图 5.18 两种形式的机翼梁

5.5.2 机翼梁基本受力分析

设计机翼梁时,若不计梁的自重,则其所受外力是主轴与转槽处的约束力,参见图 5.19。转槽梁两端转槽处作用力为 F_H,主轴梁两端主轴处作用力为 Y_O 与 Z_O。

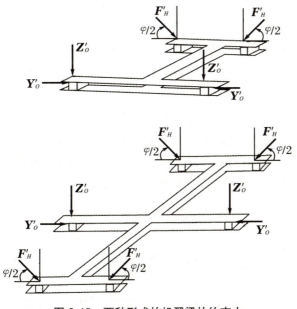

图 5.19 两种形式的机翼梁的约束力

在已进行了动平衡处理、曲柄匀速转动且转槽为滚动摩擦的情况下,由式(5.1)、式(5.4)与式(5.5)可得

$$F_H = \frac{M_C}{2R\sin\frac{\varphi}{2}} \tag{5.16}$$

$$Z_O = -F_R\sin\frac{\varphi}{2} - \frac{M_C}{2R} + (m_1 + m_2)g \tag{5.17}$$

$$Y_O = -F_R\cos\frac{\varphi}{2} - \frac{M_C}{2R\tan\frac{\varphi}{2}} \tag{5.18}$$

对于横梁,$F_H\sin(\varphi/2)$ 与 Z_O 是横向力,产生弯曲变形。$F_H\cos(\varphi/2)$ 与 Y_O 是沿横梁轴线的轴向力,使横梁产生叠加于弯曲变形上的轴向变形。纵梁除受到两端("工"字形)或两端加中部("王"字形)的横向力 $2F_H\sin(\varphi/2)$ 与 $2Z_O$ 以外,还有与机身连接处的约束力,此处的力按连接方式另行分析。

5.6 低转速大翼展半转翼的选择

5.6.1 单翼片的平均升力

由于前进速度也是影响机翼升力的一个因素,所以为了更准确地比较机翼参数对飞行的影响,取悬停飞行状态进行研究。由式(4.8)可知,在静止空气中悬停飞行的半转翼飞行器的平均升力为

$$\overline{F_L} = \frac{1}{4}C_H\rho hR(R^2 + a^2)\omega^2$$

由半转机构的结构可知,为保证翼片能始终在转槽内滑动,必须使 $a > 2R$。但 a 又不可比 $2R$ 大得太多,否则会造成翼片上出现过大的异向区,不利于升力的增加。设 λ 是略大于 2 的数,记 $a = \lambda R$。由式(4.8)可得

$$\overline{F_L} = \frac{1}{4}C_H\rho hR^3(1 + \lambda^2)\omega^2 \tag{5.19}$$

5.6.2 升力相同时转速与曲柄长的关系

由式(5.19)可知,当 C_H、ρ、h 及 l 皆不变时,升力 F_L 与 R^3、ω^2 成正比。即设两种转速为 ω_0 与 ω_1,对应两种曲柄长 R_0 与 R_1,当升力相同时,有 $\left(\frac{\omega_1}{\omega_0}\right)^2 \left(\frac{R_1}{R_0}\right)^3 = 1$,可得

$$\frac{\omega_1}{\omega_0} = \frac{R_0}{R_1}\sqrt{\frac{R_0}{R_1}} \tag{5.20}$$

设 $R_1 = 2R_0$，则有 $\omega_1/\omega_0 = \sqrt{2}/4 \approx 37\%$。这表明，当曲柄长度增加 1 倍时，转速只要原有的 37% 就能产生相同的升力。因此，如果增加半转翼的展长，则可以用小得多的转速获得相同的升力。

必须说明，在严格的意义上 C_H 与半转翼的几何尺寸是有关联的。比如改变展长、弦长或改变左右翼片的距离都会导致 C_H 的变化。但一般情况下，C_H 的变化是个小量。所以在初步选型设计计算时，可以设 C_H 为常数。我们用仿真软件 XFlow 进行过实例计算，比较展长变化时半转升力系数的差异，结果如表 5.1 所示。

表 5.1

展长/cm	弦长/cm	曲柄长/cm	C_H
26	30	6	2.8
40	30	9	2.7
52	30	12	3.1

5.6.3　低转速大翼展半转翼的功率

5.6.3.1　驱动力矩与功率的计算

为简化计算条件，设曲柄匀速转动，则转动件的惯性力偶与切向惯性力皆为零。由式(5.3a)可得发动机的驱动力矩

$$M_O = \frac{1}{2}M_C + F_R R \sin\frac{\varphi}{2} + \left(\frac{P_1}{2} + P_2\right) R \cos\varphi$$

在静止空气中悬停飞行时，把式(4.5)与式(4.6)的 F_R 与 M_C 的表达式代入上式，有

$$M_O = \frac{1}{32}C_H \rho h \omega^2 \left(16R^4 \sin^4\frac{\varphi}{2} + 24R^2 a^2 \sin^2\frac{\varphi}{2} + a^4\right) + \left(\frac{m_1}{2} + m_2\right) gR \cos\varphi$$

积分可得平均驱动力矩

$$\overline{M_O} = \frac{1}{32}C_H \rho h \omega^2 (6R^4 + 12R^2 a^2 + a^4) \qquad (5.21)$$

因而对于转速为 ω 的曲柄，发动机的驱动功率 $P = M_O \omega$，平均功率为

$$\overline{P} = \frac{1}{32}C_H \rho h \omega^3 (6R^4 + 12R^2 a^2 + a^4) \qquad (5.22)$$

5.6.3.2　同样升力下低转速大翼展半转翼的功率

已设 $a = \lambda R$。由式(5.22)可得，当 C_H, ρ, h 及 λ 皆不变时 $\overline{P} \propto \omega^3 R^4$，即

$$\frac{P_1}{P_0} = \frac{\omega_1^3}{\omega_0^3} \cdot \frac{R_1^4}{R_0^4}$$

在 5.6.2 小节中已得,升力相同时有关系式(5.20),代入上式,有

$$\frac{P_1}{P_0} = \sqrt{\frac{R_0}{R_1}} \tag{5.23}$$

此式表明,增加半转翼的展长,不但用小得多的转速就能产生相同的升力,而且所需的功率也小得多。比如,当曲柄长度增加 1 倍($R_1 = 2R_0$)时,产生相同升力的情况下,所需功率只有原来的 70%。

5.6.3.3 半转翼片的合理选择

由式(5.19)可见,平均升力 $\overline{F}_L$ 与翼片的弦长 h 的一次方成正比,而与曲柄长 R(相关翼片展长)的三次方成正比。因此在同样的翼片面积下,减小弦长同时增大展长的翼片会产生大得多的升力。再由前文的分析知,大翼展的半转翼可以用较小的转速产生较大的升力,而且消耗的功率比较小。综合这些特点,可见半转翼采用窄长形的翼片是合理的选择。大自然证明,这种大展长、小弦长的窄长形翼正是飞行动物通常采用的形式。

第 6 章
半转翼飞行器的稳定性

6.1 飞行器的稳定性

在空中的飞行器只有处于平衡状态下才能进行有效的工作,而且这个平衡状态必须是稳定的,所以飞行器的稳定性是衡量飞行器性能的一个重要指标。

6.1.1 机体坐标系

为描述飞行器的姿态,建立固连于飞行器的机体坐标系 $Oxyz$。坐标系的原点 O 通常位于飞行器的质心。纵轴(x 轴)位于飞行器的对称平面(参考面)内,沿结构纵轴指向前方(通常规定纵轴平行于机身轴线或翼弦线);横轴(y 轴)垂直于飞行器对称面,指向右方(面向机首时);竖轴(z 轴)位于飞行器对称平面内垂直于纵轴 x 轴指向下方。参见图 6.1。

6.1.2 飞行姿态角与稳定性

飞行器在空中的飞行姿态用三个角度描述,它们是绕 x 轴转动的滚转角 γ(在本书中为避免与曲柄转角 φ 混淆,用 γ 表示滚转角)、绕 y 轴转动的俯仰角 θ 和绕 z 轴转动的偏航角 ψ,参见图 6.1。

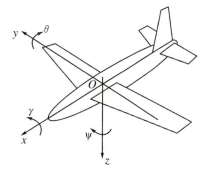

图 6.1 机体坐标系

对滚转角 γ 的扰动,使飞行器绕纵轴 x 转动,引起横侧稳定性问题。
对俯仰角 θ 的扰动,使飞行器绕横轴 y 转动,引起俯仰稳定性问题。
对偏航角 ψ 的扰动,使飞行器绕竖轴 z 转动,引起方向稳定性问题。
所谓稳定性,是指在一平衡状态下的飞行器受到某个小扰动(如气流扰动或操纵扰动)而偏离平衡位置,但在扰动消失后能够在无人操纵的情况下依靠自身的结构产生的气动力抑制扰动产生的偏差,自动恢复到平衡状态的能力。

飞行器是个动力系统,受到扰动后会产生一定的响应,响应的特点就是稳定性的关键表述。稳定性问题包括两方面:① 初响应——静稳定性问题;② 响应历程——动稳定性问题。系统的稳定性主要由动稳定性的特点确定,本章着重讨论半转翼飞行器的动稳定性问题。

6.2 半转机构的曲柄周期函数

6.2.1 曲柄周期函数

半转机构中半转构件(半转杆、半转翼等)在通过不动点时有"瞬时翻身"的现象;以半转翼为例,上翼面在通过不动点后即变为下翼面。曲柄每转一周上下翼面交替变化一次,因此固连于翼面的坐标轴的方向也必须随着翼面翻身反向变化一次。此时翼面转角(即翼面坐标轴正方向与机架梁向上垂线方向的夹角)的计算就必须中断,改以新坐标轴正向从零开始重新计算。因此半转翼的许多运动与力的表达式只能在曲柄的一转内可以连续计算,到曲柄的下一个转动周期,表达式的形式虽然不变,但转角必须从零开始重新计算。这种以曲柄的一转为周期的函数,称为曲柄周期函数。

曲柄周期函数 $F(\varphi)$ 的周期为 2π,即其定义域为 $[0, 2\pi]$。在曲柄的任一转内,积分 $\int_0^{2\pi} F(\varphi)\mathrm{d}\varphi$ 都为一固定的常数,设此常数是 D,即

$$\int_0^{2\pi} F(\varphi)\mathrm{d}\varphi = D \tag{6.1}$$

6.2.2 用曲柄周期函数简化一种微分方程的解

在半转翼飞行器的稳定性计算中,常遇到这样的方程

$$\frac{\mathrm{d}\dot{\theta}}{\dot{\theta}} = -\int_0^{2\pi} F(\varphi)\mathrm{d}\varphi \tag{6.2}$$

在曲柄第一转内积分,有

$$\int_{\dot{\theta}_0}^{\dot{\theta}_1} \frac{\mathrm{d}\dot{\theta}}{\dot{\theta}} = -\int_0^{2\pi} F(\varphi)\mathrm{d}\varphi$$

由式(6.1)有 $\ln \dot{\theta}_1 - \ln \dot{\theta}_0 = -D$，即

$$\dot{\theta}_1 = \dot{\theta}_0 e^{-D} \tag{6.3}$$

其中 $\dot{\theta}_0$ 为第一转始点即 $\varphi = 0$ 时的初始角速度，$\dot{\theta}_1$ 为第一转终点即 $\varphi = 2\pi$ 时的角速度。$\dot{\theta}_1$ 同时也是第二转始点的角速度。

在曲柄第二转内积分，有

$$\int_{\dot{\theta}_1}^{\dot{\theta}_2} \frac{\mathrm{d}\dot{\theta}}{\dot{\theta}} = -\int_0^{2\pi} F(\varphi) \mathrm{d}\varphi$$

由式(6.1)有 $\ln \dot{\theta}_2 - \ln \dot{\theta}_1 = -D$，即

$$\dot{\theta}_2 = \dot{\theta}_1 e^{-D} = \dot{\theta}_0 e^{-2D}$$

同理，在曲柄第 n 转内积分，可得到第 n 转终点的角速度 $\dot{\theta}_n$ 为

$$\dot{\theta}_n = \dot{\theta}_0 e^{-nD} \tag{6.4}$$

因为曲柄转速 ω 较大，所以周期 $T = 2\pi/\omega$ 较小。因此可以取曲柄每转终点的角速度 $\dot{\theta}_n$ 为该周期内任一时刻角速度 $\dot{\theta}$ 的近似值。这相当于取 $t \approx nT$，即 $n \approx \frac{t}{T} = \frac{\omega t}{2\pi}$。由式(6.4)得到任一时刻 t 的角速度 $\dot{\theta}$ 的近似表达式为

$$\dot{\theta} \approx \dot{\theta}_0 \exp\left(-\frac{\omega D}{2\pi} t\right) \tag{6.5}$$

其中 D 为常数，见式(6.1)。

6.3　半转翼飞行器的俯仰稳定性研究

6.3.1　半转翼独立作用下机身的飞行姿态

6.3.1.1　力学模型

首先分析单纯半转翼气动力作用下飞行器的俯仰稳定性。由于半转翼的气动力的主矢与主矩皆简化到机身的纵向对称面内，所以机身的俯仰运动可视为在纵向对称面内绕质心的转动。其基本受力如图 6.2 所示。

其中 O 为机体的质心，D 为机翼与机身的连接点，机身质量为 m，对 O 点的转动惯量为 I_y。xz 是以 O 为原点的机体坐标系。V_0 是机身前进飞行速度。θ 是在此平衡飞行姿态下的俯仰角。前进飞行时机身须保持适当的前倾(即 $\theta > 0$，由于前进飞行是常态，所以以下计算中以前倾的俯仰角为正)，半转翼的升力才能产生水平的分力——推进力。

由受力图可得机身的俯仰运动微分方程

$$I_y\ddot{\theta} = M_y - F_z(l_O - l_D) \tag{6.6}$$

它是研究机身俯仰运动的基本方程。

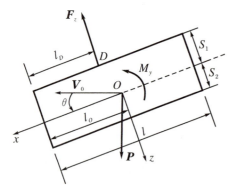

图 6.2 机身在纵向对称面内的受力图

由 5.4 节可知,对于不同的机翼组合形式,气动力简化的结果 F_z 与 M_y 不同。又由第 4 章可知,对于不同的运动场合,也会有不同的气动力结果。但这些结果主要是数量大小上的不同,气动力变化的本质规律是基本相同的。所以在下面的稳定性计算中,为了避免过于冗杂的计算掩盖半转翼飞行器的基本稳定性特点的分析,只采用 4.2 节中形式比较简单的气动力计算结果。

6.3.1.2 机身的俯仰运动

设半转翼形态是左右对称运动的单对翼。由式(4.5)及式(5.13),此时气动力的主矢与主矩分别为

$$F_z = A[R^2\cos 2\varphi - (4R^2 + 3a^2)\cos\varphi + 3(R^2 + a^2)]$$

$$M_y = \frac{1}{2}F_z h$$

其中 $A = \frac{1}{6}C_H \rho h R \omega^2$。

由式(6.6)可得

$$I_y\ddot{\theta} = F_z\left[\frac{h}{2} - (l_O - l_D)\right] \tag{6.7}$$

根据式(6.7),可对半转翼机身俯仰运动特点进行定性与定量分析:

(1) 在 F_z 确定的情况下,俯仰力矩大小由 $h/2 - (l_O - l_D)$ 确定。若使 $h/2 - (l_O - l_D) = 0$,即半转翼气动力中心与机身质心在一条铅直线上,则气动力对机身质心 O 的力矩为零。此时有 $\ddot{\theta} \equiv 0$,因而如果初始条件 $\dot{\theta}_0 = 0$,则有 $\theta \equiv \theta_0$;如果初始条件 $\dot{\theta}_0 \neq 0$,则 θ 持续变化,机身在空中翻滚。因此欲控制机身的俯仰角,必须有半转翼气动力以外的其他机制,即需要考虑安置控制辅翼。

实际上真正做到 $h/2 - (l_O - l_D) = 0$ 是困难的,而且在飞行中也不易保持。但是由此可以认识到使 $h/2 - (l_O - l_D)$ 越小越好,这样易于控制辅翼的操作,可以减少由气动力的俯仰力矩过大造成的控制负载。

(2) 下面求式(6.7)的解。令 $B = h/2 - (l_O - l_D)$，式(6.8)简记为 $I_y\ddot{\theta} = BF_z$。由于 F_z 是 φ 的函数，由变量代换 $\dot{\theta} = \omega\dfrac{\mathrm{d}\theta}{\mathrm{d}\varphi} = \omega\theta'$，$\ddot{\theta} = \omega^2\dfrac{\mathrm{d}^2\theta}{\mathrm{d}\varphi^2} = \omega^2\theta''$，方程式(6.7)改写为 $I_y\omega^2\theta'' = BF_z$，再代入 F_z，得

$$I_y\omega^2\theta'' = BA[R^2\cos 2\varphi - (4R^2 + 3a^2)\cos\varphi + 3(R^2 + a^2)]$$

改写为

$$I_y\theta'' = C[R^2\cos 2\varphi - (4R^2 + 3a^2)\cos\varphi + 3(R^2 + a^2)] \quad (6.8)$$

其中

$$C = \frac{BA}{\omega^2} = \frac{1}{6}C_H\rho h R\left[\frac{h}{2} - (l_O - l_D)\right]$$

式(6.8)可分为以下三式：

$$I_y\theta''_1 = CR^2\cos 2\varphi \quad (6.8a)$$

$$I_y\theta''_2 = -C(4R^2 + 3a^2)\cos\varphi \quad (6.8b)$$

$$I_y\theta''_3 = 3C(R^2 + a^2) \quad (6.8c)$$

分别解以上三个方程，得

$$\theta_1 = -\frac{CR^2}{4I_y}\cos 2\varphi, \quad \theta_2 = \frac{C}{I_y}(4R^2 + a^2)\cos\varphi, \quad \theta_3 = \frac{3(R^2 + a^2)}{2I_y}\varphi^2$$

所以有

$$\theta = \theta_1 + \theta_2 + \theta_3 + D_1\varphi + D_2$$
$$= -\frac{CR^2}{4I_y}\cos 2\varphi + \frac{C}{I_y}(4R^2 + 3a^2)\cos\varphi + \frac{3C(R^2 + a^2)}{2I_y}\varphi^2 + D_1\varphi + D_2$$

其中 D_1 和 D_2 为积分常数，由初始条件确定。

若设 $\varphi = 0$ 时，$\theta_0 = 0$ 且 $\theta'_0 = 0$，即初始是静止平衡状态。可得到 $D_1 = 0$，$D_2 = -\dfrac{3C}{4I_y}(5R^2 + 4a^2)$，此时式(6.7)的解为

$$\theta = -\frac{CR^2}{4I_y}\cos 2\varphi + \frac{C}{I_y}(4R^2 + 3a^2)\cos\varphi + \frac{3C(R^2 + a^2)}{2I_y}\varphi^2 - \frac{3C}{4I_y}(5R^2 + 4a^2)$$

其中第一项与第二项是振荡项，第四项是常数项，它们都不会持续增大；但第三项中 $\varphi^2 = \omega^2 t^2$，使第三项随时间持续增大。所以这个解说明从静止平衡状态起飞时，在无控制力矩时机身的俯仰角会越来越大。

由以上分析可知，如果只有半转翼产生的气动力，则机身无法以稳定的俯仰角飞行，必须设置控制俯仰角增大的机制，才能保证正常飞行。

6.3.2 尾翼对俯仰稳定性的作用

6.3.2.1 恢复力矩的产生机制

为消除单纯机翼气动力使俯仰角持续增大的现象，必须在式(6.6)中增加与

M_y 方向相反的控制力矩。最理想的机制是控制力矩由机身的俯仰角加大而自动产生。

注意到当俯仰角 θ 增大时机身的迎风面积加大,气动阻力随之增大。该气动阻力就能产生与 M_y 方向相反的力矩。为此,在机身的后部增加水平尾翼(图6.3),就能加大俯仰角变大时气动阻力的效果,产生控制俯仰角的控制力矩。作用在水平尾翼上的气动阻力产生的控制俯仰角的力矩大小随俯仰角 θ 的增大而增大,方向与俯仰角 θ 的方向相反。这与弹簧质量系统中弹簧的作用相当,因此可称尾翼的控制力矩为恢复力矩。

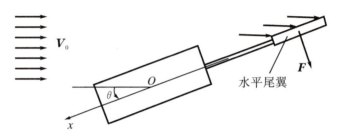

图 6.3 水平尾翼产生恢复力矩

6.3.2.2 水平尾翼恢复力矩作用的定性分析

在设置水平尾翼可产生恢复力矩后,飞行器的受力为重力,机翼气动力产生力 F_z 与力矩 M_y 以及尾翼的恢复力矩 M_{hy}。此时与俯仰运动有关的运动微分方程为

$$I_y \ddot{\theta} = M_y - F_z(l_O - l_D) - M_{hy} = F_z\left[\frac{h}{2} - (l_O - l_D)\right] - M_{hy} \quad (6.9)$$

由于水平尾翼的恢复力矩是可操纵改变的,所以在飞行器达到所需的前进速度后(此时有一定的正俯仰角),可以调节恢复力矩的大小(如改变水平舵的倾角),使满足关系式 $F_z\left[\frac{h}{2} - (l_O - l_D)\right] - M_{hy} = 0$,此时有 $\ddot{\theta} = 0$,这是达到平衡状态的条件。

在 $\ddot{\theta} = 0$ 时,如果 $\dot{\theta} > 0$,则俯仰角 θ 增大,导致推进力 $F_z \sin\theta$ 增大;因而前进速度增大(即来流速度增大);从而水平尾翼上作用的气动阻力增大,恢复力矩 M_{hy} 也相应增大;因此产生与 $\dot{\theta}$ 相反的负加速度,抑制俯仰角 θ 持续增大,并使俯仰角 θ 达到某一平衡点,飞行器实现稳定向前飞行。

在 $\ddot{\theta} = 0$ 时,如果 $\dot{\theta} < 0$,则俯仰角 θ 变小,导致推进力 $F_z \sin\theta$ 减小;因而前进速度减小(即来流速度减小);从而水平尾翼上作用的气动阻力减小,恢复力矩 M_{hy} 也相应减小;因此产生与 $\dot{\theta}$ 相反的正加速度,抑制俯仰角 θ 持续减小,并使俯仰角 θ 达到某一平衡点,飞行器实现稳定向前飞行。

由以上定性分析可知,半转翼飞行器的俯仰平衡位置是可以实现的,并且平衡位置具有稳定性。进一步,可以通过计算确认这个稳定性产生的机制。

6.3.3 俯仰稳定性分析

6.3.3.1 力学模型

参见图 6.4,设此时处于某一平衡位置,俯仰角为 θ,来流速度(大小等于飞行器前进速度而方向相反)为 V_0。飞行器的受力有:重力 P、机翼气动力产生的力 F_z 与力矩 M_y 以及水平尾翼的恢复力矩 M_{hy}。

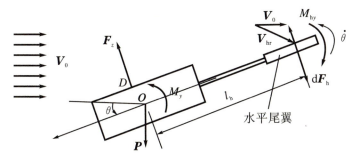

图 6.4 带尾翼机身的纵向对称面受力图

当飞行器处于平衡状态时,$\ddot{\theta} = \dot{\theta} = 0$。当受到扰动时,产生扰动俯仰角速度 $\dot{\theta}$。为简化计算,认为在瞬时的扰动中来流速度未发生改变。

在 $\dot{\theta} \neq 0$ 时,水平尾翼上距离质心 C 为 l_h 的面积元 dA 上,来流相对尾翼的速度 V_{hr} 的尾翼面法向分量为 $V_{hrn} = V_0 \sin \theta + l_h \dot{\theta}$,则该面积元上气流的压力元为

$$dF_h = \frac{1}{2} C_H \rho (V_0 \sin \theta + l_h \dot{\theta})^2 dA \tag{6.10}$$

尾翼的恢复力矩为

$$M_{hy} = \int_A l_h dF_h = \frac{1}{2} C_H \rho \int_A l_h (V_0 \sin \theta + l_h \dot{\theta})^2 dA \tag{6.11}$$

在平衡状态时,有 $\dot{\theta} = 0$,从式(6.10)与式(6.11)得到平衡状态时,水平尾翼面上气流的压力元为

$$dF_{h0} = \frac{1}{2} C_H \rho (V_0 \sin \theta)^2 dA$$

在平衡状态时,尾翼的恢复力矩为

$$M_{hy0} = \int_A l_h dF_{h0} = \frac{1}{2} C_H \rho (V_0 \sin \theta)^2 \int_A l_h dA$$

再者,在扰动较小即产生很小的扰动俯仰角速度 $\dot{\theta}$ 时,可以舍去含 $\dot{\theta}^2$ 的项,

因此扰动后水平尾翼面上气流的压力元 dF_{h1} 可以线性化为

$$dF_{h1} = \frac{1}{2}C_H\rho[(V_0\sin\theta)^2 + 2V_0\sin\alpha\, l_h\dot{\theta}]dA$$

此时尾翼的恢复力矩线性化为

$$M_{hy1} = \int_A l_h dF_{h1} = \frac{1}{2}C_H\rho\int_A l_h[(V_0\sin\theta)^2 + 2V_0\sin\alpha\, l_h\dot{\theta}]dA$$

$$= \frac{1}{2}C_H\rho(V_0\sin\theta)^2\int_A l_h dA + C_H\rho V_0\sin\theta\dot{\theta}\int_A l_h^2 dA$$

即有

$$M_{hy1} = M_{hy0} + C_H\rho V_0\sin\theta\dot{\theta}\int_A l_h^2 dA \tag{6.12}$$

6.3.3.2 扰动方程

由式(6.9)可知,增加尾翼的恢复力矩后,俯仰运动的微分方程为

$$I_y\ddot{\theta} = F_z\left[\frac{h}{2} - (l_O - l_D)\right] - M_{hy}$$

在平衡状态时, $\ddot{\theta} = 0$, 且恢复力矩是 M_{hy0}, 故有 $F_z\left[\frac{h}{2} - (l_O - l_D)\right] - M_{hy0} = 0$, 即

$$M_{hy0} = F_z\left[\frac{h}{2} - (l_O - l_D)\right] \tag{6.13}$$

受到扰动后, $\ddot{\theta} \neq 0$, 且恢复力矩是 M_{hy1}, 故有 $I_y\ddot{\theta} = F_z\left[\frac{h}{2} - (l_O - l_D)\right] - M_{hy1}$; 再由式(6.12)得到

$$I_y\ddot{\theta} = F_z\left[\frac{h}{2} - (l_O - l_D)\right] - M_{hy0} - C_H\rho V_0\sin\theta\dot{\theta}\int_A l_h^2 dA$$

结合式(6.13),得俯仰角扰动方程为

$$I_y\ddot{\theta} + C_H\rho V_0\sin\theta\dot{\theta}\int_A l_h^2 dA = 0 \tag{6.14}$$

令 $C = C_H\rho V_0\sin\theta\int_A l_h^2 dA$。在扰动衰减较快时 V_0 与 θ 变化较小, C 可视为常数。方程(6.14)简化为

$$I_y\ddot{\theta} + C\dot{\theta} = 0 \tag{6.15}$$

由于 $\ddot{\theta} = \dfrac{d\dot{\theta}}{dt} = \omega\dfrac{d\dot{\theta}}{d\varphi}$, 其中 ω 是半转翼转速, φ 是半转翼转角, 方程(6.15)变为 $I_y\omega\dfrac{d\dot{\theta}}{d\varphi} + C\dot{\theta} = 0$, 即 $\dfrac{d\dot{\theta}}{\dot{\theta}} = -\dfrac{C}{I_y\omega}d\varphi$, 解得

$$\dot{\theta} = D\exp\left(-\frac{C}{I_y\omega}\varphi\right) \tag{6.16}$$

其中 D 是初始干扰角速度,即 $D = \dot{\theta}_0$。

解式(6.16)可知,$\dot{\theta}$ 是衰减的,即扰动后俯仰角的变化会衰减为零,直至恢复到平衡状态。因此半转翼飞行器具有俯仰稳定性。

6.3.3.3 新平衡位置

进而可以求解俯仰角 θ。设半转翼以角速度 ω 匀速转动,则有 $\varphi = \omega t$,从而有

$$\dot{\theta} = D\exp\left(-\frac{C}{I_y \omega}\varphi\right) = D\exp\left(-\frac{C}{I_y}t\right) \tag{6.17}$$

解得

$$\theta = -\frac{DI_y}{C}\exp\left(-\frac{C}{I_y}t\right) + E$$

设初始条件为:$t = 0$ 时,$\theta = \theta_0$。则有 $E = \frac{DI_y}{C} + \theta_0 = \frac{I_y \dot{\theta}_0}{C} + \theta_0$,所以

$$\theta = \frac{I_y \dot{\theta}_0}{C}\left[1 - \exp\left(-\frac{C}{I_y}t\right)\right] + \theta_0 \tag{6.18}$$

可见 $\theta \to \theta_0 + \frac{I_y \dot{\theta}_0}{C}$,这表明随着俯仰角干扰速度 $\dot{\theta}$ 的衰减,飞行器会趋向一个新的平衡位置,此时俯仰角比初始平衡位置 θ_0 改变了 $I_y \dot{\theta}_0 / C$($\dot{\theta}_0 > 0$ 时增大,$\dot{\theta}_0 < 0$ 时减小)。

这里的比值

$$\frac{I_y}{C} = \frac{I_y}{C_H \rho V_0 \sin\theta \int_A l_h^2 \mathrm{d}A}$$

反映了飞行器的静稳定性,在设计飞行器时应该特别注意此指标。

6.3.3.4 结论

水平尾翼具有保证飞行器的俯仰稳定性的作用,因此半转翼飞行器必须设置水平尾翼才能实现稳定飞行。

飞行器在平衡态飞行时,如果受到俯仰干扰,尾翼能自动使俯仰干扰衰减,从而达到一个新的平衡位置。此新的平衡位置虽然与原始平衡位置有一定的偏差,但是由于尾翼飞行阻力的改变产生偶合效果,这个新平衡位置与原始位置不会出现明显的差别。比如 $\dot{\theta}_0 > 0$ 时,虽然新平衡位置的俯仰角增大,但推进力随之增大,速度随之加大,使尾翼上的恢复力矩也加大,俯仰运动出现负加速度,抑制俯仰角变大,因此不会出现明显的平衡位置偏差。

另外,注意到以上分析中为简化计算采用了来流速度(飞行速度)不变的假设。这是因为出现扰动到恢复平衡的稳定过程应该比较短暂,来流速度尚未发生明显变

化,所以这样的假设是合理的。但是实际上,俯仰角的改变会影响到推进力,推进力的改变会影响到飞行速度。因此进一步的深入研究可以综合考虑它们的相互影响。

6.3.4 半转翼飞行器的俯仰稳定性数值分析

6.3.4.1 无尾翼俯仰稳定性数值分析

利用 Simulink 软件包对无尾翼半转翼飞行器受到瞬时扰动状态进行建模,如图 6.5 所示,图中 Sine Wave 模块代表阶跃信号,其作用相当于给无尾翼半转翼飞行器一个瞬时扰动,Scope 表示示波器,用于输出仿真结果。S-Function 模块即 S 函数为运动处理模块,仿真开始时可直接调用 MATLAB 语言编写的 sfuncfg 函数。

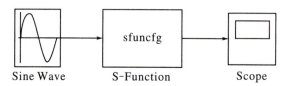

图 6.5 无尾翼半转翼飞行器受扰动的 Simulink 仿真模型

基于 S-Function 模块,编写 S 函数 sfuncfg.m 如下:

```
function [sys,x0,str,ts] = sfuncfg(t,x,u,flag)
switch flag
    case 0
        [sys,x0,str,ts] = mdlInitializeSizes;
    case 1
        sys = mdlDerivatives(t,x,u);
    case 3
        sys = mdlOutputs(t,x,u);
    case {2,4,9}
        sys = [];
    otherwise
        error(['Unhandled flag = ',num2str(flag)]);
end

function [sys,x0,str,ts] = mdlInitializeSizes()
sizes = simsizes;
sizes.NumContStates = 2;
sizes.NumDiscStates = 0;
sizes.NumOutputs = 1;
```

```
sizes.NumInputs = 1;
sizes.DirFeedthrough = 1;
sizes.NumSampleTimes = 1;
sys = simsizes(sizes);
str = [];
x0 = [10,1];
ts = [0 0];

function sys = mdlDerivatives(t,x,u)
k1 = 15 * 0/0.03;
sys(1) = x(2);
sys(2) = k1 * u;

function sys = mdlOutputs(t,x,u)
sys(1) = x(1);
```

其中在 S 函数中设定初始条件：飞行器起始处于平衡位置时的俯仰角 $\theta = 10°$，瞬时扰动使俯仰角以 $\dot{\theta} = 1°/s = 0.0175\ rad/s$ 增大。仿真开始后，飞行器在未安装尾翼时的俯仰角变化如图 6.6 所示，图中横坐标为时间，纵坐标为俯仰角。

由图 6.6 可以看出，半转翼飞行器在未安装尾翼，且在初始平衡位置受到一个瞬时扰动后，机身的俯仰角会随着时间逐渐增大，且没有抑制俯仰角增大的有效机制，随着时间的变化，无尾翼半转翼飞行器的俯仰角会愈来愈大，最终导致飞行器向前倾覆并失速坠落。因此，需要有抑制俯仰角持续增大的机制才有保证飞行器俯仰稳定的可能。

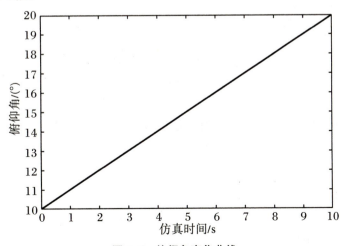

图 6.6　俯仰角变化曲线

6.3.4.2 有尾翼俯仰稳定性数值分析

使用 Simulink 软件对有尾翼半转翼飞行器受扰动状态进行建模,如图 6.7 所示,图中的 Step 模块表示阶跃信号,相当于给飞行器一个瞬时扰动,Scope 模块可以显示仿真的结果。S-Function 模块即 S 函数为运动处理模块,仿真开始时可直接调用 MATLAB 语言编写的 sfuncbzy 函数。

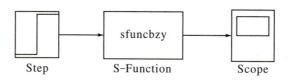

图6.7 有尾翼半转翼飞行器受扰动的 Simulink 仿真模型

基于 S-Function 模块,编写 S 函数 sfuncbzy.m 如下:
function [sys,x0,str,ts] = sfuncbzy(t,x,u,flag)
switch flag
  case 0   %初始化
[sys,x0,str,ts] = mdlInitializeSizes;
  case 1   %计算模块导数
   sys = mdlDerivatives(t,x,u);
  case 3   %模块输出
   sys = mdlOutputs(t,x,u);
  case {2,4,9} %更新离散状态,计算下一个采样时间点,结束仿真子函数
   sys = [];
  otherwise
   error(['Unhandled flag = ',num2str(flag)]);
end

function [sys,x0,str,ts] = mdlInitializeSizes()
sizes = simsizes;
sizes.NumContStates = 4;
sizes.NumDiscStates = 0;
sizes.NumOutputs = 1;
sizes.NumInputs = 1;
sizes.DirFeedthrough = 1;

```
sizes.NumSampleTimes = 1;
sys = simsizes(sizes);
str = [];
x0 = [10, -1,0,2];    % x(1),x(2),x(3),x(4)初值
ts = [0 0];    %采样时间,即[采样周期 偏移量],采样周期为 0 表示连续系统

function sys = mdlDerivatives(t,x,u)
k1 = -1 * 3.46 * 1.225 * 0.0564 * 0.25/0.03;
k2 = 7.5 * 2/1;
sys(1) = x(2);
sys(2) = k1 * x(2) * sin(x(1)) * u;
sys(3) = x(4);
sys(4) = k2 * sin(x(1));

function sys = mdlOutputs(t,x,u)
sys(1) = x(1);
```

在 sfuncbzy 函数中,将式(6.14)写成状态方程形式并设定其中的已知参数,最后给定两种仿真初始条件:

(1) 飞行器起始处于平衡位置时的俯仰角 $\theta = 10°$,设定飞行器受到瞬时扰动使俯仰角以 $\dot{\theta} = 0.0175 \text{ rad/s}$ 增大;

(2) 飞行器起始处于平衡位置时的俯仰角 $\theta = 10°$,设定飞行器受到瞬时扰动使俯仰角以 $\dot{\theta} = 0.0175 \text{ rad/s}$ 减小。

两种初始条件所对应的仿真结果,即半转翼飞行器的俯仰角及俯仰角速度变化分别如图 6.8 和图 6.9 所示。

由图中俯仰角及俯仰角速度的变化可以看出:当飞行器处于平衡状态时,在受到某一瞬时扰动后,无论飞行器的俯仰角是增大还是减小,俯仰角速度均会在短时间内衰减为零,飞行器到达一个新的平衡位置,此位置相对于初始平衡位置俯仰角有一定变化。这一结论与上节理论分析结果基本吻合。需要指出的是,当飞行器起始平衡位置时的俯仰角及所受瞬时扰动俯仰角速度在一定范围内变化时,飞行器都能在短时间内到达新平衡位置。这些仿真结果进一步明确验证了:有尾翼的半转翼飞行器在平衡位置受到瞬时扰动后能在较短时间内保持俯仰稳定。

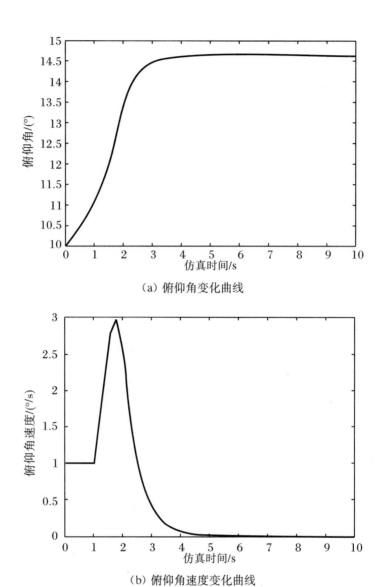

(a) 俯仰角变化曲线

(b) 俯仰角速度变化曲线

图 6.8 初始条件(1)的仿真结果

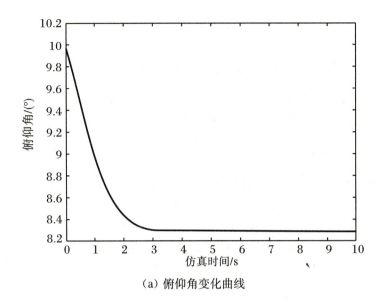

(a) 俯仰角变化曲线

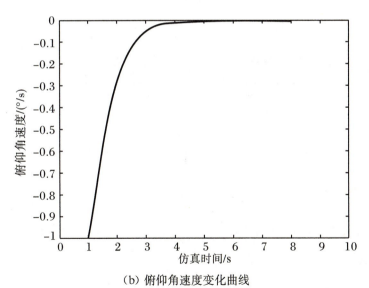

(b) 俯仰角速度变化曲线

图 6.9　初始条件(2)的仿真结果

6.4 半转翼飞行器的方向稳定性研究

6.4.1 半转翼独立作用下机身的方向稳定性

6.4.1.1 力学模型

讨论方向稳定性时,设飞行器在水平面上沿直线飞行。此时机体坐标系的 xy 面为水平面,飞行器的方向稳定性用绕 z 轴转动的偏航角 ψ 的稳定性描述。图 6.10 是只有半转翼的机体平面图,机体的质心为 O,x 轴与 y 轴是机体坐标系的纵轴与横轴。半转翼展向的对称轴为 ζ 轴,原点在半转机构的不动点(即转槽的位置),不动点与 x 轴的距离为 l_1,ζ 轴与 y 轴的距离为 l_2。

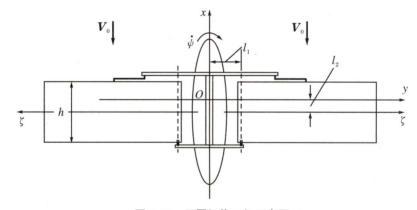

图 6.10 无尾机体飞行示意图

又设来流速度(与飞行器前进速度反向)为 V_0。飞行器受初始偏航角干扰 $\dot{\psi}_0$,产生偏航角速度 $\dot{\psi}$。

6.4.1.2 运动分析

产生偏航角速度后,半转翼的两侧翼片与气流的相对速度发生变化,参见图 6.11。

曲柄转角为 $\varphi = \omega t$ 时,翼片与 z 轴的夹角为 $\varphi/2$。设此时由于方向干扰导致产生偏航角速度 $\dot{\psi}$,引起半转翼绕 z 轴转动。转动中一侧的翼片向前转动,另一侧的翼片向后转动,从而使两侧翼片与气流的相对速度产生差异。在翼片上沿其展向对称轴建立坐标轴 ζ 轴,坐标原点在转槽(即不动点)位置 H 点。为简化计算,

取翼片的弦与 ζ 轴的交点 K 的运动代表该弦上诸点的运动,而忽略沿翼片弦向宽度转动速度的变化。参见图 6.11(a),点 K_1 与 K_2 是两侧翼片上的对称点,连线 K_1K_2 垂直于 xz 平面。过 K_1K_2 作 z 轴的垂直平面,与 z 轴相交于 Q 点。则 K_1Q 和 K_2Q 皆与 z 轴垂直,可设它们的长度为 l。

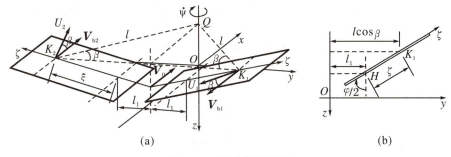

图 6.11 运动分析用图

半转翼转动时,翼片上点 $K_1(K_2)$ 转动的速度为 $U_1(U_2)$,$U_1 = U_2 = l\dot\psi$。且 $U_1(U_2)$ 与各自所在弦的夹角与 $K_1Q(K_2Q)$ 和 K_1K_2 的夹角相等,设其为 β。令 U_1 与 U_2 在各自所在弦上(即在 x 轴上)的投影是 V_{b1} 与 V_{b2},则有 $V_{b1} = V_{b2} = V_b = l\dot\psi\cos\beta$。而由展向对称面内的几何关系(参见图 6.11(b)),有 $l\cos\beta = l_1 + \zeta\sin(\varphi/2)$,所以

$$V_b = \left(l_1 + \zeta\sin\frac{\varphi}{2}\right)\dot\psi \tag{6.19}$$

设飞行器的前进速度为 V_0,翼片向前转动侧 K_2 点的速度在弦上(即 x 轴上)的投影变为 $V_0 + V_b$;翼片向后转动侧 K_1 点的速度在弦上(即 x 轴上)的投影变为 $V_0 - V_b$。所以可得气流在弦向(即 x 轴上)相对飞行器的速度为

$$V_{br} = V_0 \pm V_b = V_0 \pm \left(l_1 + \zeta\sin\frac{\varphi}{2}\right)\dot\psi \tag{6.20}$$

再考虑由于翼片的转动,翼片上 $K_1(K_2)$ 点的翼面法向速度为 $\omega\zeta$(注意此处与式(2.5)的表达不同,因为 ζ 轴的原点取法不同。此处这样写可以简化计算)。参见图 6.12,可以得到气流相对翼片的速度 V_r 为

$$V_r = \sqrt{V_{br}^2 + \omega^2\zeta^2} = \sqrt{\left[V_0 \pm \left(l_1 + \zeta\sin\frac{\varphi}{2}\right)\dot\psi\right]^2 + \omega^2\zeta^2} \tag{6.21}$$

为便于以后进一步计算,根据半转翼的运动特点对此式进行近似处理。

由于半转翼的转速较大,在大部分翼面上皆有 $\omega\zeta > V_{br}$。只有在 ζ 很小时,即在不动点 H 的邻域中 $\omega\zeta > V_{br}$ 的关系才不成立。但是这部分区域是气动力最小的部分,所以如果在整个翼面上用 $\omega\zeta > V_{br}$ 近似处理,对气动力的计算不会造成大的影响。因此有

$$\sqrt{V_{\mathrm{br}}^2 + \omega^2 \zeta^2} = \omega\zeta\sqrt{1 + \left(\frac{V_{\mathrm{br}}}{\omega\zeta}\right)^2} \approx \omega\zeta\left[1 + \frac{1}{2}\left(\frac{V_{\mathrm{br}}}{\omega\zeta}\right)^2\right]$$

$$= \frac{1}{2\omega\zeta}\left\{2\omega^2\zeta^2 + \left[V_0 \pm \left(l_1 + \zeta\sin\frac{\varphi}{2}\right)\dot\psi\right]^2\right\}$$

$$= \frac{\omega}{2\zeta}\left[2\zeta^2 + \frac{V_0^2}{\omega^2} \pm \frac{2V_0}{\omega}\left(l_1 + \zeta\sin\frac{\varphi}{2}\right)\frac{\dot\psi}{\omega} + \left(l_1 + \zeta\sin\frac{\varphi}{2}\right)^2\frac{\dot\psi^2}{\omega^2}\right]$$

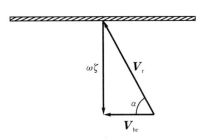

图 6.12 气流相对翼片的速度

因为偏航干扰角速度 $\dot\psi$ 远小于半转翼曲柄转速 ω，即 $\dot\psi/\omega \ll 1$，所以可在上式中略去含 $\dot\psi^2/\omega^2$ 的项，从而有

$$V_{\mathrm{r}} \approx \frac{\omega}{2\zeta}\left[2\zeta^2 + \frac{V_0^2}{\omega^2} \pm \frac{2V_0}{\omega}\left(l_1 + \zeta\sin\frac{\varphi}{2}\right)\frac{\dot\psi}{\omega}\right] \tag{6.22}$$

6.4.1.3 气动力分析

因为前进飞行时翼面上有绕流存在，故用考虑绕流的全速度式计算翼面上的气动压力元。由式(4.4)并使用式(6.22)，有

$$\mathrm{d}F = \frac{1}{2}C_{\mathrm{H}}\rho V_{\mathrm{r}}^2 h\sin\alpha\,\mathrm{d}\zeta = \frac{1}{2}C_{\mathrm{H}}\rho h\omega V_{\mathrm{r}}\zeta\mathrm{d}\zeta$$

$$\approx \frac{1}{4}C_{\mathrm{H}}\rho h\left(V_0^2 \pm 2V_0 l_1\dot\psi \pm 2V_0\zeta\sin\frac{\varphi}{2}\dot\psi + 2\omega^2\zeta^2\right)\mathrm{d}\zeta \tag{6.23}$$

从表达式 $\mathrm{d}F = \frac{1}{2}C_{\mathrm{H}}\rho h\omega V_{\mathrm{r}}\zeta\mathrm{d}\zeta = \frac{1}{2}C_{\mathrm{H}}\rho h\omega\zeta\sqrt{V_{\mathrm{br}}^2 + \omega^2\zeta^2}\,\mathrm{d}\zeta$ 可见 $\mathrm{d}F$ 与 ζ 的符号相同，即 $\zeta>0$ 时 $\mathrm{d}F>0$，$\zeta<0$ 时 $\mathrm{d}F<0$。因此翼面上压力的异向区的分界点就在不动点处，这与法向速度的异向区相同。

通过计算可得气动力的主矢为

$$F_{\mathrm{R}} = \int_{a+2R\sin\frac{\varphi}{2}}^{0} -\mathrm{d}F + \int_{0}^{a+2R\sin\frac{\varphi}{2}} \mathrm{d}F$$

$$= \frac{1}{2}C_{\mathrm{H}}\rho h\left\{\left[aV_0^2 + \frac{4}{3}\omega^2 R\sin\frac{\varphi}{2}\left(3a^2 + 4R^2\sin^2\frac{\varphi}{2}\right)\right]\right.$$

$$\left.\pm \left[2aV_0 l_1 + V_0\sin\frac{\varphi}{2}\left(a^2 + 4R^2\sin^2\frac{\varphi}{2}\right)\right]\dot\psi\right\}$$

参见图 6.13,在偏航转动中,向后转侧的翼片上的主矢 F_{R1} 取其中的负号;向前转侧的翼片上的主矢 F_{R2} 取其中的正号。

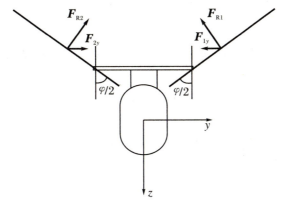

图 6.13　偏航中两侧翼气动力不同

只有两侧翼片气动力主矢在 y 轴上的分量(水平分力)F_{1y} 与 F_{2y} 产生影响偏航的对 z 轴的力矩,且有 $F_{1y} = F_{R1}\cos(\varphi/2)$,$F_{2y} = F_{R2}\cos(\varphi/2)$。在平衡飞行时,两个水平分力大小相等、方向相反,互相抵消。但偏航转动时由于两侧翼片气动力不等,产生水平分力差

$$\Delta F_y = F_{2y} - F_{1y}$$
$$= C_H \rho h \cos\frac{\varphi}{2}\left[2aV_0 l_1 + V_0 \sin\frac{\varphi}{2}\left(a^2 + 4R^2\sin^2\frac{\varphi}{2}\right)\right]\dot{\psi} \quad (6.24)$$

6.4.1.4　扰动方程

只有半转翼作用的无尾机体受到偏航扰动时,产生偏航力矩的力仅有两侧机翼气动力的水平分力,参见图 6.14。

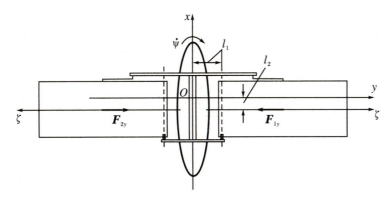

图 6.14　无尾机体偏航力矩

此时的偏航扰动方程为 $I_z\ddot{\psi} = -\Delta F_y l_2$，代入式(6.24)，有

$$I_z\ddot{\psi} + C_H \rho h l_2 \cos\frac{\varphi}{2}\left[2aV_0 l_1 + V_0 \sin\frac{\varphi}{2}\left(a^2 + 4R^2 \sin^2\frac{\varphi}{2}\right)\right]\dot{\psi} = 0 \quad (6.25)$$

令

$$A(\varphi) = C_H \rho h l_2 \cos\frac{\varphi}{2}\left[2aV_0 l_1 + V_0 \sin\frac{\varphi}{2}\left(a^2 + 4R^2 \sin^2\frac{\varphi}{2}\right)\right]$$

式(6.25)简记为

$$I_z\ddot{\psi} + A(\varphi)\dot{\psi} = 0 \quad (6.26)$$

而有 $\ddot{\psi} = \dfrac{\mathrm{d}\dot{\psi}}{\mathrm{d}t} = \dfrac{\mathrm{d}\dot{\psi}}{\mathrm{d}\varphi}\cdot\dfrac{\mathrm{d}\varphi}{\mathrm{d}t} = \omega\dfrac{\mathrm{d}\dot{\psi}}{\mathrm{d}\varphi}$，所以方程(6.26)变为

$$I_z\omega\frac{\mathrm{d}\dot{\psi}}{\mathrm{d}\varphi} + A(\varphi)\dot{\psi} = 0$$

即

$$\frac{\mathrm{d}\dot{\psi}}{\dot{\psi}} = -\frac{A(\varphi)}{I_z\omega}\mathrm{d}\varphi$$

解得

$$\dot{\psi} = \dot{\psi}_0 \exp\left[-\frac{1}{I_z\omega}\int A(\varphi)\mathrm{d}\varphi\right]$$

其中 $\dot{\psi}_0$ 是初始扰动偏航角速度；$A(\varphi)$ 是曲柄周期函数，参见6.2节。因为

$$D = \int_0^{2\pi} A(\varphi)\mathrm{d}\varphi$$
$$= \int_0^{2\pi} C_H \rho h l_2 \cos\frac{\varphi}{2}\left[2aV_0 l_1 + V_0 \sin\frac{\varphi}{2}\left(a^2 + 4R^2 \sin^2\frac{\varphi}{2}\right)\right]\mathrm{d}\varphi = 0$$

故有

$$\dot{\psi} \approx \dot{\psi}_0 \exp\left(-\frac{\omega D}{2\pi}t\right) = \dot{\psi}_0$$

此式表明偏航干扰不会被衰减，偏航角速度几乎保持初始干扰的速度不变，飞行器的偏航角不断增大，不可能恢复到平衡状态。

因此，半转翼自身的气动力不能保证半转翼飞行器的方向稳定性，必须借助半转翼之外的恢复力矩才能实现飞行器的方向稳定性。这个恢复力矩来自尾翼的垂直安定面。

6.4.2 尾翼垂直安定面对方向稳定性的作用

6.4.2.1 力学模型

有垂直安定面的半转翼飞行器偏航受力图如图6.15所示。半转翼在偏航角

速度下产生的偏航力矩已在 6.4.1 小节中计算,现分析垂直安定面产生的偏航力矩 M_{vz}。

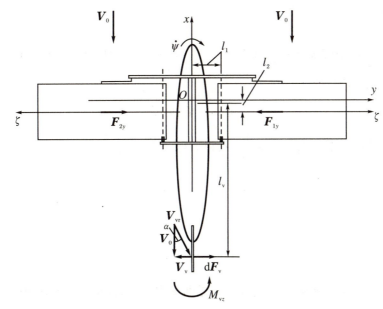

图 6.15 有尾翼机体偏航受力图

在偏航角速度 $\dot{\psi}$ 下,垂直安定面上到机体质心 O 的距离为 l_v 的点的转动速度为 V_v,气流相对垂直安定面的速度为 V_{vr}。计算可得 $V_v = l_v \dot{\psi} = V_{vr} \sin \alpha$, $V_{vr} = \sqrt{V_0^2 + l_v^2 \dot{\psi}^2}$。压力元按有绕流的全速度式(4.4)计算如下:式中 dA 为垂直安定面的面积元。

$$dF_v = \frac{1}{2} C_H \rho V_r^2 \sin \alpha \, dA = \frac{1}{2} C_H \rho l_v \dot{\psi} \sqrt{V_0^2 + l_v^2 \dot{\psi}^2} \, dA$$

由此计算得垂直安定面上气动力的偏航力矩为

$$M_{vz} = \int_A l_v dF_v = \frac{1}{2} C_H \rho \dot{\psi} \int_A l_v^2 \sqrt{V_0^2 + l_v^2 \dot{\psi}^2} \, dA$$

由于干扰量 $\dot{\psi}$ 是个小量,故 $\dot{\psi}^2$ 可忽略不计,从而得 M_{vz} 的近似表达式为

$$M_{vz} \approx \frac{1}{2} C_H \rho V_0 \dot{\psi} \int_A l_v^2 \, dA \tag{6.27}$$

6.4.2.2 扰动方程

有垂直安定面的半转翼飞行器的偏航扰动方程为 $I_z \ddot{\psi} = -\Delta F_y l_2 - M_{vz}$,代入式(6.24) 与式(6.27),得

$$I_z\ddot{\psi} = -\frac{1}{2}C_H\rho\left\{2hl_2\cos\frac{\varphi}{2}\left[2aV_0l_1 + V_0\sin\frac{\varphi}{2}\left(a^2 + 4R^2\sin^2\frac{\varphi}{2}\right)\right] - V_0\int_A l_v^2 dA\right\}\dot{\psi} \tag{6.28}$$

令

$$F(\varphi) = -\frac{1}{2}C_H\rho\left\{2hl_2\cos\frac{\varphi}{2}\left[2aV_0l_1 + V_0\sin\frac{\varphi}{2}\left(a^2 + 4R^2\sin^2\frac{\varphi}{2}\right)\right] - V_0\int_A l_v^2 dA\right\}$$

式(6.28)可简记为

$$I_z\ddot{\psi} = -F(\varphi)\dot{\psi} \tag{6.29}$$

而有 $\ddot{\psi} = \dfrac{\mathrm{d}\dot{\psi}}{\mathrm{d}t} = \dfrac{\mathrm{d}\dot{\psi}}{\mathrm{d}\varphi}\cdot\dfrac{\mathrm{d}\varphi}{\mathrm{d}t} = \omega\dfrac{\mathrm{d}\dot{\psi}}{\mathrm{d}\varphi}$,所以方程(6.29)变为

$$\frac{\mathrm{d}\dot{\psi}}{\dot{\psi}} = -\frac{1}{I_z\omega}F(\varphi)\mathrm{d}\varphi$$

解得

$$\dot{\psi} = \dot{\psi}_0\exp\left[-\frac{1}{I_z\omega}\int F(\varphi)\mathrm{d}\varphi\right]$$

其中 $\dot{\psi}_0$ 是初始扰动偏航角速度;$F(\varphi)$ 是曲柄周期函数,参见 6.2 节。因为

$$D = \int_0^{2\pi} F(\varphi)\mathrm{d}\varphi = \pi C_H\rho V_0\int_A l_v^2 dA$$

故有

$$\dot{\psi} \approx \dot{\psi}_0\exp\left(-\frac{D}{2\pi I_z}t\right) = \dot{\psi}_0\exp\left(-\frac{C_H\rho V_0\int_A l_v^2 dA}{2I_z}t\right) \tag{6.30}$$

式中 $\dfrac{C_H\rho V_0\int_A l_v^2 dA}{2I_z} > 0$,所以 $\dot{\psi}$ 是衰减的。这表明增加尾翼垂直安定面的半转翼飞行器具有方向稳定性。

6.4.2.3 新平衡位置

进而可以求解偏航角 ψ。由式(6.30)可解得

$$\psi \approx -\frac{2\pi I_z\dot{\psi}_0}{D}\exp\left(-\frac{D}{2\pi I_z}t\right) + C$$

设初始处于平衡状态,则由初始条件"$t = 0$ 时 $\psi = 0$",可得 $C = \dfrac{2\pi I_z\dot{\psi}_0}{D}$,所以

$$\psi \approx \frac{2\pi I_z\dot{\psi}_0}{D}\left[1 - \exp\left(-\frac{D}{2\pi I_z}t\right)\right] \tag{6.31}$$

可见 $\psi \to 2\pi I_z \dot{\psi}_0/D$,这表明随着偏航角干扰速度 $\dot{\psi}$ 的衰减,飞行器会趋向一个新的平衡位置,此时的偏航角比初始平衡位置改变了 $2\pi I_z \dot{\psi}_0/D$(当 $\dot{\psi}_0 > 0$ 时增大,当 $\dot{\psi}_0 < 0$ 时减小)。这里的比值

$$\frac{2\pi I_z}{D} = \frac{2I_z}{C_H \rho V_0 \int_A l_v^2 \mathrm{d}A}$$

反映了飞行器的静稳定性,在设计飞行器时应该注意此指标。

6.4.2.4 结论

尾翼的垂直安定面具有保证飞行器的方向稳定性的作用,因此半转翼飞行器必须设置尾翼垂直安定面才能实现稳定飞行。

飞行器在平衡态飞行时,如果受到方向干扰,尾翼的垂直安定面能自动使方向干扰衰减,从而达到一个新的平衡位置。此新的平衡位置虽然与原始平衡位置有一定的偏差,但是由于尾翼飞行阻力的改变产生偶合效果,这个新平衡位置与原始位置不会出现明显的差别。比如 $\dot{\psi}_0 > 0$ 时,虽然新平衡位置的偏航角增大,但尾翼垂直安定面上的恢复力矩也增大,偏航转动出现负加速度,抑制偏航角变大,因此不会出现明显的平衡位置偏差。

6.5 半转翼飞行器的横侧稳定性研究

6.5.1 无上反角半转翼飞行器的横侧稳定性

6.5.1.1 半转翼的滚转力矩

固定翼飞机的横侧稳定性主要靠机翼的上反角及后掠角产生滚转稳定力矩实现。对于半转翼飞行器,运动的半转翼片也能产生类似的效果。

首先分析单个翼片的滚转力矩,参见图 6.16。为简化计算,忽略前进速度的影响,相当于讨论无来流悬停状态的滚转稳定性,故用不计绕流计算压力元的法向速度式(4.1)。

在图 6.16 中,Oyz 为机体坐标系与纵轴 x 垂直的平面,点 H 为转槽上的点(即不动点)。动轴 C 的坐标为

$$y = l_1 + R(1 - \cos\varphi), \quad z = l_3 + R\sin\varphi$$

由式(4.5)与式(4.6)有

$$F_R = \frac{1}{6} C_H \rho h R \omega^2 \sin\frac{\varphi}{2}\left(4R^2 \sin^2\frac{\varphi}{2} + 3a^2\right)$$

$$M_C = \frac{1}{48} C_H \rho h \omega^2 \left(-16R^4 \sin^4\frac{\varphi}{2} + 24R^2 a^2 \sin^2\frac{\varphi}{2} + 3a^4\right)$$

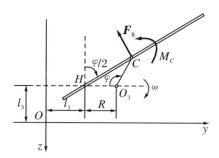

图 6.16 单翼片的滚转力矩

所以单个半转翼片上气动力的滚转力矩的大小为

$$|M_x| = F_R \sin\frac{\varphi}{2}(l_1 + R - R\cos\varphi) + F_R \cos\frac{\varphi}{2}(l_3 + R\sin\varphi) + M_C$$

$$= F(\varphi)\omega^2 \tag{6.32}$$

其中

$$F(\varphi) = \frac{1}{48} C_H \rho h \omega^2 \Big[16R^3(2l_1 + 3R)\sin^4\frac{\varphi}{2} + 24Ra^2(l_1 + 3R)\sin^2\frac{\varphi}{2}$$

$$+ 16R^3 l_3 \sin\varphi \sin^2\frac{\varphi}{2} + 12Ra^2 l_3 \sin\varphi + 3a^4\Big]$$

再分析单对半转翼在滚转干扰角速度下的滚转力矩。在无滚转干扰角速度时，半转翼对的曲柄以转速 ω 同步反向转动，不会产生滚转力矩。在出现滚转角速度 $\dot{\gamma}$ 时，两侧曲柄的绝对角速度分别变为 $\omega + \dot{\gamma}$ 与 $\omega - \dot{\gamma}$，参见图 6.17。

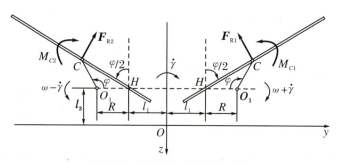

图 6.17 半转翼片对的滚转力矩

在滚转角速度 $\dot{\gamma}$ 的影响下，半转机构的转槽 H 处翼片的法向速度不再为零，因此导致翼片上压力元的异向区发生改变，从而两侧翼片气动力的主矢与主矩皆发生改变。但注意到此时右侧翼片的压力元正压区扩大，使 F_{R1} 与 M_{C1} 增大，结果增大了与滚转角速度方向相反的滚转力矩。同时左侧翼片的压力元正压区缩小,使 F_{R2} 与 M_{C2} 减小,结果减小了与滚转角速度方向相同的滚转力矩。两侧滚转力矩之差,使得滚转恢复力矩加大。如果忽视滚转角速度 $\dot{\gamma}$ 影响下的异向区变化,仍用式 (4.5) 与式 (4.6) 的主矢与主矩计算,则滚转恢复力矩将小于实际数值。但是如果在较小的恢复力矩下飞行器都具有横侧稳定性,那么在实际的恢复力矩下飞行器更具有横侧稳定性。所以为简化计算,在出现滚转角速度 $\dot{\gamma}$ 时,仍然使用式(6.32)计算翼片的滚转力矩,这是一种提高可靠性的近似。

此时翼对的滚转力矩为

$$\Delta M_x = M_{x2} - M_{x1}$$
$$= F(\varphi)(\omega - \dot{\gamma})^2 - F(\varphi)(\omega + \dot{\gamma})^2 = -4F(\varphi)\omega\dot{\gamma} \tag{6.33}$$

6.5.1.2 扰动方程

在干扰产生 $\dot{\gamma}_0$ 后飞行器发生滚转运动时,运动方程为 $I_x \ddot{\gamma} = \Delta M_x$,即

$$I_x \ddot{\gamma} + 4F(\varphi)\omega\dot{\gamma} = 0 \tag{6.34}$$

由 $\ddot{\gamma} = \dfrac{\mathrm{d}\dot{\gamma}}{\mathrm{d}t} = \dfrac{\mathrm{d}\dot{\gamma}}{\mathrm{d}\varphi} \cdot \dfrac{\mathrm{d}\varphi}{\mathrm{d}t} = \omega \dfrac{\mathrm{d}\dot{\gamma}}{\mathrm{d}\varphi}$,方程(6.34)变为

$$\frac{\mathrm{d}\dot{\gamma}}{\dot{\gamma}} = -\frac{4}{I_x}F(\varphi)\mathrm{d}\varphi$$

解得

$$\dot{\gamma} = \dot{\gamma}_0 \exp\left[-\frac{4}{I_x}\int F(\varphi)\mathrm{d}\varphi\right]$$

其中 $\dot{\gamma}_0$ 是初始扰动滚转角速度;$F(\varphi)$ 是曲柄周期函数,参见 6.2 节。因为

$$D = \int_0^{2\pi} F(\varphi)\mathrm{d}\varphi = \frac{\pi}{8}C_H\rho h(6R^4 + 4R^3 l_1 + 12R^2 a^2 + 4Ra^2 l_1 + a^4)$$

故有

$$\dot{\gamma} \approx \dot{\gamma}_0 \exp\left(-\frac{2\omega D}{\pi I_x}t\right)$$
$$= \dot{\gamma}_0 \exp\left[-\frac{C_H\rho h\omega(6R^4 + 4R^3 l_1 + 12R^2 a^2 + 4Ra^2 l_1 + a^4)}{4I_x}t\right] \tag{6.35}$$

式中 $\dfrac{C_H\rho h\omega(6R^4 + 4R^3 l_1 + 12R^2 a^2 + 4Ra^2 l_1 + a^4)}{4I_x} > 0$,所以 $\dot{\gamma}$ 是衰减的。这表明无上反角半转翼飞行器具有横侧稳定性。

6.5.1.3 新平衡位置

进而可以求解滚转角 γ。由式(6.35)可解得

$$\gamma \approx -\frac{\pi I_x \dot{\gamma}_0}{2\omega D}\exp\left(-\frac{2\omega D}{\pi I_x}t\right) + C$$

设初始处于平衡状态,则由初始条件"$t = 0$ 时 $\gamma = 0$",可得 $C = \dfrac{\pi I_x \dot{\gamma}_0}{2\omega D}$,所以

$$\gamma \approx \dfrac{\pi I_x \dot{\gamma}_0}{2\omega D}\left[1 - \exp\left(-\dfrac{2\omega D}{\pi I_x}t\right)\right] \tag{6.36}$$

可见 $\gamma \to \dfrac{\pi I_x \dot{\gamma}_0}{2\omega D}$,这表明随着滚转干扰角速度 $\dot{\gamma}$ 的衰减,飞行器会趋向一个新的平衡位置,此时的滚转角比初始平衡位置改变了 $\dfrac{\pi I_x \dot{\gamma}_0}{2\omega D}$(当 $\dot{\gamma}_0 > 0$ 时增大,当 $\dot{\gamma}_0 < 0$ 时减小)。这里的比值 $\dfrac{\pi I_x}{2\omega D} = \dfrac{4 I_x}{C_H \rho h \omega (6R^4 + 4R^3 l_1 + 12R^2 a^2 + 4Ra^2 l_1 + a^4)}$ 反映了飞行器的静稳定性,在设计飞行器时应该注意此指标。

6.5.1.4 结论

半转翼飞行器依靠双翼可以实现飞行器的横侧稳定性。

飞行器在平衡态飞行时,如果受到横侧干扰,运动的半转翼能自动使横侧干扰衰减,从而达到一个新的平衡位置。此新的平衡位置虽然与原始平衡位置有一定的偏差,但是在非零的滚转角下,半转翼的升力出现沿横轴的水平分量,使机体横侧运动。机体的横侧运动产生横向的相对气流。横向的相对气流会产生反向的恢复滚转力矩(参见 4.5.4 小节),抑制飞行器的滚转运动,使飞行器回到原始平衡位置,从而加强飞行器的横侧稳定性。

6.5.2 有上反角半转翼飞行器的横侧稳定性

6.5.2.1 半转翼的滚转力矩

设横梁上反角为 β,横梁中点 D 到转槽 H 的距离为 l_1,到质心 O 的距离为 l_3。

首先分析单个翼片的滚转力矩,参见图 6.18。气动力的主矢与主矩分别由式(4.5)与式(4.6)计算。为便于计算对质心 O 的力矩,先把 F_R 从动轴 C 平移到转槽 H 点,得附加力偶 $M_F = 2F_R R \sin\dfrac{\varphi}{2}$。

所以,有上反角的单半转翼片上气动力的滚转力矩的大小为

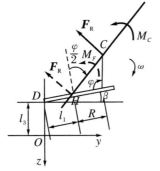

图 6.18 有上反角的单翼片的滚转力矩

$$|M_x| = F_R \sin\left(\frac{\varphi}{2} - \beta\right) l_1 \cos\beta + F_R \cos\left(\frac{\varphi}{2} - \beta\right)(l_1 \sin\beta + l_3) + M_F + M_C$$

$$= F_R \left[(2R + l_1)\sin\frac{\varphi}{2} + l_3 \cos\left(\frac{\varphi}{2} - \beta\right)\right] + M_C$$

可简记为
$$|M_x| = G(\varphi)\omega^2 \qquad (6.37)$$

其中

$$G(\varphi) = G_1(\varphi) + G_2(\varphi) + \frac{1}{16} C_H \rho h a^4$$

$$G_1(\varphi) = \frac{1}{6} C_H \rho h R \left[2R^2(3R + 2l_1)\sin^2\frac{\varphi}{2} + 3a^2(3R + l_1)\right] \sin^2\frac{\varphi}{2}$$

$$G_2(\varphi) = \frac{1}{6} C_H \rho h R l_3 \left(4R^2 \sin^2\frac{\varphi}{2} + 3a^2\right) \sin\frac{\varphi}{2} \cos\left(\frac{\varphi}{2} - \beta\right)$$

再分析单对有上反角的半转翼在滚转干扰角速度下的滚转力矩。在无滚转干扰角速度时,半转翼对的曲柄以转速 ω 同步反向转动,不会产生滚转力矩。在出现滚转角速度 $\dot{\gamma}$ 时,两侧曲柄的绝对角速度分别变为 $\omega + \dot{\gamma}$ 与 $\omega - \dot{\gamma}$,参见图 6.19。

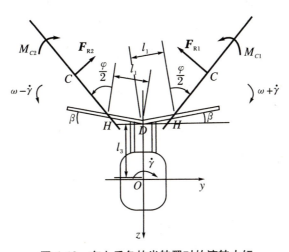

图 6.19 有上反角的半转翼对的滚转力矩

此时半翼对的滚转力矩为
$$\Delta M_x = M_{x2} - M_{x1}$$
$$= G(\varphi)(\omega - \dot{\gamma})^2 - G(\varphi)(\omega + \dot{\gamma})^2 = -4G(\varphi)\omega\dot{\gamma} \qquad (6.38)$$

6.5.2.2 扰动方程

在干扰产生 $\dot{\gamma}_0$ 后飞行器发生滚转运动时,运动方程为 $I_x \ddot{\gamma} = \Delta M_x$,即

$$I_x\ddot{\gamma} + 4G(\varphi)\omega\dot{\gamma} = 0 \tag{6.39}$$

由 $\ddot{\gamma} = \dfrac{\mathrm{d}\dot{\gamma}}{\mathrm{d}t} = \dfrac{\mathrm{d}\dot{\gamma}}{\mathrm{d}\varphi} \cdot \dfrac{\mathrm{d}\varphi}{\mathrm{d}t} = \omega\dfrac{\mathrm{d}\dot{\gamma}}{\mathrm{d}\varphi}$,方程(6.34)变为

$$\frac{\mathrm{d}\dot{\gamma}}{\dot{\gamma}} = -\frac{4}{I_x}G(\varphi)\mathrm{d}\varphi$$

解得

$$\dot{\gamma} = \dot{\gamma}_0 \exp\left[-\frac{4}{I_x}\int G(\varphi)\mathrm{d}\varphi\right]$$

其中 $\dot{\gamma}_0$ 是初始扰动滚转角速度; $G(\varphi)$ 是曲柄周期函数,参见 6.2 节。因为

$$D = \int_0^{2\pi} G(\varphi)\mathrm{d}\varphi$$
$$= \frac{\pi}{8}C_\mathrm{H}\rho h\left[6R^4 + 4R^3(l_1 + l_3\sin\beta) + 12R^2 a^2 + 4Ra^2(l_1 + l_3\sin\beta) + a^4\right]$$

故有

$$\dot{\gamma} \approx \dot{\gamma}_0 \exp\left(-\frac{2\omega D}{\pi I_x}t\right)$$
$$= \dot{\gamma}_0 \exp\left\{-\frac{C_\mathrm{H}\rho h\omega\left[6R^4 + 4R^3(l_1 + l_3\sin\beta) + 12R^2 a^2 + 4Ra^2(l_1 + l_3\sin\beta) + a^4\right]}{4I_x}t\right\}$$
$$\tag{6.40}$$

式中 $\dfrac{C_\mathrm{H}\rho h\omega\left[6R^4 + 4R^3(l_1 + l_3\sin\beta) + 12R^2 a^2 + 4Ra^2(l_1 + l_3\sin\beta) + a^4\right]}{4I_x} > 0$,所以 $\dot{\gamma}$ 是衰减的。这表明有上反角的半转翼飞行器具有横侧稳定性。

6.5.2.3 新平衡位置

进而可以求解滚转角 γ。由式(6.40)可解得

$$\gamma \approx -\frac{\pi I_x \dot{\gamma}_0}{2\omega D}\exp\left(-\frac{2\omega D}{\pi I_x}t\right) + C$$

设初始处于平衡状态,则由初始条件"$t=0$ 时 $\gamma=0$",可得 $C = \dfrac{\pi I_x \dot{\gamma}_0}{2\omega D}$,所以

$$\gamma \approx \frac{\pi I_x \dot{\gamma}_0}{2\omega D}\left[1 - \exp\left(-\frac{2\omega D}{\pi I_x}t\right)\right] \tag{6.41}$$

可见 $\gamma \to \dfrac{\pi I_x \dot{\gamma}_0}{2\omega D}$,这表明随着滚转角干扰速度 $\dot{\gamma}$ 的衰减,飞行器会趋向一个新的平衡位置,此时的滚转角比初始平衡位置改变了 $\dfrac{\pi I_x \dot{\gamma}_0}{2\omega D}$(当 $\dot{\gamma}_0 > 0$ 时增大,当 $\dot{\gamma}_0 < 0$ 时减小)。这里的比值

$$\frac{\pi I_x}{2\omega D} = \frac{4I_x}{C_H \rho h \omega [6R^4 + 4R^3(l_1 + l_3\sin\beta) + 12R^2 a^2 + 4Ra^2(l_1 + l_3\sin\beta) + a^4]}$$

反映了飞行器的静稳定性,在设计飞行器时应该注意此指标。

6.5.2.4 结论

有上反角的半转翼飞行器依靠双翼可以实现飞行器的横侧稳定性。

比较式(6.35)、式(6.36)与式(6.40)、式(6.41)可知,有上反角后飞行器受到的滚转干扰衰减得更快,而且新平衡位置的偏差更小,这说明上反角提高了半转翼飞行器的横侧稳定性。

用一数值计算例子进行比较。

取一半转翼模型的计算参数为 $C_H = 2$,$\rho = 1.229 \text{ kg/m}^3$,$h = 0.2 \text{ m}$,$R = 0.06 \text{ m}$,$a = 0.14 \text{ m}$,$\omega = 10\pi \text{ rad/s}$,$l_1 = 0.1 \text{ m}$,$l_3 = 0.2 \text{ m}$,$I_x = 2.5 \times 10^{-5} \text{ kg} \cdot \text{m}^2$,$\beta = \pi/9 = 20°$,$\dot{\gamma}_0 = 5 \text{ rad/s}$。

图 6.20 是无上反角的半转翼飞行器与有上反角的半转翼飞行器的滚转干扰衰减历程比较。

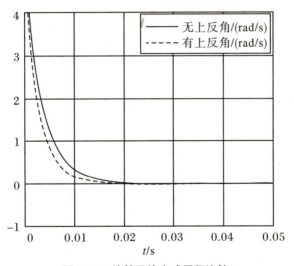

图 6.20 滚转干扰衰减历程比较

从图 6.20 可见,两者的干扰衰减历程几乎相同,在 0.02 s 前滚转角速度就衰减为零了。但两者比较,有上反角者略快一点。

图 6.21 是无上反角的半转翼飞行器与有上反角的半转翼飞行器的新平衡位置滚转角偏差的比较。

由图 6.21 可见,两者新平衡位置的滚转角偏差都极小,无上反角时速度衰减后出现 0.017 rad(约 1°)的滚转角偏差,有上反角时速度衰减后出现 0.014 rad(约

0.8°)的滚转角偏差。但两者比较,有上反角者更小一些。如前所述,这个滚转角偏差会使机体横侧运动;而横侧运动产生的横向相对气流也会产生反向的恢复滚转力矩,使飞行器回到滚转角为零的初始平衡位置。

通过以上分析可知,半转翼飞行器依靠双翼可以实现飞行器的横侧稳定性,而且主轴横梁有一定的上反角时,横侧稳定性得到有效加强。

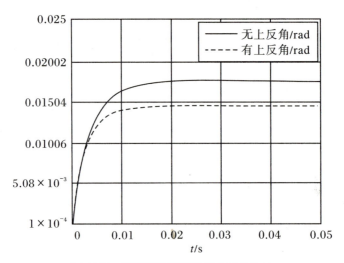

图 6.21 新平衡位置滚转角偏差的比较

第 7 章
半转翼飞行器的仿生尾翼

7.1 尾翼的作用

昆虫是没有尾翼的,它的飞行控制完全由双翅完成。双翅以高频的拍动与机动的角度变化完美地控制着飞行姿态。鸟的飞行控制依靠双翼与尾翼的共同作用,其中双翼主要提供升力与推进力的变化,尾翼只对飞行姿态进行控制。与昆虫的双翅在飞行控制中的作用相比,功能单一的鸟的尾翼的仿生难度要小得多。所以半转翼飞行器的尾翼以鸟类为仿生对象。

7.1.1 鸟类与固定翼飞机尾翼比较

常见的固定翼飞机(以下简称飞机)的尾翼包括水平尾翼与垂直尾翼两部分,参见图 7.1。水平尾翼又可分为不动的水平安定面和可绕横轴转动的水平舵,垂直尾翼又可分为不动的垂直安定面和可绕竖轴转动的垂直舵。

图 7.1 飞机的尾翼

与飞机比较,鸟类并没有明显的垂直尾翼,参见图 7.2。垂直安定面对保持飞行器的方向稳定性是必不可少的,只有垂直安定面能产生抵抗方向干扰的偏航恢复力矩,所以鸟类必然少不了垂直安定面的机制。对于可上下扑动双翼的鸟,运动中的双翼在垂直方向产生投影面,这个投影面就能起到垂直安定面的作用。再者，鸟类的尾翼并不是纯粹的水平面，而是呈少许向下弯曲的曲面形状；这个曲面在垂直方向的投影面也起到垂直安定面的作用。况且，鸟的尾翼还能绕纵轴产生一定的转动，这也能产生控制飞行方向的力矩；所以鸟类不再需要固定翼飞机那样的垂直尾翼。

图 7.2 鸟的尾翼

7.1.2 飞机与鸟类的飞行姿态操控

飞行器的飞行姿态由三个角度——俯仰角、偏航角与滚转角确定(见 6.1.2 小节)。飞机的水平尾翼可操控俯仰角与滚转角。水平安定面保持俯仰稳定性，两侧水平舵同步转动操控俯仰角的改变。横侧稳定性主要由机翼保持，两侧副翼反相转动可操控滚转角的改变。飞机垂直尾翼的垂直安定面可保持方向稳定性，方向舵可操控偏航角的改变。参见图 7.3。

(a) 俯仰角操控　　　(b) 滚转角操控　　　(c) 偏航角操控

图 7.3 飞机尾翼的作用

鸟类尾翼不动时，其在水平面上的投影面与垂直面上的投影面相当于飞机的水平安定面与垂直安定面的作用。可保持飞行的俯仰稳定性，以及与双翼共同作用下保持横侧与方向稳定性。需要改变飞行姿态时，尾翼的上翘与下压可操控俯仰角的改变；尾翼在绕纵轴转动的同时上翘与下压可操控偏航角的改变；而滚转角的操控则可依靠双翼的差速扑动来实现。

7.2 尾翼的仿生对象

7.2.1 最灵巧的燕子尾翼

鸟类的尾翼从形态上可分为两大类：扇形与剪刀形。绝大多数鸟类的尾翼呈扇形,似乎只有燕子的尾翼是剪刀形的,见图7.4。

燕子的剪刀形尾翼是大自然的进化结果。生物的肢体形态与功能机制自有其独有的合理性。肢体形态与功能机制皆是为了保证生物体自身的生存而形成的。生存的最基本需要是捕食。飞行的动物根据自身捕食对象的不同,在进化过程中形成不同的对飞行姿态的控制要求。啄食植物果实的鸟儿对尾翼功能的要求简单得多。以飞禽走兽为食的猛禽对飞行的灵活性及机

图7.4 燕子

动程度的要求高得多;它们在改变飞行姿态时可以双翼与尾翼并用,鼓动双翼还能形成对猎物的威慑,而并不会因强大的气流把猎物扇跑。有不少鸟类以昆虫为食。对于猎食不会飞行的昆虫,飞行的机动性要求不高,尾翼的功能不必很强。但是对于捕捉飞行昆虫的燕子,高超的飞行控制能力是必备的谋生手段。昆虫的飞行能力十分优越,因此要求燕子具有更加卓越的飞行控制能力。而且由于昆虫比燕子小得多,因此燕子在接近昆虫时不能再拍动双翅,只能以滑翔状态迅速接近昆虫并吞食之。可以想见,在接近昆虫并准确一击时,燕子的飞行状态必然完全依靠其尾翼来控制。所以说,在鸟类中燕子的尾翼控制飞行能力最强。

因此,我们应该以燕子的尾翼为仿生对象。

7.2.2 燕子尾翼的飞行姿态操控

燕子的剪刀形分支尾翼是其尾翼灵巧性的基础。尾翼的左右两侧分支可以分别活动,以不同的状态组合实现对飞行状态的控制。

两侧同时上翘或下压,产生飞机水平舵的功能,可实现对俯仰角的控制(图7.5)。

图7.5 燕子尾翼的俯仰角操控

一侧不动另一侧上翘或下压，产生类似飞机方向舵的偏航力矩功能，可实现对偏航角的控制（图7.6）。

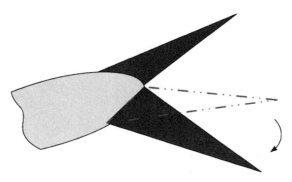

图7.6　燕子尾翼的偏航角操控

两侧反相转动（一上翘一下压），产生类似飞机副翼的滚转力矩功能，分支尾可实现对滚转角的控制（图7.7）。

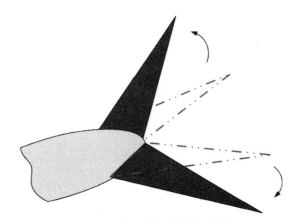

图7.7　燕子尾翼的滚转角操控

燕子的分支尾是细长的三角形，这也是有利的选择。细长三角形面的气动力中心可以离轴线较远，使同样大小的气动力产生较大的控制力矩。虽然长底边在外侧的倒梯形面的气动力中心离轴线更远，可以产生更大的控制力矩；但是气流在较宽的尾翼端部会产生较强的尾涡与较大的尾流。强烈的尾流对周边的空气造成较大的扰动，会惊动捕食对象小昆虫，使燕子的捕食扑空。而三角形的分支尾虽然控制力矩比倒梯形的小些，但是尖细的尾端造成的尾流要小得多。当燕子以双翅不动的滑翔状态接近昆虫时，不会因尾流而惊扰昆虫，这对捕食是有利的。所以对于燕子来说，三角形分支尾是最有利于生存的形式。

7.3 仿生尾翼结构与计算基础

7.3.1 仿生燕式尾翼模型

仿生燕式尾翼由绕机身平面内的轴上下转动的左右分支尾翼构成,如图7.8所示。

分支尾可绕各自的轴上下转动,尾翼面与气流作用产生不同的控制力矩。为产生最有效的控制力矩,需研究合理的分支尾形状及分支尾轴的方位。

合理的尾翼面形状应该是在面积相同的情况下,产生最大的控制力矩。力矩是力与力臂的乘积,所以力大且力臂长者为佳。力与翼面的面积成正比,所以翼面不宜过小。力臂与翼面的气动力中心与轴

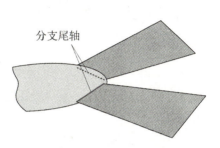

图7.8 仿生燕式尾翼

的距离有关,气动力中心远离轴线时才可能有较大的力臂,所以翼面的主要受力区应该离轴线较远。根据这样的要求,分支尾翼的合理形状应该是在同样面积大小的情况下,大部分面积分布在离轴线较远的位置。以简单的直线图形为例,倒梯形比矩形好,矩形比三角形好,参见图7.8。实际上一般鸟类的尾翼就是倒梯形的。

7.3.2 分支尾轴的方位

7.3.2.1 分支尾轴的合理布置形式

分支尾轴在机身平面内只有三种布置方式,即直、平、斜,如图7.9所示。

直布置时(如图7.9(a)所示),分支尾轴与机体的纵轴 x 轴平行,所以尾翼面与前方来流平行,气流不会在尾翼面上产生作用力。这种布置的尾翼不会产生控制力矩。

平布置时(如图7.9(b)所示),分支尾轴与机体的纵轴 y 轴平行,尾翼面的法线始终与 y 轴垂直,因此与翼面法线平行的气动力没有 y 方向的分量。这大大削弱了产生偏航力矩与滚转力矩的能力。

斜布置时(如图7.9(c)所示),前方来流产生的气动力在三个坐标方向皆有分

量,能产生较大的控制力矩。

因此分支尾轴采用斜向布置的方式是最合理的,这也正是燕子尾翼的布置方式。进一步需研究斜布置的分支尾轴的方位角应该怎样确定,以使产生最佳效果。

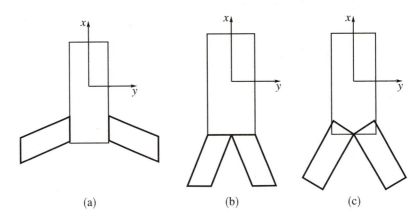

图 7.9 分支尾轴的几种布置形式

7.3.2.2 分支尾计算坐标系

参见图 7.10,其中 $Oxyz$ 为固连于机体的坐标系,x 轴是机体纵轴,z 轴与机体竖轴平行,y 轴与机体横轴平行,O 点是尾翼的定位点。在斜置的尾翼面上建立坐标系 $O\zeta\eta n$,分支尾轴在 ζ 轴上,尾翼面在 $\zeta\eta$ 平面内,n 轴为尾翼面的外法线方向。

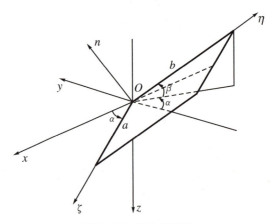

图 7.10 两个坐标系

初设分支尾翼为矩形,宽为 a,长为 b。α 是分支尾轴的方位角,设置后是不变的。β 是尾翼面的转动角,可以按操控要求转动。

设坐标系 $O\zeta\eta n$ 的 ζ,η,n 轴的单位矢量是 $\boldsymbol{\zeta}^0,\boldsymbol{\eta}^0,\boldsymbol{n}^0$,且有 $\boldsymbol{n}^0 = \boldsymbol{\zeta}^0 \times \boldsymbol{\eta}^0$。设

机体坐标系 $Oxyz$ 的坐标轴的单位矢量为 i,j,k。有单位矢量的关系式

$$\begin{aligned}
\boldsymbol{\zeta}^0 &= \cos\alpha\, \boldsymbol{i} - \sin\alpha\, \boldsymbol{j} \\
\boldsymbol{\eta}^0 &= -\sin\alpha\cos\beta\, \boldsymbol{i} - \cos\alpha\cos\beta\, \boldsymbol{j} - \sin\beta\, \boldsymbol{k} \\
\boldsymbol{n}^0 &= \sin\alpha\sin\beta\, \boldsymbol{i} + \cos\alpha\sin\beta\, \boldsymbol{j} - \cos\beta\, \boldsymbol{k}
\end{aligned} \quad (7.1)$$

由以上坐标关系易知 ζ,η,n 轴在坐标系 $O\zeta\eta n$ 中的方向余弦,所以得到两个坐标系的变换式为

$$\begin{aligned}
x &= \zeta\cos\alpha - \eta\sin\alpha\cos\beta + n\sin\alpha\sin\beta \\
y &= -\zeta\sin\alpha - \eta\cos\alpha\cos\beta + n\cos\alpha\sin\beta \\
z &= -\eta\sin\beta - n\cos\beta
\end{aligned}$$

对于在尾翼面上的点有 $n=0$,所以分支尾翼计算用的坐标变换式简化为

$$\begin{aligned}
x &= \zeta\cos\alpha - \eta\sin\alpha\cos\beta \\
y &= -\zeta\sin\alpha - \eta\cos\alpha\cos\beta \\
z &= -\eta\sin\beta
\end{aligned} \quad (7.2)$$

7.4 尾翼的控制力矩

7.4.1 尾翼面压力元

设前方来流速度 V 与 x 轴平行,即 $\boldsymbol{V} = -V\boldsymbol{i}$。则气流相对尾翼面的速度为

$$V_r = \boldsymbol{V} \cdot (-\boldsymbol{n}^0) = V\sin\alpha\sin\beta$$

按法向速度式(4.1)计算尾翼面压力元:

$$\mathrm{d}F = \frac{1}{2}C_H\rho V_r^2 \mathrm{d}A = \frac{1}{2}C_H\rho V^2 \sin^2\alpha\sin^2\beta\, \mathrm{d}A = B\sin^2\alpha\sin^2\beta\, \mathrm{d}A$$

其中为简化书写,令 $B = \frac{1}{2}C_H\rho V^2$。

又因为 $\mathrm{d}\boldsymbol{F}$ 的方向与 $\boldsymbol{n}^0$ 的方向相反,所以有 $\mathrm{d}\boldsymbol{F} = -\mathrm{d}F\boldsymbol{n}^0$。再由式(7.1)可得压力元在三个机体坐标轴上的分量:

$$\begin{aligned}
\mathrm{d}F_x &= -\sin\alpha\sin\beta\, \mathrm{d}F = -B\sin^3\alpha\sin^3\beta\, \mathrm{d}A \\
\mathrm{d}F_y &= -\cos\alpha\sin\beta\, \mathrm{d}F = -B\sin^2\alpha\cos\alpha\sin^3\beta\, \mathrm{d}A \\
\mathrm{d}F_z &= \cos\beta\, \mathrm{d}F = B\sin^2\alpha\sin^2\beta\cos\beta\, \mathrm{d}A
\end{aligned} \quad (7.3)$$

7.4.2 尾翼控制力矩

在图 7.11 中，C 为机体质心，$OC = L$，$Cx_Cy_Cz_C$ 是质心坐标系。

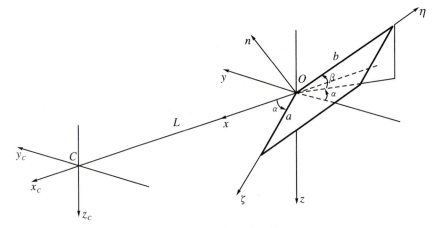

图 7.11 对质心坐标系计算控制力矩

用质心坐标表示对质心坐标系的控制力矩元：

$$\text{滚转力矩} \quad dM_{xC} = y_C dF_z - z_C dF_y$$
$$\text{俯仰力矩} \quad dM_{yC} = z_C dF_x - z_C dF_z$$
$$\text{偏航力矩} \quad dM_{zC} = x_C dF_y - y_C dF_x$$

因为坐标系 $Oxyz$ 与 $Cx_Cy_Cz_C$ 的坐标关系为

$$x_C = x - L, \quad y_C = y, \quad z_C = z$$

故得用 $Oxyz$ 坐标表示的控制力矩元

$$\text{滚转力矩} \quad dM_{xC} = y dF_z - z dF_y$$
$$\text{俯仰力矩} \quad dM_{yC} = z dF_x - (x - L) dF_z$$
$$\text{偏航力矩} \quad dM_{zC} = (x - L) dF_y - y dF_x$$

把式(7.2)与式(7.3)代入以上控制力矩元表达式中，得到用尾翼面坐标的控制力矩元表达式：

$$dM_{xC} = -B\sin^2\alpha\sin^2\beta(\zeta\sin\alpha\cos\beta + \eta\cos\alpha)dA$$
$$dM_{yC} = B\sin^2\alpha\sin^2\beta(\eta\sin\alpha - \zeta\cos\alpha\cos\beta + L\cos\beta)dA \quad (7.4)$$
$$dM_{zC} = B\sin^2\alpha\sin^3\beta(L\cos\alpha - \zeta)dA$$

在矩形尾翼面上积分，有 $dA = d\zeta d\eta$，且 $\zeta \in [0, a]$，$\eta \in [0, b]$。分别计算积分并代入 $B = \frac{1}{2}C_H\rho V^2$，得到控制力矩为

$$M_{xC} = \int_0^a \int_0^b dM_{xC} = -\frac{1}{4}C_H\rho V^2 ab\sin^2\alpha\sin^2\beta(a\sin\beta\cos\beta + b\cos\alpha)$$

$$M_{yC} = \int_0^a \int_0^b dM_{yC} = -\frac{1}{4}C_H \rho V^2 ab \sin^2\alpha \sin^2\beta (b\sin\alpha - a\cos\alpha\cos\beta + 2L\cos\beta)$$

$$M_{zC} = \int_0^a \int_0^b dM_{zC} = -\frac{1}{4}C_H \rho V^2 ab \sin^2\alpha \sin^3\beta (2L\cos\alpha - a)$$

(7.5)

7.5 最佳分支尾轴方位角

由式(7.5)可知,对于确定形状、大小及安置位置的尾翼,控制力矩与分支尾轴的方位角 α 和尾翼的转动角 β 有关。适当地选择方位角 α 可以获得控制力矩的最佳效果。而角 β 是变化的控制量,与尾翼轴方位的最佳选择无关。在式(7.5)的三个控制力矩式中,只有 M_{zC} 表达式中括号内的项与角 β 无关,易于计算角 α 的最佳值。

令 $f(\alpha) = \sin^2\alpha(2L\cos\alpha - a)$。计算一阶导数,有 $f'(\alpha) = 2\sin\alpha(3L\cos^2\alpha - a\cos\alpha - L)$。令 $f'(\alpha) = 0$。因为 $\sin\alpha \neq 0$,所以 $3L\cos^2\alpha - a\cos\alpha - L = 0$,即 $\cos^2\alpha - \frac{a}{3L}\cos\alpha - \frac{1}{3} = 0$,解得

$$\cos\alpha = \frac{1}{6}\left(\frac{a}{L} \pm \sqrt{\frac{a^2}{L^2} + 12}\right)$$

由于 $\cos\alpha > 0$,所以取

$$\cos\alpha = \frac{1}{6}\left(\frac{a}{L} + \sqrt{\frac{a^2}{L^2} + 12}\right)$$

这是个与 a/L 有关的量,需待有关尺寸参数确定后才可计算。但注意到 a/L 一般是小于 0.3 的量,与 12 或与 $\sqrt{12}$ 相比都小得多,所以可忽略不计。取 $\cos\alpha \approx \sqrt{12}/6 = 0.577$,所以 $\alpha = 54.76° \approx 55°$。

再计算 $f(\alpha)$ 的二阶导数,$f''(\alpha) = 2(3L\cos\alpha - a)\cos 2\alpha - 6L\cos\alpha\sin^2\alpha - 2L\cos\alpha$,式中第二项与第三项皆小于零,第一项尚待分析。

由 $f'(\alpha) = 0$ 有 $3L\cos^2\alpha - a\cos\alpha - L = 0$,整理得 $(3L\cos\alpha - a)\cos\alpha = L$,所以有

$$3L\cos\alpha - a = \frac{L}{\cos\alpha} > 0$$

又 $\alpha \approx 55°$ 时,$\cos 2\alpha < 0$,所以 $2(3L\cos\alpha - a)\cos 2\alpha < 0$。

因此 $\alpha \approx 55°$ 时,$f''(\alpha) < 0$。

所以 $\alpha \approx 55°$ 时,$f(\alpha)$ 有极大值,即控制力矩 M_{zC} 有极大值。

这说明采用形状确定的矩形分支尾,当分支尾轴的方位角取 $\alpha = 55°$ 时,偏航力矩可达到最佳效果。而偏航控制对飞行方向是最重要的控制,按此方法确定分支尾轴的方位角具有实用意义。所以可确定此角为最佳方位角。

7.6 任意形状的分支尾翼

分支尾翼的形状是 $\zeta\eta$ 面内的平面图形,其曲线方程的一般形式为 $\eta = \eta(\zeta)$。气动力压力元与分支尾翼的形状无关,式(7.4)可通用,只是在具体积分时注意 $dA = d\zeta d\eta$ 的计算即可。

以下计算几种常见的直线图形尾翼面,并进行比较。

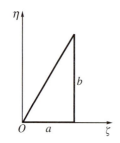

图 7.12 直角在外三角形

7.6.1 直角在外三角形

分支尾形状为直角三角形,分支尾轴是一条直角边,一个锐角在 O 点,直角在尾翼的外侧边缘,故称为直角在外三角形。此种三角形分支尾翼的平面图形如图 7.12 所示。

对应的方程为 $\eta = \dfrac{b}{a}\zeta$,$\zeta \in [0, a]$,$\eta \in \left[0, \dfrac{b}{a}\zeta\right]$。

由式(7.4)在分支尾翼面上积分有

$$M_{xC} = -B\sin^2\alpha\sin^2\beta\left(\sin\alpha\cos\beta\int_0^a\int_0^{\frac{b}{a}\zeta}\zeta \,d\eta d\zeta + \cos\alpha\int_0^a\int_0^{\frac{b}{a}\zeta}\eta \,d\eta d\zeta\right)$$

$$M_{yC} = B\sin^2\alpha\sin^2\beta\left(\sin\alpha\int_0^a\int_0^{\frac{b}{a}\zeta}\eta \,d\eta d\zeta - \cos\alpha\cos\beta\int_0^a\zeta\int_0^{\frac{b}{a}\zeta}d\eta d\zeta\right.$$

$$\left. + L\cos\beta\int_0^a\int_0^{\frac{b}{a}\zeta}d\eta d\zeta\right)$$

$$M_{zC} = B\sin^2\alpha\sin^3\beta\left(L\cos\alpha\int_0^a\int_0^{\frac{b}{a}\zeta}d\eta d\zeta - \int_0^a\zeta\int_0^{\frac{b}{a}\zeta}d\eta d\zeta\right)$$

计算积分并代入 $B = \dfrac{1}{2}C_H\rho V^2$,得到

$$M_{xC} = -\dfrac{1}{12}C_H\rho V^2 ab\sin^2\alpha\sin^2\beta(2a\sin\alpha\cos\beta + b\cos\alpha)$$

$$M_{yC} = \dfrac{1}{12}C_H\rho V^2 ab\sin^2\alpha\sin^2\beta(b\sin\alpha - 2a\cos\alpha\cos\beta + 3L\cos\beta)$$

$$M_{zC} = \frac{1}{12}C_H \rho V^2 ab\sin^2\alpha\sin^3\beta(3L\cos\alpha - 2a) \tag{7.6}$$

仍按 M_{zC} 的极大值计算分支尾轴的最佳方位角。

令 $f(\alpha) = \sin^2\alpha(3L\cos\alpha - 2a)$。计算一阶导数,有 $f'(\alpha) = \sin\alpha(9L\cos^2\alpha - 4a\cos\alpha - 3L)$。令 $f'(\alpha) = 0$。因为 $\sin\alpha \neq 0$,所以有 $9L\cos^2\alpha - 4a\cos\alpha - 3L = 0$,即 $\cos^2\alpha - \frac{4a}{9L}\cos\alpha - \frac{1}{3} = 0$,解得

$$\cos\alpha = \frac{2}{9}\left(\frac{a}{L} \pm \sqrt{\frac{a^2}{L^2} + \frac{27}{4}}\right)$$

由于 $\cos\alpha > 0$,所以取

$$\cos\alpha = \frac{2}{9}\left(\frac{a}{L} + \sqrt{\frac{a^2}{L^2} + \frac{27}{4}}\right)$$

这是与 a/L 有关的量,需待有关尺寸参数确定后才可计算。但注意到 a/L 一般小于 0.3,与 $\frac{3\sqrt{3}}{2} \approx 2.6$ 相比小得多,所以可忽略不计。取 $\cos\alpha \approx \frac{2}{9} \cdot \frac{3\sqrt{3}}{2} = \frac{\sqrt{3}}{3}$,所以方位角的近似值为 $\alpha \approx 54.76° \approx 55°$。

再计算 $f(\alpha)$ 的二阶导数,

$$\begin{aligned} f''(\alpha) &= 27L\cos^3\alpha - 8a\cos^2\alpha - 21L\cos\alpha + 4a \\ &= \cos 2\alpha(13.5L\cos\alpha - 4a) - 7.5L\cos\alpha \end{aligned}$$

当 $\alpha = 55°$ 时,$\cos\alpha = 0.574$,$\cos 2\alpha = -0.342$,$13.5L\cos\alpha - 4a = 7.749L - 4a > 0$,所以 $\alpha \approx 55°$ 时,$f''(\alpha) < 0$。

因此 $\alpha \approx 55°$ 时,$f(\alpha)$ 有极大值,即控制力矩 M_{zC} 有极大值。

这说明采用形状确定的直角在外三角形分支尾,当分支尾轴的方位角取 $\alpha = 55°$ 时,偏航力矩可达到最佳效果。而偏航控制对飞行方向是最重要的控制,按此方法确定分支尾轴的方位角具有实用意义。所以可取此角为最佳方位角。

7.6.2 倒梯形

分支尾形状为直角梯形,分支尾轴是一条较短的底边,一个直角在 O 点,较长的底边在尾翼后端部,故称为倒梯形尾翼。此种分支尾翼的平面图形如图 7.13 所示。

对应的方程为

$$\eta = \begin{cases} b & (0 \leqslant \zeta < a) \\ \dfrac{b}{c-a}(\zeta - a) & (a \leqslant \zeta \leqslant c) \end{cases}$$

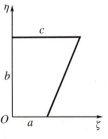

图 7.13 倒梯形

由式(7.4),在分支尾翼面上积分有

$$M_{xC} = -B\sin^2\alpha\sin^2\beta\Big[\sin\alpha\cos\beta\Big(\int_0^a\int_0^b\zeta\,\mathrm{d}\eta\mathrm{d}\zeta + \int_a^c\int_{\frac{b}{c-a}(\zeta-a)}^b\zeta\,\mathrm{d}\eta\mathrm{d}\zeta\Big)$$
$$+ \cos\alpha\Big(\int_0^a\int_0^b\eta\,\mathrm{d}\eta\mathrm{d}\zeta + \int_a^c\int_{\frac{b}{c-a}(\zeta-a)}^b\eta\,\mathrm{d}\eta\mathrm{d}\zeta\Big)\Big]$$

$$M_{yC} = B\sin^2\alpha\sin^2\beta\Big[\sin\alpha\Big(\int_0^a\int_0^b\eta\,\mathrm{d}\eta\mathrm{d}\zeta + \int_a^c\int_{\frac{b}{c-a}(\zeta-a)}^b\eta\,\mathrm{d}\eta\mathrm{d}\zeta\Big)$$
$$- \cos\alpha\cos\beta\Big(\int_0^a\int_0^b\zeta\,\mathrm{d}\eta\mathrm{d}\zeta + \int_a^c\int_{\frac{b}{c-a}(\zeta-a)}^b\zeta\,\mathrm{d}\eta\mathrm{d}\zeta\Big)$$
$$+ L\cos\beta\Big(\int_0^a\int_0^b\mathrm{d}\eta\mathrm{d}\zeta + \int_a^c\int_{\frac{b}{c-a}(\zeta-a)}^b\mathrm{d}\eta\mathrm{d}\zeta\Big)\Big]$$

$$M_{zC} = B\sin^2\alpha\sin^3\beta\Big[L\cos\alpha\Big(\int_0^a\int_0^b\mathrm{d}\eta\mathrm{d}\zeta + \int_a^c\int_{\frac{b}{c-a}(\zeta-a)}^b\mathrm{d}\eta\mathrm{d}\zeta\Big)$$
$$- \Big(\int_0^a\int_0^b\zeta\,\mathrm{d}\eta\mathrm{d}\zeta + \int_a^c\int_{\frac{b}{c-a}(\zeta-a)}^b\zeta\,\mathrm{d}\eta\mathrm{d}\zeta\Big)\Big]$$

计算积分并代入 $B = \frac{1}{2}C_H\rho V^2$,得到

$$M_{xC} = -\frac{1}{12}C_H\rho V^2 b\sin^2\alpha\sin^2\beta[(a^2 + ac + c^2)\sin\alpha\cos\beta + b(a+2c)\cos\alpha]$$

$$M_{yC} = \frac{1}{12}C_H\rho V^2 b\sin^2\alpha\sin^2\beta$$
$$\cdot [b(a+2c)\sin\alpha - (a^2+ac+c^2)\cos\alpha\cos\beta + 3L(c+a)\cos\beta]$$

$$M_{zC} = \frac{1}{12}C_H\rho V^2 b\sin^2\alpha\sin^3\beta[3L(c+a)\cos\alpha - (a^2+ac+c^2)]$$

(7.7)

仍按 M_{zC} 的极大值计算分支尾轴的最佳方位角。

令 $f(\alpha) = \sin^2\alpha[3L(c+a)\cos\alpha - (a^2+ac+c^2)]$。计算一阶导数,有
$$f'(\alpha) = \sin\alpha[9L(c+a)\cos^2\alpha - 2(a^2+ac+c^2)\cos\alpha - 3L(c+a)]$$
令 $f'(\alpha) = 0$。由于 $\sin\alpha \neq 0$,故 $9L(c+a)\cos^2\alpha - 2(a^2+ac+c^2)\cos\alpha - 3L(c+a) = 0$,即

$$\cos^2\alpha - \frac{2(a^2+ax+c^2)}{9L(c+a)}\cos\alpha - \frac{1}{3} \quad (7.8)$$

由半转翼的结构,有 $a < c < L$,所以可近似简化式(7.8)中第二项的系数:

$$\frac{2(a^2+ac+c^2)}{9L(c+a)} = \frac{2c}{9L}\cdot\frac{1+\frac{a}{c}+\frac{a^2}{c^2}}{1+\frac{a}{c}} = \frac{2c}{9L}\Big(1+\frac{a^2/c^2}{1+a/c}\Big) \approx \frac{2c}{9L}$$

方程(7.8)可近似为 $\cos^2\alpha - \frac{2c}{9L}\cos\alpha - \frac{1}{3} = 0$,由此解得 $\cos\alpha =$

$\frac{1}{9}\left(\frac{c}{L} \pm \sqrt{\frac{c^2}{L^2} + 27}\right)$。因为 $\cos\alpha > 0$，所以取

$$\cos\alpha = \frac{1}{9}\left(\frac{c}{L} + \sqrt{\frac{c^2}{L^2} + 27}\right)$$

这是与 c/L 有关的量，需待有关尺寸参数确定后才可计算。但注意到 c/L 一般小于 0.3，与 $3\sqrt{3}$ 相比小得多，所以可忽略不计。取 $\cos\alpha \approx \frac{1}{9} \cdot 3\sqrt{3} = \frac{\sqrt{3}}{3}$，所以方位角的近似值为 $\alpha \approx 54.76° \approx 55°$。

再计算 $f(\alpha)$ 的二阶导数，

$$f''(\alpha) = 3L(c+a)\left[\cos\alpha(9\cos^2\alpha - 7) - \frac{2(c^2 + ac + a^2)}{3L(c+a)}\cos 2\alpha\right]$$

$$= 3L(c+a)\left[\cos\alpha(9\cos^2\alpha - 7) - \frac{2c}{3L}\left(1 + \frac{a^2/c^2}{1 + a/c}\right)\cos 2\alpha\right]$$

当 $\alpha = 55°$ 时，$\cos\alpha = 0.574$，$\cos 2\alpha = -0.342$；且因为 $a < c$，故有 $1 + \frac{a^2/c^2}{1 + a/c} < 2$，从而有 $c < L$。所以

$$f''(\alpha) = 3L(c+a)\left(-2.309 + 0.228\frac{c}{L}\left(1 + \frac{a^2/c^2}{1 + a/c}\right)\right)$$

$$< 3L(c+a)\left(-2.309 + 0.456\frac{c}{L}\right) < 3L(c+a)(-2.309 + 0.456)$$

$$< 0$$

因此 $\alpha \approx 55°$ 时，$f(\alpha)$ 有极大值，即控制力矩 M_{zC} 有极大值。

这说明采用形状确定的倒梯形分支尾，当分支尾轴的方位角取 $\alpha = 55°$ 时，偏航力矩可达到最佳效果。而偏航控制对飞行方向是最重要的控制，按此方法确定分支尾轴的方位角具有实用意义。所以可取此角为最佳方位角。

7.6.3 直角在内三角形

在图 7.13 中，令 $c = 0$，则得到直角在内的三角形分支尾翼，如图 7.14 所示。此时分支尾轴是一条直角边，直角在 O 点，斜边在尾翼的外侧边缘，故称为直角在内三角形。

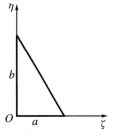

图 7.14 直角在内三角形

在式(7.7)中令 $c = 0$，直接可得各控制力矩：

$$M_{xC} = -\frac{1}{12}C_H\rho V^2 ab\sin^2\alpha\sin^2\beta(a\sin\alpha\cos\beta + b\cos\alpha)$$

$$M_{yC} = \frac{1}{12}C_H\rho V^2 ab\sin^2\alpha\sin^2\beta(b\sin\alpha - a\cos\alpha\cos\beta + 3L\cos\beta)$$

$$M_{zC} = \frac{1}{12} C_H \rho V^2 ab \sin^2\alpha \sin^3\beta (3L\cos\alpha - a) \qquad (7.9)$$

在式(7.8)中令 $c=0$，得 $\cos^2\alpha - \frac{2a}{9L}\cos\alpha - \frac{1}{3} = 0$，与方程式(7.8)的近似结果类似。所以同样可得方位角的近似值为 $\alpha \approx 54.76° \approx 55°$。同样不难证明这是最佳方位角。

7.7 分支尾形状的确定

比较以上几种直线图形分支尾的计算，可以选择最佳直线图形分支尾的形状。

在几种不同形状的分支尾中，分支尾轴最佳方位角的计算结果都近似等于 $55°$。因此分支尾最佳形状的选择需依靠控制力矩大小的比较。

比较式(7.9)与式(7.6)可知，对三角形尺寸，当方位角相同时，直角在内的布置比直角在外的俯仰力矩小，而滚转力矩与偏航力矩皆大。因此取直角在内的三角形分支尾较好。

比较式(7.5)与式(7.9)可知，矩形分支尾的控制力矩大约是半个矩形的直角在内三角形分支尾的3倍左右。因此取矩形的分支尾比三角形的好。

再比较式(7.7)与式(7.5)可知，当 $c=a$ 时两者相等。而在倒梯形中，有 $c>a$，所以倒梯形分支尾的控制力矩必然大于矩形分支尾。因此取倒梯形的分支尾比矩形好。

综上所述，在几种常见直线图形中，倒梯形的分支尾是最佳的形状，如图 7.15。

至于分支尾的其他几何尺寸，可按控制飞行姿态所需控制力矩的大小，再根据相应计算式得出。

图 7.15 倒梯形分支尾

7.8 有方向安定功能的分支尾翼

前述仿生尾翼的分支尾轴在机体的水平面内。当飞行器水平直线运动时，尾翼面在此水平面内时不产生控制力矩，所以机体的方向稳定性得不到保证。因此上述的尾翼必须另外设置垂直安定面。如果将分支尾轴设置成与机体水平面成一定的倾角(即向下或向上倾斜),尾翼的基准面就变成向下(或向上)倾斜的平面。此平面在机体纵向垂直面上的投影面就会产生垂直安定面的效果,而不必再另设垂直安定面。这样的尾翼称为有方向安定功能的分支尾翼,或简称为倾斜尾翼。

7.8.1 倾斜尾翼计算基础

7.8.1.1 倾斜尾翼的设置过程

图 7.16～图 7.18 示意了倾斜尾翼的设置过程。图中 $Oxyz$ 是机体坐标系;$OXYZ$ 是尾翼倾斜过程中产生的过渡坐标系,称为尾翼坐标系,XY 面是尾翼面的基准面。

图 7.16 表示尾翼面的原始状态,此时尾翼坐标系与机体坐标系重合。

图 7.17 表示尾翼面绕 Y 轴(即 y 轴)转动 β 角,使 Z 轴与 z 轴产生章动角 β。

图 7.18 表示尾翼面绕 z 轴转动,Y 轴在 xy 面上转动到与 x 轴夹角为 α 处。由于 Y 轴在 xy 面上转动,所以 Y 轴就是 OXY 面与 Oxy 面的交线,而 α 角即为进动角,且 Y 轴与 X 轴的夹角就是自转角 φ,有 $\varphi = 3\pi/2$。

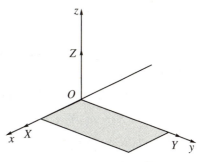

图 7.16 尾翼面的原始位置

由倾斜尾翼面设置过程,可知尾翼坐标系 $OXYZ$ 是由机体坐标系 $Oxyz$ 旋转产生的,且旋转的欧拉角为:章动角 β、进动角 α 与自转角 $\varphi = 3\pi/2$。

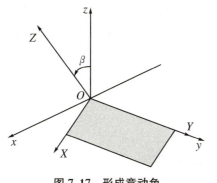

图 7.17 形成章动角

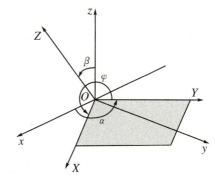

图 7.18 形成进动角与自转角

7.8.1.2 坐标变换式

由直角坐标系旋转变换的公式,可得倾斜尾翼坐标系与机体坐标系的坐标变换式。

设
$$C_1 = \cos\beta, \quad C_2 = \cos\alpha, \quad C_3 = \cos\varphi = 0$$
$$S_1 = \sin\beta, \quad S_2 = \sin\alpha, \quad S_3 = \sin\varphi = -1$$

则有
$$l_1 = C_2C_3 - C_1S_2S_3 = \sin\alpha\cos\beta$$
$$m_1 = S_2C_3 + C_1C_2S_3 = -\cos\alpha\cos\beta, \quad n_1 = S_1S_3 = -\sin\beta$$
$$l_2 = -C_2S_3 - C_1S_2C_3 = \cos\alpha$$
$$m_2 = -S_2S_3 + C_1C_2C_3 = \sin\alpha, \quad n_2 = S_1C_3 = 0$$
$$l_3 = S_1S_2 - C_1S_2S_3 = \sin\alpha\sin\beta$$
$$m_3 = -S_1C_2 = -\cos\alpha\sin\beta, \quad n_3 = C_1 = \cos\beta$$

得坐标变换式为
$$x = l_1X + l_2Y + l_3Z = X\sin\alpha\cos\beta + Y\cos\alpha + Z\sin\alpha\sin\beta$$
$$y = m_1X + m_2Y + m_3Z = -X\cos\alpha\cos\beta + Y\sin\alpha - Z\cos\alpha\sin\beta$$
$$z = n_1X + n_2Y + n_3Z = -X\sin\beta + Z\cos\beta$$

(7.10)

7.8.1.3 尾翼面的单位法向量

尾翼面是个平面,为了计算尾翼面上不同位置点的参数,在尾翼面上建立平面坐标系 $O\zeta\eta$,称之为翼面坐标系。图 7.19 表示尾翼面从基准面 XY 面绕分支尾轴 X 轴转动 γ 角后的位置。设翼面坐标系的单位矢量为 $\boldsymbol{\zeta}^0$ 和 $\boldsymbol{\eta}^0$,尾翼平面的法向单位矢量为 $\boldsymbol{n}^0$。又设尾翼坐标系 $OXYZ$ 的单位矢量为 $\boldsymbol{I},\boldsymbol{J},\boldsymbol{K}$,机体坐标系 $Oxyz$ 的单位矢量为 $\boldsymbol{i},\boldsymbol{j},\boldsymbol{k}$。

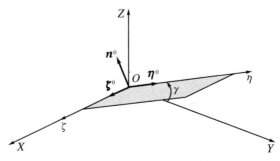

图 7.19 尾翼面上的单位矢量

因为 $\boldsymbol{\zeta}^0 = \boldsymbol{I}, \boldsymbol{\eta}^0 = \cos\gamma \boldsymbol{J} + \sin\gamma \boldsymbol{K}$，所以得到
$$\boldsymbol{n}^0 = \boldsymbol{\zeta}^0 \times \boldsymbol{\eta}^0 = -\sin\gamma \boldsymbol{J} + \cos\gamma \boldsymbol{K} \tag{7.11}$$

由式(7.11)可知，矢量 $\boldsymbol{n}^0$ 的矢端在坐标系 $OXYZ$ 中的坐标是$(0, -\sin\gamma, \cos\gamma)$。由坐标变换式(7.10)可算得矢量 $\boldsymbol{n}^0$ 的矢端在坐标系 $Oxyz$ 中的坐标是

$$x = -\cos\alpha\sin\gamma + \sin\alpha\sin\beta\cos\gamma$$
$$y = -\sin\alpha\sin\gamma - \cos\alpha\sin\beta\cos\gamma$$
$$z = \cos\beta\cos\gamma$$

所以单位矢量 $\boldsymbol{n}^0$ 在坐标系 $Oxyz$ 中可记为
$$\begin{aligned}\boldsymbol{n}^0 = &(-\cos\alpha\sin\gamma + \sin\alpha\sin\beta\cos\gamma)\boldsymbol{i} \\ &- (\sin\alpha\sin\gamma + \cos\alpha\sin\beta\cos\gamma)\boldsymbol{j} + \cos\beta\cos\gamma \boldsymbol{k}\end{aligned} \tag{7.12}$$

7.8.1.4 翼面坐标与机体坐标的变换

参考图 7.19，设在尾翼面内有一点，其翼面坐标为(ζ, η)，则该点在坐标系 $OXYZ$ 中的坐标为
$$X = \zeta, \quad Y = \eta\cos\gamma, \quad Z = \eta\sin\gamma$$
由坐标变换式(7.10)，该点在坐标系 $Oxyz$ 中的坐标是
$$\begin{aligned}x &= \zeta\sin\alpha\cos\beta + \eta\cos\alpha\cos\gamma + \eta\sin\alpha\sin\beta\sin\gamma \\ y &= -\zeta\cos\alpha\cos\beta + \eta\sin\alpha\cos\gamma - \eta\cos\alpha\sin\beta\sin\gamma \\ z &= -\zeta\sin\beta + \eta\cos\beta\sin\gamma\end{aligned} \tag{7.13}$$

7.8.2 尾翼面积元上的力和力矩

7.8.2.1 尾翼面压力元

设飞行器前进速度大小为 V，则前方来流的速度即为 $\boldsymbol{V} = -V\boldsymbol{i}$，气流相对尾翼面的速度为 $V_r = \boldsymbol{V} \cdot (-\boldsymbol{n}^0)$，故有
$$V_r = V(-\cos\alpha\sin\gamma + \sin\alpha\sin\beta\cos\gamma)$$
用法向速度式计算压力元，有
$$\mathrm{d}F = \frac{1}{2}C_H\rho V_r^2\mathrm{d}A = \frac{1}{2}C_H\rho V^2(\cos\alpha\sin\gamma - \sin\alpha\sin\beta\cos\gamma)^2\mathrm{d}A$$

令 $f(\gamma) = \frac{1}{2}C_H\rho V^2(\cos\alpha\sin\gamma - \sin\alpha\sin\beta\cos\gamma)^2$，在确定的尾翼布置与前进速度下这是只与尾翼面转动角 γ 有关的量。因而压力元可记为
$$\mathrm{d}F = f(\gamma)\mathrm{d}A \tag{7.14}$$

而因为 $\mathrm{d}\boldsymbol{F} = -\mathrm{d}F\boldsymbol{n}^0$，所以可得压力元在机体坐标轴上的投影为
$$\begin{aligned}\mathrm{d}F_x &= (\cos\alpha\sin\gamma - \sin\alpha\sin\beta\cos\gamma)\mathrm{d}F \\ &= (\cos\alpha\sin\gamma - \sin\alpha\sin\beta\cos\gamma)f(\gamma)\mathrm{d}A\end{aligned}$$

$$dF_y = (\sin\alpha\sin\gamma + \cos\alpha\sin\beta\cos\gamma)dF$$
$$= (\sin\alpha\sin\gamma + \cos\alpha\sin\beta\cos\gamma)f(\gamma)dA \tag{7.15}$$
$$dF_z = -\cos\beta\cos\gamma dF = -\cos\beta\cos\gamma f(\gamma)dA$$

7.8.2.2 翼面坐标到机体质心坐标的变换

参见图 7.20,机体质心坐标系 $Cxyz$ 的坐标原点在机体质心 C,坐标轴与机体坐标系 $Oxyz$ 平行。但是遵从描述飞行姿态时坐标轴的规定习惯,取 y_C 轴和 z_C 轴的方向与 y 轴和 z 轴的方向相反。图中 $OC = L$。

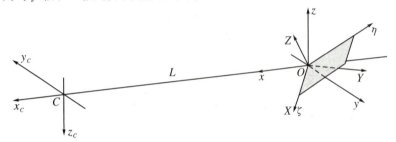

图 7.20 到机体质心坐标的变换图示

由机体坐标系 $Oxyz$ 到机体质心坐标系 $Cxyz$ 的变换为
$$x_C = x - L, \quad y_C = -y, \quad z_C = -z$$
再联系式(7.13),即有翼面坐标到机体质心坐标的变换式
$$\begin{aligned} x_C &= \zeta\sin\alpha\cos\beta + \eta\cos\alpha\cos\gamma + \eta\sin\alpha\sin\beta\sin\gamma - L \\ y_C &= \zeta\cos\alpha\cos\beta - \eta\sin\alpha\cos\gamma + \eta\cos\alpha\sin\beta\sin\gamma \\ z_C &= \zeta\sin\beta - \eta\cos\beta\sin\gamma \end{aligned} \tag{7.16}$$

7.8.2.3 尾翼面控制力矩元

尾翼面上点 (ζ, η) 处的压力元对机体质心轴的控制力矩元为

$$\begin{aligned} \text{滚转力矩} \quad & dM_{xC} = -y_C dF_z + z_C dF_y \\ \text{俯仰力矩} \quad & dM_{yC} = z_C dF_x + x_C dF_z \\ \text{偏航力矩} \quad & dM_{zC} = -x_C dF_y - y_C dF_x \end{aligned} \tag{7.17}$$

以上力矩元计算式中的 dF_x, dF_y 与 dF_z 都是压力元 dF 在机体坐标轴上的投影,按式(7.15)计算。但要注意:在机体质心坐标系中,它们对应的投影是 dF_x, $-dF_y$ 与 $-dF_z$。

把式(7.15)与式(7.16)代入式(7.17),可得各控制力矩元的具体表达式
$$\begin{aligned} dM_{xC} &= [\zeta(\cos\alpha\cos\gamma + \sin\alpha\sin\beta\sin\gamma) - \eta\sin\alpha\cos\beta]f(\gamma)dA \\ dM_{yC} &= [L\cos\beta\cos\gamma + \zeta(\cos\alpha\sin\beta\sin\gamma - \sin\alpha\cos\gamma) - \eta\cos\alpha\cos\beta] \\ &\quad \cdot f(\gamma)dA \end{aligned} \tag{7.18}$$

$$\mathrm{d}M_{zC} = [L(\sin\alpha\sin\gamma + \cos\alpha\sin\beta\cos\gamma) - \zeta\cos\beta\sin\gamma - \eta\sin\beta]f(\gamma)\mathrm{d}A$$

式(7.18)采用这样的写法对于此后的积分运算比较方便,因为 $f(\gamma)$ 与积分无关。

7.8.3 倒梯形倾斜尾翼

7.8.3.1 倒梯形倾斜尾翼面的控制力矩

由 7.7 节的分析知,在分支尾翼的几种常见直线图形中,倒梯形是最佳的形状。所以直接采用倒梯形分支尾计算。参考图 7.13,图形对应的方程为

$$y = \begin{cases} b & (0 \leqslant \zeta \leqslant c) \\ \dfrac{b}{c-a}(\zeta - a) & (a \leqslant \zeta \leqslant c) \end{cases}$$

尾翼面的面积元为 $\mathrm{d}A = \mathrm{d}\zeta\mathrm{d}\eta$。

由式(7.18)有

$$M_{xC} = f(\gamma)\int_A [\zeta(\cos\alpha\cos\gamma + \sin\alpha\sin\beta\sin\gamma) - \eta\sin\alpha\cos\beta]\mathrm{d}A$$

$$= f(\gamma)\left\{(\cos\alpha\cos\gamma + \sin\alpha\sin\beta\sin\gamma)\left[\int_0^a\int_0^b \zeta\mathrm{d}\eta\mathrm{d}\zeta + \int_a^c\int_{\frac{b}{c-a}(\zeta-a)}^b \zeta\mathrm{d}\eta\mathrm{d}\zeta\right]\right.$$

$$\left. - \sin\alpha\cos\beta\left[\int_0^a\int_0^b \eta\mathrm{d}\eta\mathrm{d}\zeta + \int_a^c\int_{\frac{b}{c-a}(\zeta-a)}^b \eta\mathrm{d}\eta\mathrm{d}\zeta\right]\right\}$$

$$M_{yC} = f(\gamma)\int_A [L\cos\beta\cos\gamma + \zeta(\cos\alpha\sin\beta\sin\gamma - \sin\alpha\cos\gamma) - \eta\cos\alpha\cos\beta]\mathrm{d}A$$

$$= f(\gamma)\left\{L\cos\beta\cos\gamma\left[\int_0^a\int_0^b \mathrm{d}\eta\mathrm{d}\zeta + \int_a^c\int_{\frac{b}{c-a}(\zeta-a)}^b \mathrm{d}\eta\mathrm{d}\zeta\right]\right.$$

$$+ (\cos\alpha\sin\beta\sin\gamma - \sin\alpha\cos\gamma)\cdot\left[\int_0^a\int_0^b \zeta\mathrm{d}\eta\mathrm{d}\zeta + \int_a^c\int_{\frac{b}{c-a}(\zeta-a)}^b \zeta\mathrm{d}\eta\mathrm{d}\zeta\right]$$

$$\left. - \cos\alpha\cos\beta\left[\int_0^a\int_0^b \eta\mathrm{d}\eta\mathrm{d}\zeta + \int_a^c\int_{\frac{b}{c-a}(\zeta-a)}^b \eta\mathrm{d}\eta\mathrm{d}\zeta\right]\right\}$$

$$M_{zC} = f(\gamma)\int_A [L(\sin\alpha\sin\gamma + \cos\alpha\sin\beta\cos\gamma) - \zeta\cos\beta\sin\gamma - \eta\sin\beta]\mathrm{d}A$$

$$= f(\gamma)\left\{L(\sin\alpha\sin\gamma + \cos\alpha\sin\beta\cos\gamma)\left[\int_0^a\int_0^b \mathrm{d}\eta\mathrm{d}\zeta + \int_a^c\int_{\frac{b}{c-a}(\zeta-a)}^b \mathrm{d}\eta\mathrm{d}\zeta\right]\right.$$

$$- \cos\beta\sin\gamma\cdot\left[\int_0^a\int_0^b \zeta\mathrm{d}\eta\mathrm{d}\zeta + \int_a^c\int_{\frac{b}{c-a}(\zeta-a)}^b \zeta\mathrm{d}\eta\mathrm{d}\zeta\right]$$

$$\left. - \sin\beta\left[\int_0^a\int_0^b \eta\mathrm{d}\eta\mathrm{d}\zeta + \int_a^c\int_{\frac{b}{c-a}(\zeta-a)}^b \eta\mathrm{d}\eta\mathrm{d}\zeta\right]\right\}$$

化简后得尾翼面的控制力矩为

$$M_{xC} = \frac{b}{6}f(\gamma)[(a^2+ac+c^2)(\cos\alpha\cos\gamma+\sin\alpha\sin\beta\sin\gamma)$$
$$-b(a+2c)\sin\alpha\cos\beta]$$
$$M_{yC} = \frac{b}{6}f(\gamma)[3L(a+c)\cos\beta\cos\gamma+(a^2+ac+c^2)$$
$$\cdot(\cos\alpha\sin\beta\sin\gamma-\sin\alpha\cos\gamma)-b(a+2c)\cos\alpha\cos\beta] \quad (7.19)$$
$$M_{zC} = \frac{b}{6}f(\gamma)[3L(a+c)(\sin\alpha\sin\gamma+\cos\alpha\sin\beta\cos\gamma)$$
$$-(a^2+ac+c^2)\cos\beta\sin\gamma-b(a+2c)\sin\beta]$$

把 $f(\gamma)=\frac{1}{2}C_H\rho V^2(\cos\alpha\sin\gamma-\sin\alpha\sin\beta\cos\gamma)^2$ 代入式(7.19),可得具体计算使用的表达式,此处从略。

7.8.3.2 尾翼在基准面 OXY 上的控制力矩

尾翼在基准面 OXY 上时 $\gamma=0$,代入式(7.19)可得此时尾翼面的各控制力矩

$$M_{xC} = \frac{1}{12}C_H\rho V^2 b\sin^2\alpha\sin^2\beta[(a^2+ac+c^2)\cos\alpha-b(a+2c)\sin\alpha\cos\beta]$$
$$M_{yC} = \frac{1}{12}C_H\rho V^2 b\sin^2\alpha\sin^2\beta[3L(a+c)\cos\beta-(a^2+ac+c^2)\sin\alpha$$
$$-b(a+2c)\cos\alpha\cos\beta]$$
$$M_{zC} = \frac{1}{12}C_H\rho V^2 b\sin^2\alpha\sin^3\beta[3L(a+c)\cos\alpha-b(a+2c)]$$

可见当 $\gamma=0$ 时,尾翼面上已有各控制力矩存在。这必然对飞行器的平衡产生影响。所以当飞行器处于平衡状态时,不能使 $\gamma=0$,因而必须确定 γ 角的"初始角" γ_0。注意到左右分支尾的对称性,平衡状态飞行时两分支尾的 M_{xC} 与 M_{zC} 相互抵消,不会影响飞行器的平衡。只有 M_{yC} 对平衡有影响。

7.8.3.3 各角度参数的选择

1. 尾轴偏角 α

由7.7节确定分支尾轴的最佳方位角为55°。此处沿用此数值,即取 $\alpha=55°+90°=145°$。

2. 尾翼面下倾角 β

尾翼面下倾角 β 是决定尾翼方向安定效果的主要参数,应该根据6.4.2小节方向稳定性计算中对垂直安定面的面积要求,推算此处的 β 角数值。

尾翼基准面变成倾斜平面后,在机体纵向垂直面上的投影面就会产生垂直安定面的效果。倾斜可以向下也可以向上,不同的倾斜方式会产生不同的效果。

图 7.21 是从机尾向机头方向看的上倾斜的尾翼面受力示意图;图 7.21(a) 为尾翼向上的转动,气动力作用在上翼面,水平分力 F_1 产生使机头向右转动的偏航力矩,垂直分力 F_2 产生使机身向左侧横滚的滚转力矩;图 7.21(b) 为尾翼向下的转动,气动力作用在下翼面,水平分力 F_1 产生使机头向左转动的偏航力矩,垂直分力 F_2 产生使机身向右侧横滚的滚转力矩。在这两种情况下,机身都向变向轨迹的外侧(即轨迹曲率中心的另一侧)滚转,使半转翼产生的升力不利于机身转向飞行。好像骑自行车转弯时,如果车身向转向的外侧倾斜是难以转弯的。

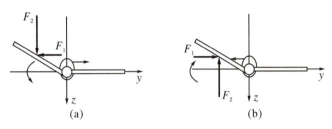

图 7.21　上倾斜尾翼面受力示意图

图 7.22 是从机尾向机头方向看的下倾斜的尾翼面受力示意图;图 7.22(a) 为尾翼向上的转动,气动力作用在上翼面,水平分力 F_1 产生使机头向左转动的偏航力矩,垂直分力 F_2 产生使机身向左侧横滚的滚转力矩;图 7.22(b) 为尾翼向下的转动,气动力作用在下翼面,水平分力 F_1 产生使机头向右转动的偏航力矩,垂直分力 F_2 产生使机身向右侧横滚的滚转力矩。在这两种情况下,机身都向偏航轨迹的内侧(即与轨迹曲率中心同侧)滚转,使半转翼产生的升力有利于机头方向的改变。好像骑自行车转弯时,车身向转向的内侧倾斜能方便地转弯。

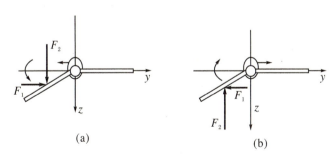

图 7.22　下倾斜尾翼面受力示意图

因此,向下倾斜安装的尾翼面是合理的选择。

3. 尾翼面初始转动角 γ_0

尾翼面转动角 γ 是个操控量,按实际飞行需要而变化。此处要确定的是无操控时的尾翼面初始转动角 γ_0。

最理想的初始角 γ_0 是使尾翼面与来流处于平行状态,在此状态下气流不会在尾翼面上产生压力,也不会产生控制力矩。因为尾翼面的法线矢量是 $\boldsymbol{n}^0$,而前方来流与 x 轴平行,所以当 $\boldsymbol{n}^0 \cdot \boldsymbol{i} = 0$ 时尾翼面与来流平行。

由式(7.12)可得
$$\boldsymbol{n}^0 \cdot \boldsymbol{i} = -\sin\gamma\cos\alpha + \sin\alpha\sin\beta\cos\gamma$$

令 $\boldsymbol{n}^0 \cdot \boldsymbol{i} = 0$,可得
$$-\sin\gamma\cos\alpha + \sin\alpha\sin\beta\cos\gamma = 0$$

因此得到
$$\tan\gamma = \frac{\sin\alpha\sin\beta}{\cos\alpha}$$

即尾翼面初始转动角 γ_0 应为
$$\gamma_0 = \arctan\frac{\sin\alpha\sin\beta}{\cos\alpha}$$

由 $\mathrm{d}\boldsymbol{F}$ 的表达式可知,此时有 $\mathrm{d}\boldsymbol{F} = 0$。因而在此位置,各控制力矩皆为零。

例如,当取 $\alpha = 145°$ 时,如果按方向稳定性计算中对垂直安定面的面积要求推算此处的 $\beta = 30°$,则可计算出 $\gamma_0 = -19.3°$,即取尾翼面绕分支尾轴向下转动19.3°为尾翼面的初始位置。

第 8 章
半转升力系数的实验测定

在半转翼的气动力计算中,半转升力系数 C_H 是必不可少的数值。然而,它并不能由理论分析得到,只能通过具体半转翼在具体运动条件下通过实验测定。不同结构的半转翼或同一半转翼在不同的来流状态下,都会有不同的数值。半转翼飞行时,主要两个状态是悬停与前进。因此需要通过悬停升力测定实验与前进升力测定实验测定两种状态下的半转升力系数。

8.1 半转翼实验模型制作与运行

8.1.1 模型设计要求

半转翼实验模型必须满足以下要求:

8.1.1.1 简约化要求

半转翼飞行是探索大型化仿扑翼飞行机理的创新性尝试,在机构尺寸到工作空间上都比小型普通扑翼飞行器大,起飞质量也大,因此尽可能地简约化是半转翼设计的一个重要指标。

8.1.1.2 可靠性要求

高速转动的半转翼机构要求设计中必须充分注意运动部件的可靠性。在合理选取支承构件的基础上,设计稳定的传动形式和合理的布局,选取可靠的材料及坚固的形状,确保半转翼能长时间可靠运行。

8.1.1.3 稳定性要求

考虑飞行器未来应用的领域,良好的稳定性是半转翼设计的前提。在结构上尽量消除摩擦与震动,保证半转翼能稳定运行。

8.1.1.4 其他设计要求

除满足上述要求外,半转翼还应保证两翼片同步运行、结构上方便拆卸等。

8.1.2 模型设计方案

在半转翼设计要求的基础上,结合飞行器半转机构的工作特征,确定 3.4 节的单向转动最简半转机构式的实验模型设计方案,如图 8.1(a)与(b)所示。

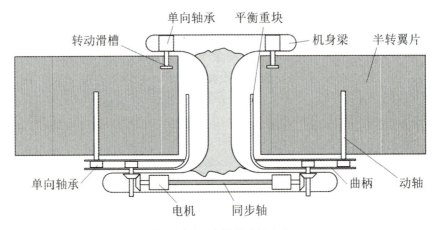

图 8.1(a)　半转翼设计方案

样机由两个电机驱动,电机中间连接同步轴使左右翼片运行同步。电机通过一对伞齿轮带动曲柄转动,曲柄一端通过动轴与翼片连接,另一端与平衡重连接。动轴带动翼片转动,同时翼片也在转动滑槽内滑动,实现了翼片的半转运动。

图 8.1(b)　制成的半转翼实验模型

8.1.3 动力系统设计

8.1.3.1 电机功率计算

电机需要根据半转翼运行功率选取，为保证电机能够正常工作，首先按下式估算半转翼的运行功率：

$$P = C\frac{T\omega}{\eta}$$

其中 C 为升力安全系数；T 为在下拍过程中曲柄受到的气动力对其的力矩，单位为 $N \cdot m$；ω 为翼片的角速度，单位为 rad/s；η 为半转翼机构的传动效率，取 0.9。

半转翼实验模型设计质量为 1 kg，翼展长 280 mm，曲柄转速 1～20 Hz，因此翼片的最大转速为 10 Hz，取翼片的最大角速度为 20π rad/s。翼片在上挥和下拍的过程中产生的升力是周期性的，升力的幅值在一个周期内变化，将最大升力估计为升力的 3 倍，弥补升力在较小的阶段出现升力与重力之和为负值的情况，也就是将升力的安全系数 C 取作 3。

每个翼片承受半转翼一半的质量，取 $F = mg/2$。由于半转翼下拍过程比上挥过程时间长，因此将产生气动力的等效作用点取在 2/3 展长处，取 $l = R + S/6$，R 为曲柄长，S 为翼展长。从而得到力矩为

$$T = Fl = \frac{1}{2}mg\left(R + \frac{1}{6}S\right) = 0.53 \text{ N} \cdot \text{m}$$

因此可估算出电机功率

$$P = C\frac{T\omega}{\eta} = 3 \times \frac{0.53 \times 20\pi}{0.9} \text{ W} = 111 \text{ W}$$

8.1.3.2 电机选型

驱动电机的选择应该遵循以下原则：在体积小、质量轻的情况下具有较大的功率，且能产生较大的转矩，功耗小，控制精度高，响应快。随着微机械电子行业的快速发展，微电机的性能得到了很大的提高，尺寸和质量减小的同时转速和扭矩却有长足的提升。参考扑翼飞行器及四旋翼飞行器的选取标准，从输出扭矩和减轻整机质量的角度出发，根据实际需要，选用外转子无刷电机，型号为朗宇 X2216，其质量仅为 68 g。与直流有刷电机相比，无刷电机更干净，噪声更小，无需维护，寿命更长。表 8.1 和图 8.2 分别给出了该电机的基本技术参数和外观结构。

表 8.1 X2216 电机的基本技术参数

KV 值	电压	空载电流	最大持续电流	最大功率	最大扭矩
880	7.4～14.8 V	0.5 A	20 A/30 S	320 W	0.364 N·m

图 8.2　X2216 电机的外观结构

8.1.3.3　电源的选择

受几何尺寸和质量的限制,目前充电锂电池以其体积小、使用安全方便等优点成为扑翼飞行器最常用的能源系统,选择锂电池型号时主要参考它的输出电压及放电电流。参考扑翼飞行器的选择标准,使用放电时间长、可靠性好、安全性能高的 VOK 航模锂电池为半转翼样机提供动力,该电池采用 2S1P 的组合方式,质量为 178 g,输出电压为 7.4 V,容量为 2 200 mA·h,放电倍率是 25,可提供的最大电流为 55 A(容量乘以放电倍率即为电池提供的最大电流)。同时,使用电压显示警报 BB 响,实时监测电池的工作状态,防止过放和过充对电池造成的伤害。图 8.3 是电池及 BB 响的实体照片。

(a) VOK锂电池

(b) 电压显示警报BB响

图 8.3　选择的电源

8.1.4　控制系统设计

对于用在升力实验台上的半转翼实验模型,不需考虑飞行姿态的控制,因此不必对尾翼的舵机实施控制,只需控制电机转速实现左右两翼片转速的变化。该控制系统由遥控信号发生器、电子调速器、信号接收器组成。参考微电机的性能参数,选取型号为好盈天行者 SKYWALKER 40 A 的无刷电子调速器,其持续工作电流为 40 A,允许短时间(10 s)内通过的最大电流为 55 A,使用电压范围为 7.4~11.1 V(2~3 节锂电池组),油门信号频率范围为 50~432 Hz;遥控信号发生器和信号接收器分别选取天地飞 WFT06II 高速 6 通道 2.4 G 遥控器和与之配套的接收器。各个零件的实体照片见图 8.4。

(a) 电子调速器　　(b) 遥控信号发生器　　(c) 遥控信号接收器

图 8.4　各控制部件

图 8.5 给出了各部件的接线图，即控制原理图。

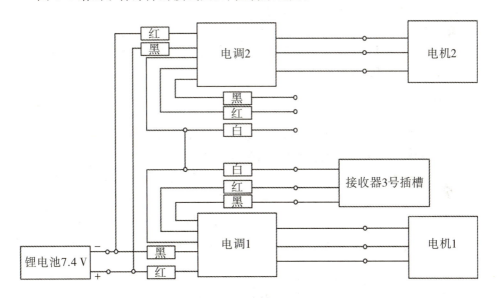

图 8.5　控制原理图

锂电池输出 7.4 V 的电压，为电调 1 和电调 2 同时供电（保证两电调电压相等）。电调 1 和电调 2 的输出端分别连接电机 1 和电机 2；同时电调 1 和电调 2 分别输出三根（红、黑、白）线，红线和黑线是电源线（分别连接正极和负极），为信号接收器供电，白线是信号控制线（遥控器发射的信号被接收器接收，再通过白线传递给电调，从而调节电机转速），两电调的白线并联以后和相对应的电源线同时连接到信号接收器的 3 号插槽内（3 号插槽为油门控制槽），便于两根电调同时接收相同的控制信号。这样，当推动遥控器控制油门的推杆时，就可以实现两电机的同步转动。

8.1.5 关键构件设计

半转翼模型采用模块化设计,不再单独设计非常复杂的构件,而是采用简单的箱体、板材等组装而成。这样的设计不仅加工成本低,而且有利于拆卸、零件的更换等。

8.1.5.1 机身

机身的选取对于半转翼模型的设计至关重要。机身作为各部件的承载平台,既要求有足够的强度,保证在高转速下不发生震动与变形,又要保证轻量化,同时设计要合理,不能干涉曲柄和翼片的运动。

碳纤维板的密度为 $1.7\sim1.9\ \text{g/cm}^3$,比铝合金轻许多,而且可加工性能好,为机身的良好材料。同时为了增加机身刚度,在两个碳纤维板之间填充泡沫塑料,泡沫塑料的质量可以忽略不计。

8.1.5.2 转动滑槽

转动滑槽位于半转机构中的不动点处。当转速较高时,翼片在滑槽内高速滑动,摩擦力对翼片会产生极大的损害,因此需改进滑槽的设计。

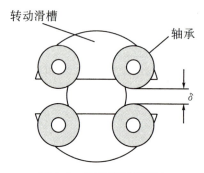

图 8.6 转动滑槽示意图

为此,改滑动摩擦为滚动摩擦,利用两对轴承来定位翼片,如图 8.6 所示。转动滑槽端部设置圆盘,圆盘上设置螺栓来定位轴承。轴承选择微型轴承 603ZZ,内径为 3 mm,外径为 9 mm。

8.1.5.3 同步轴

同步轴将两个电机的尾部连接在一起以达到两边转速相同的目的。但是由于装配精度及加工精度的影响,很难使两个电机中心精确地在一条直线上,故采用柔性的碳纤维棒为同步轴,当两个电机有定位误差时仍能保证正常运转而不损害电机。

如图 8.7 所示,电机的后端设计固定套筒,套筒一边与电机固定,另外一边与同步轴固定。碳纤维棒虽然横向弯曲刚度很小,但是扭转刚度很高,能同时保证抵消定位误差和保持两个电机同步。

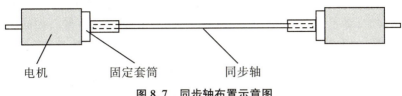

图 8.7　同步轴布置示意图

8.1.6　模型制作

为了保证实验成功进行,供实验使用的模型不仅要结构合理,而且要求在材料、加工及零部件选择上都要与模型的设计要求相符合。

8.1.6.1　选材

半转翼实验模型的材料主要分为主体机构(机身梁、齿轮、曲柄、动轴等)、配重块、翼片三部分。

为减轻质量,机身采用上下两片碳纤维板之间填充泡沫塑料的结构形式。碳纤维板的密度为 $1.7\sim 1.9$ g/cm^3,比铝合金轻许多,而且可加工性好。中间夹层的硬泡沫塑料质量几乎可以忽略不计,但大大增加了机身刚度。

曲柄、动轴、转动滑槽及齿轮采用 6061 铝合金,该材料具有密度低、强度较高(接近或超过优质钢)、加工后不易变形等优点,能够满足样机结构轻便、运行稳定的特点,且材料来源广泛,广泛应用在航空航天、汽车、机械制造等多个领域。

考虑到安装配重块的空间位置有限,因此要求其材料的密度应该较大,选取 45 号钢作为配重块的材料。

翼片的选择主要考虑密度和强度的因素,选用碳纤维复合材料,它具有密度低、强度及弹性模量高等优良性能,同时还有纤维的柔曲性,是比较合适的结构材料。另外,同步轴也采用碳纤维棒制作。表 8.2 列出了各材料的性能参数。

表 8.2　各材料的性能参数

材料	密度/(g/mm^3)	弹性模量/GPa	屈服强度/MPa	泊松比
6061 铝合金	2.9×10^{-3}	68.9	55.2	0.33
45 号钢	7.85×10^{-3}	210	≥355	0.31
碳纤维	1.75×10^{-3}	250	9.3	0.394

8.1.6.2　加工

考虑到样机零部件间的装配精度、高速运行时的稳定性要求较高等特点,机加工时必须严格按照图纸的要求保证零件表面的形状精度(如曲柄上表面的平面度)、位置精度(如固定架上滑块轴孔和曲柄轴孔的中心距)及各配合面间(滑块轴、曲柄轴的外径)的尺寸精度等。半转翼各部件对加工精度要求较高,配合部位需要达到 0.005 mm,加工后零件应采用氧化处理以提高表面硬度。

装配前去除零件上的毛刺和油污,同时使用游标卡尺、水平仪等工具测量各零件的加工尺寸及精度,避免由于加工误差导致的样机运行不稳定。参考虚拟样机中的装配顺序进行实体装配,避免零件重装对精度带来的影响。装配完成后,需人工转动电机,检查样机是否能正常运转。

8.1.6.3 轴承及齿轮等零部件选择

由于半转翼体积小,选择微型轴承,齿轮的齿数在 25 以下。

半转翼各部件加工好之后,依据装配图将各部件认真装配,完成半转翼实验模型的制作。

8.1.7 运行实验

半转翼运行实验分固定运行实验和悬飞实验。固定运行实验的目的是观察半转翼的各部件工作情况,验证其运动效果是否符合设计要求;悬飞实验是为了研究半转翼整体是否出现震动等现象。

8.1.7.1 固定运行实验

运行实验的目的是观察模型能否在电机的带动下按照半转运动的规律正常运行以验证简约化半转机构的正确性。在固定运行实验之前,首先设计了固定装置,利用两个盖板夹紧半转翼机身,下面的盖板与支架相连,如图 8.8 所示。

实验选择在无风的实验室内进行。在进行实验前,首先在各个零件之间的接触部分,如大小齿轮的啮合处、转动滑槽内涂抹润滑脂,以减小摩擦力对样机运行的影响。然后将实验模型牢固地安置在固定实验架上。完成上述准备工作后,按照图 8.5 所示的控制原理将电源、电子调速器、信号接收器与实体样机上的电机正确连接(图 8.9)。推动遥控器的油门推杆,观察样机的运行情况。

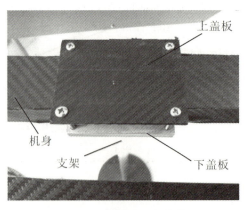

图 8.8 半转翼固定装置

实验结果表明,样机可在一定的转速下平稳运行,证明了简约化半转机构的设计是合理的。

8.1.7.2 悬飞实验

固定运行实验可验证简约化半转机构的合理性,但由于支架的约束,无法鉴别半转翼自身运动的稳定性,所以还要进行除去支架的悬飞实验。在悬飞实验中用柔软的绳索将机身两头连接后悬挂,让半转翼不受到其他约束外力的影响,如图 8.10 所示。将电池及电子调速器固定在机身上,对轴承进行润滑后进行运行实验。

图 8.9　半转翼固定运行实验

图 8.10　半转翼悬飞实验

在悬飞实验时,如果平衡块的质量或位置配置不正确,半转翼运转后出现较大震动,不利于进一步的升力测试。精确计算设计、制作安装平衡块后,震动明显消失,为进一步的升力测试打下了基础。

8.2　天平式升力实验台

8.2.1　实验台结构与测试原理

8.2.1.1　天平式升力实验台基本结构

悬停飞行时半转翼机体处于静止不动状态,只有转动的半转翼片产生升力。

用天平式测试方法可以方便、直接地实现此种状态升力的测量。

图 8.11 是天平式升力实验台结构示意图。实验时,半转翼模型放置在天平杆的一端,另一端为使天平杆保持静态平衡的可调平衡重。半转翼转动后,产生升力破坏天平杆的平衡。此时在半转翼模型下的砝码盘中加放适当的砝码,使天平杆恢复平衡。由所加砝码的质量就可以计算出半转翼的升力。

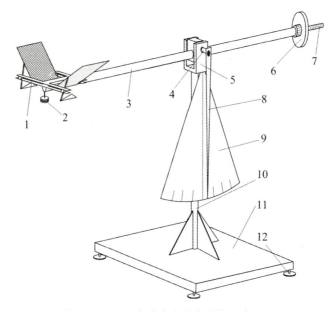

图 8.11 天平式升力实验台结构示意图
1. 实验模型;2. 砝码盘;3. 天平杆;4. 天平轴;5. 轴承座;6. 平衡重;
7. 螺纹杆;8. 指针;9. 刻度板;10. 立柱;11. 底座;12. 脚杯

8.2.1.2 升力计算原理

天平杆处于平衡位置时,由简单的静平衡方程就可算出升力的数值。参见图 8.12,m_0 是平衡重质量,m_2 是砝码质量,m_3 是天平杆质量,F_L 是半转翼升力;x_0 是平衡重中心到天平轴的距离,x_2 是砝码盘中心到天平轴的距离,x_3 是天平杆质心到天平轴的距离,$x_L = x_1$ 是两半转翼翼片中心连线到天平轴的距离。

在半转翼未转动时,通过调节平衡重使天平达到水平平衡状态,此时由对天平轴力矩平衡的静平衡方程有

$$m_1 g x_1 + m_3 g x_3 - m_0 g x_0 = 0 \tag{8.1}$$

在半转翼转动后,通过增加砝码使天平达到水平平衡状态,此时由对天平轴力矩平衡的静平衡方程有

$$m_1 g x_1 + m_2 g x_2 + m_3 g x_3 - m_0 g x_0 - F_L x_L = 0 \tag{8.2}$$

把式(8.1)代入式(8.2),可得升力为

$$F_L = \frac{x_2}{x_L} m_2 g$$

可见,只要计算所加的砝码总质量以及与砝码、半转翼有关的位置尺寸,即可测定出升力的数值。

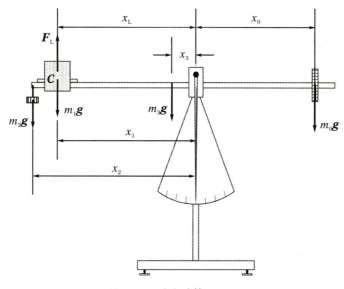

图 8.12　升力计算原理图

8.2.2　实验测定要点

8.2.2.1　实验主要规程要点

1. 模型放置

半转翼片的气动力矢量在翼片的转动平面内,即在与曲柄平行的平面内。放置模型时,必须使曲柄转动平面(即翼片转动平面)与天平杆垂直。因为只有如此放置,气动力的横向分力才会与天平轴平行,从而保证只有气动力的垂直分力(即升力)产生对天平轴的力矩。否则,得到的测试结果含有横向分力的力矩,必然是大于实际值的错误量。

2. 静止调节

在转动半转翼前,必须做好静态平衡。即安置好实验模型后,仔细调整平衡重的位置,使天平杆达到稳定的水平平衡位置,并锁紧平衡重。

3. 缓慢加速

启动半转翼后,要逐渐提高速度,不要突然加速而造成天平杆大幅摆动。

4. 静态加载

在向砝码盘上添加砝码过程中,接近平衡时要轻放,不要扔进砝码盘上,避免造成砝码落下的冲击载荷加大天平杆的摆动。

5. 干预摆动

天平杆摆动过大时,不必等待摆动慢慢衰减,可以轻轻扶住天平杆,使天平杆稳定后再放手继续测量,可以减少摆动的时间。

6. 估计平衡

模型转动时,由于气动力是周期性的动载荷,天平杆不可能像静态一样稳定平衡,而是始终有小幅摆动。所以指针也始终左右小幅晃动不已。观察者只要注意到指针往复摆动的中间位置与刻度板的中间刻度重合,就可以认为天平杆达到了平衡状态。

8.2.2.2 半转升力系数计算方法

半转升力系数可由天平式实验台升力测定的结果结合悬停飞行时平均升力的式(4.8)计算得到:

$$C_H = \frac{4\bar{F}_L}{\rho h R (R^2 + a^2) \omega^2} \tag{8.3}$$

其中$\bar{F}_L$是由实验测定所得的一个翼片的平均升力数值,ρ是空气密度,h是翼片弦长,R是曲柄长度,a是翼片(展向)长度的一半,ω是曲柄转速。

实验时对同一半转翼模型在不同转速下分别进行测试,用得到的平均升力计算出对应转速的半转升力系数。再取不同转速下的半转升力系数的平均值,作为该结构形式半转翼模型的半转升力系数。

8.2.3 测定实例

实验所用模型的半转机构为最简半转机构,翼片布置为左右对称的单对翼式。半转机构的曲柄长度$R = 0.06$ m,翼片弦长$h = 0.21$ m,翼片展向长度$2a = 0.28$ m。实验中翼片采用了两类不同性质的结构:一种是碳纤维材质薄板的刚性较大的翼片;另一种是在原刚性翼片中挖出105 mm×150 mm的方孔,再在方孔上覆盖松弛度不同的尼龙布,构成柔性翼片。实验的柔性翼片分两种:一种覆盖的尼龙布尺寸与方孔相同,松弛度较小;第二种尼龙布的尺寸为125 mm×175 mm,宽度比孔大19%,长度比孔大17%,有比较大的松弛度。(后文中为了便于叙述,定义前者的松弛度为1×1,后者的松弛度为1.19×1.17)。计算中所用的空气密度为通常情况下(即20 ℃)时的值,取1.205 kg/m³。

实验结果及按式(8.3)算得的半转升力系数如下(在以下诸表中,升力大小是直接按实验中砝码计量的读数记录的,计算时须换算为以N(牛)为单位的数值):

为了比较单个翼片与翼片组合中的翼片升力系数的变化,实验分单翼片(即在单对翼式半转翼中拆去一个翼片)与双翼片(即单对翼式的原形态)两种情况进行。

8.2.3.1 单翼片半转翼升力系数测定

1. 碳纤维材质的刚性翼片

如表 8.3 所示,综合三组实验计算结果,取三个平均半转升力系数的均值为 3.90。

表 8.3 碳纤维材质的刚性翼片

实验分组	曲柄转速/(rad/s)	升力/g	半转升力系数	平均半转升力系数 C_H
第一组	25.13(240 r/min)	21.60	3.810	3.896
	30.26(289 r/min)	31.70	3.857	
	34.03(325 r/min)	40.30	3.877	
	38.85(371 r/min)	52.50	3.875	
	42.73(408 r/min)	64.60	3.941	
	46.50(444 r/min)	77.90	4.013	
	53.83(514 r/min)	101.40	3.898	
第二组	24.19(231 r/min)	19.80	3.769	3.906
	29.64(283 r/min)	30.60	3.880	
	33.72(322 r/min)	41.20	4.037	
	38.64(369 r/min)	50.60	3.775	
	42.20(403 r/min)	61.20	3.828	
	45.13(431 r/min)	73.10	3.998	
	54.14(517 r/min)	106.70	4.055	
第三组	25.45(243 r/min)	22.90	3.939	3.895
	29.32(280 r/min)	29.80	3.862	
	33.51(320 r/min)	38.20	3.790	
	39.27(375 r/min)	54.20	3.915	
	43.56(416 r/min)	67.50	3.963	
	46.39(443 r/min)	74.80	3.872	
	52.88(505 r/min)	98.50	3.924	

结论:翼片以碳纤维板为材料时,单翼片半转翼的半转升力系数 $C_H = 3.90$。

2. 柔性较小的尼龙布翼片

如表 8.4 所示,综合三组实验计算结果,取三个平均半转升力系数的均值为 4.10。

表 8.4　柔性较小的尼龙布翼片

实验分组	曲柄转速/(rad/s)	升力/g	半转升力系数	平均半转升力系数 C_H
第一组	25.03(239 r/min)	23.40	4.161	4.135
	28.90(276 r/min)	31.50	4.201	
	33.51(320 r/min)	41.70	4.137	
	38.54(368 r/min)	54.60	4.095	
	39.27(375 r/min)	58.90	4.255	
	42.52(406 r/min)	65.90	4.061	
	49.74(475 r/min)	89.60	4.034	
第二组	25.24(241 r/min)	22.90	4.004	4.077
	29.43(281 r/min)	33.70	4.334	
	34.56(330 r/min)	43.90	4.094	
	38.01(363 r/min)	50.30	3.878	
	43.04(411 r/min)	68.30	4.107	
	45.45(434 r/min)	73.70	3.975	
	47.75(456 r/min)	84.90	4.148	
第三组	26.08(249 r/min)	25.50	4.176	4.097
	29.43(281 r/min)	33.10	4.257	
	32.57(311 r/min)	39.30	4.127	
	36.02(344 r/min)	47.70	4.096	
	38.85(371 r/min)	53.80	3.971.	
	42.52(406 r/min)	64.70	3.987	
	46.18(441 r/min)	77.80	4.064	

结论:翼片以尼龙布为材料且松弛度为 1×1 时,单翼片半转翼的半转升力系数 C_H = 4.10。

3. 柔性较大的尼龙布翼片

如表 8.5 所示,综合三组实验计算结果,取三个平均半转升力系数的均值为 4.28。

表 8.5 柔性较大的尼龙布翼片

实验分组	曲柄转速/(rad/s)	升力/g	半转升力系数	平均半转升力系数 C_H
第一组	25.56(244 r/min)	25.80	4.399	4.284
	28.69(274 r/min)	32.10	4.344	
	33.82(323 r/min)	44.90	4.373	
	39.90(381 r/min)	63.70	4.457	
	43.15(412 r/min)	69.90	4.182	
	46.29(442 r/min)	79.60	4.138	
	47.44(453 r/min)	82.70	4.094	
第二组	23.98(229 r/min)	22.70	4.398	4.294
	30.47(291 r/min)	36.80	4.416	
	38.43(367 r/min)	56.20	4.239	
	40.42(386 r/min)	61.50	4.193	
	41.05(392 r/min)	64.90	4.290	
	43.56(416 r/min)	73.40	4.309	
	47.33(452 r/min)	84.70	4.212	
第三组	25.66(245 r/min)	26.10	4.416	4.275
	30.68(293 r/min)	36.70	4.343	
	31.94(305 r/min)	38.50	4.204	
	35.81(342 r/min)	49.40	4.291	
	40.11(383 r/min)	61.80	4.279	
	45.66(436 r/min)	78.70	4.205	
	47.23(451 r/min)	83.80	4.185	

结论:翼片以尼龙布为材料且松弛度为 1.19×1.17 时,单翼片半转翼的半转升力系数 C_H = 4.28。

8.2.3.2 双翼式半转翼升力系数测定

在实验台上测得的双翼式模型的升力是两个翼片的升力之和,所以在计算翼片升力系数时应取测量值的一半进行计算。在以下表格中升力数值已经进行了处理。

1. 碳纤维材质的刚性翼片

如表 8.6 所示,综合三组实验计算结果,取三个平均半转升力系数的均值为3.78。

表 8.6 碳纤维材质的刚性翼片

实验分组	曲柄转速/(rad/s)	升力/g	半转升力系数	平均半转升力系数 C_H
第一组	23.56(225 r/min)	17.80	3.572	3.799
	29.32(280 r/min)	30.05	3.894	
	34.03(325 r/min)	40.75	3.920	
	36.13(345 r/min)	46.10	3.934	
	39.90(381 r/min)	51.35	3.593	
	45.24(432 r/min)	69.9	3.805	
	47.33(452 r/min)	77.95	3.876	
第二组	23.88(228 r/min)	18.75	3.663	3.800
	29.53(282 r/min)	29.55	3.775	
	33.62(321 r/min)	39.85	3.928	
	35.81(342 r/min)	44.85	3.896	
	36.44(348 r/min)	45.75	3.838	
	39.27(375 r/min)	50.15	3.623	
	46.50(444 r/min)	75.30	3.879	
第三组	23.56(225 r/min)	17.50	3.512	3.729
	28.80(275 r/min)	26.70	3.586	
	31.63(302 r/min)	33.50	3.730	
	36.13(345 r/min)	44.60	3.806	
	40.53(387 r/min)	56.45	3.828	
	42.31(404 r/min)	63.50	3.952	
	45.13(431 r/min)	67.4	3.686	

结论:翼片以碳纤维板为材料时,双翼片半转翼单个翼片的半转升力系数 C_H =3.78。

2. 柔性较小的尼龙布翼片

如表 8.7 所示,综合三组实验计算结果,取三个平均半转升力系数的均值为 4.01。

表 8.7 柔性较小的尼龙布翼片

实验分组	曲柄转速/(rad/s)	升力/g	半转升力系数	平均半转升力系数 C_H
第一组	24.71(236 r/min)	22.10	4.032	4.016
	26.91(257 r/min)	26.45	4.069	
	32.78(313 r/min)	39.15	4.059	
	37.28(356 r/min)	49.30	3.952	
	40.11(383 r/min)	58.05	4.020	
	45.45(434 r/min)	73.90	3.985	
	49.85(476 r/min)	89.10	3.994	
第二组	25.03(239 r/min)	22.60	4.019	4.014
	28.59(273 r/min)	29.55	4.027	
	31.63(302 r/min)	36.05	4.014	
	36.65(350 r/min)	48.40	4.014	
	40.11(383 r/min)	58.05	4.020	
	45.34(433 r/min)	73.45	3.980	
	48.49(463 r/min)	84.90	4.022	
第三组	25.76(246 r/min)	23.70	3.979	4.011
	29.74(284 r/min)	32.25	4.062	
	34.14(326 r/min)	42.55	4.067	
	40.00(382 r/min)	58.25	4.056	
	45.87(438 r/min)	75.95	4.021	
	49.11(469 r/min)	84.45	3.901	
	51.84(495 r/min)	96.25	3.990	

结论:翼片以尼龙布为材料且松弛度为 1×1 时,双翼片半转翼单个翼片的半转升力系数 $C_H = 4.01$。

3. 柔性较大的尼龙布翼片

如表 8.8 所示，综合三组实验计算结果，取三个平均半转升力系数的均值为 4.18。

表 8.8 柔性较大的尼龙布翼片

实验分组	曲柄转速/(rad/s)	升力/g	半转升力系数	平均半转升力系数 C_H
第一组	24.32(232 r/min)	22.25	4.191	4.175
	29.74(284 r/min)	33.65	4.238	
	34.45(329 r/min)	44.95	4.219	
	38.85(375 r/min)	56.85	4.196	
	43.04(411 r/min)	69.90	4.204	
	47.33(452 r/min)	83.95	4.175	
	52.47(501 r/min)	98.85	4.000	
第二组	25.24(241 r/min)	24.90	4.354	4.183
	27.96(267 r/min)	29.35	4.182	
	31.52(301 r/min)	38.90	4.362	
	39.27(375 r/min)	57.15	4.128	
	45.24(432 r/min)	73.6	4.006	
	46.18(441 r/min)	77.45	4.046	
	49.64(474 r/min)	92.9	4.200	
第三组	26.29(251 r/min)	27.40	4.416	4.185
	29.64(283 r/min)	33.85	4.292	
	36.23(346 r/min)	48.25	4.095	
	39.38(376 r/min)	58.10	4.174	
	43.98(420 r/min)	69.85	4.023	
	46.91(448 r/min)	80.85	4.093	
	49.43(472 r/min)	92.10	4.199	

结论：翼片以尼龙布为材料且松弛度为 1.19×1.17 时，双翼片半转翼单个翼片的半转升力系数 C_H = 4.18。

8.2.4 悬停飞行半转翼的半转升力系数

由天平实验的结果可知悬停飞行时，单个翼片的半转升力系数如表 8.9 所示。

表 8.9　悬停飞行时,单个翼片的半转升力系数

翼片布置形式	刚性翼片 C_H	小柔性翼片 C_H	较大柔性翼片 C_H
单侧单翼式	3.90	4.10	4.28
对称单翼式	3.78	4.01	4.18

测试结果显示出半转升力系数的两个特点如下：

(1) 单翼片的升力系数大于双翼式中的单个翼片。在双翼片的场合,左右对称布置的翼片转动后产生的流场产生相互干扰,是导致升力系数小于单翼片的原因。把翼片接近机体的部分称为近端,远离机体的部分称为远端。一侧翼片近端向上运动会带动气流向上运动,这些向上运动的气流与邻近的另一侧翼片近端的运动方向一致,降低了另一侧翼片近端与气流的相对速度,因而使产生的升力下降。然而由于翼片近端产生的升力只占整个翼片升力的很小部分,所以升力虽然下降但幅度不大。从升力系数的数值可见,单翼片的升力系数虽然比双翼片大,但大得不多。如表 8.9 所示。

(2) 柔性翼片的升力系数大于刚性翼片。翼片转动时,刚性翼片受气流压力的作用变形很小,但柔性翼片在气流压力的作用下会出现明显的向背风面内凹的变形。在同样的转速下,内凹的翼片受到气流的阻力大于平翼片,也就能产生更大的升力。所以柔性翼片的升力系数大于刚性翼片,而且柔性翼片的松弛度适当加大时,升力系数也能更大。但是,在实验中发现过分增加柔性翼片的松弛度,反而会导致升力系数下降。发生这种现象的原因是半转翼片的迎风面周期变化,导致柔性翼片的内凹方向也周期变化。过于松弛的翼片内凹变化的速度会严重滞后于翼片的转速,结果使翼片的内凹迎风变成翼片外凸迎风,导致气流的阻力明显下降,翼片产生的升力也就明显下降了。所以适合的柔性翼片可以增大升力,但绝不是柔性越大越好。

8.3　旋转式升力实验台

8.3.1　实验台结构与测试原理

8.3.1.1　旋转式升力实验台基本结构

天平式升力实验台只能测试半转翼飞行器悬停飞行时的升力,计算悬停飞行时的升力系数。在飞行器前进飞行时,若前方来流经过半转翼片,则翼片上会出现不同的气动力状态,此时的升力系数会有不同。为在空间有限的实验室中模拟前进飞行状态,必须另行采用旋转式升力实验台。

图 8.13 是旋转式升力实验台基本结构的示意图。实验时,半转翼模型放置在框架下端横梁上,使模型运转后翼片产生的升力向外侧。再将框架转动一定的较小角度,使升力方向偏向前方(即使机身产生一定的负俯仰角)。转动半转翼后,翼片产生的推进力使摆臂、框架、实验模型与横梁、平衡臂组合绕立柱转动;同时在翼片产生的升力与重力、惯性力的综合作用下摆臂向外转动偏斜。在翼片一定的转速下,摆臂会稳定在一定偏斜角,同时绕立柱的转动也会稳定在一定的角速度。读取摆臂的偏斜角与绕立柱转动的角速度,由运动方程就可以算出此时的升力大小。

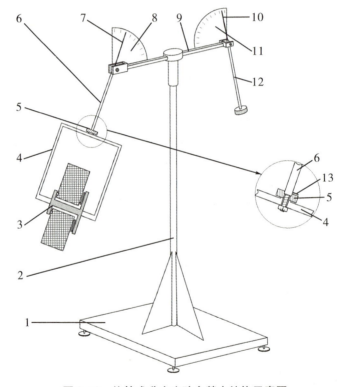

图 8.13　旋转式升力实验台基本结构示意图

1. 底座;2. 立柱;3. 实验模型;4. 框架;5. 俯仰调节盘;6. 摆臂;7. 摆臂偏角指针;8. 摆臂偏角刻度板;9. 横梁;10. 平衡臂偏角指针;11. 平衡臂偏角刻度板;12. 平衡臂;13. 俯仰角指针

8.3.1.2　升力计算原理

以摆臂、框架与实验模型组合为研究对象,计算简图如图 8.14 所示。AB 为摆臂;BC 为框架,其中 B 为上边框,C 为下边框,BC 是两个侧边框。由于实验模型的翼片质量相对较小,且实验中自身处于高速转动状态,惯性力变化复杂,故略去不计。模型机翼梁及电池、转速仪等质量较大,但体积较小,故视为模型质量块,表示为质点 D。

研究对象可绕横梁上的带柱销夹板 A 转动,并随横梁绕立柱转动。设绕立柱转动的角速度为 Ω,研究对象绕 A 转动的角速度与角加速度分别是 $\dot{\alpha}$ 与 $\ddot{\alpha}$。研究对象受带柱销夹板 A 的约束,只能在过立柱的铅直平面内相对转动(摆动)。这个摆动为非惯性系中的运动,牵连运动是绕立柱的定轴转动。

对研究对象进行受力分析,参见图 8.15。其中主动力有翼片升力 F_L 与推进力;但因推进力与图面垂直,不影响研究对象的相对运动,故不必在图中标出。模型质量块、框架与摆臂的重力分别为 P_0,P_1 与 P_2。

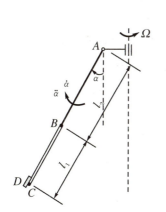
图 8.14 研究对象及运动分析图

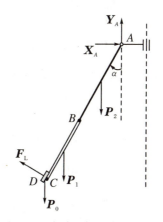
图 8.15 主动力与约束力受力图

在相对摆动的平面内带柱销夹板 A 约束就是平面圆柱铰约束,所以对于研究对象只画出在相对运动平面内的约束力 X_A 与 Y_A。另外,与运动平面垂直的约束力及作用面与运动平面垂直的约束力偶皆不必画出。

对于牵连运动是转动的场合,惯性力包括牵连惯性力与科氏惯性力,以及相对运动的达朗贝尔惯性力。如果牵连运动转动的角加速度不为零,则牵连惯性力有切向与法向两个分量。切向惯性力与相对运动平面垂直,即与相对转动的转轴平行,对相对运动没有影响,所以在此场合只需分析法向牵连惯性力即可。以下所称牵连惯性力皆指其法向分量。

由于研究对象与立柱呈斜交状态,牵连惯性力的计算比较复杂,故把研究对象分成几部分计算,如图 8.16 所示。其中模型质量块 D 的质量是 m_0,摆臂 AB 的质量是 m_2,框架两侧杆 BC 的质量是 m_3,框架下横梁 C 的质量是 m_4,框架上横梁 B 的质量是 m_5。框架整体的质量 $m_1 = m_3 + m_4 + m_5$。其余几何尺寸如图 8.17 所示。

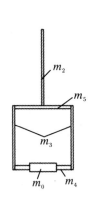
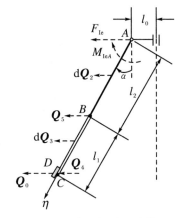

图 8.16　各组成部分质量　　图 8.17　牵连惯性力计算图

图 8.17 是研究对象牵连惯性力的计算用图,其中

$$Q_0 = \Omega^2[l_0 + (l_1 + l_2)\sin \alpha]m_0$$

$$Q_4 = \Omega^2[l_0 + (l_1 + l_2)\sin \alpha]m_4$$

$$Q_5 = \Omega^2(l_0 + l_2\sin \alpha)m_5$$

$$\mathrm{d}Q_3 = \Omega^2(l_0 + \eta\sin \alpha)\frac{m_3}{l_1}\mathrm{d}\eta$$

$$\mathrm{d}Q_2 = \Omega^2(l_0 + \eta\sin \alpha)\frac{m_2}{l_2}\mathrm{d}\eta$$

把牵连惯性力系向点 A 简化,计算惯性力系的主矩 $M_{\mathrm{Ie}A}$:

$$\begin{aligned}M_{\mathrm{Ie}A} =&\, (Q_0 + Q_4)(l_1 + l_2)\cos \alpha + Q_5 l_2 \cos \alpha \\ &+ \int_0^{l_2}\eta\cos \alpha \,\mathrm{d}Q_2 + \int_{l_2}^{l_1+l_2}\eta\cos \alpha \,\mathrm{d}Q_3\end{aligned}$$

积分计算并化简得

$$\begin{aligned}M_{\mathrm{Ie}A} = \Omega^2\cos \alpha \Big\{ &(m_0 + m_4)(l_1 + l_2)[l_0 + (l_1 + l_2)\sin \alpha] \\ &+ m_5 l_2(l_0 + l_2\sin \alpha) + m_2 l_2\Big(\frac{l_0}{2} + \frac{l_2}{3}\sin \alpha\Big) \\ &+ m_3\Big[\frac{l_0}{2}(l_1 + 2l_2) + \frac{\sin \alpha}{3}(l_1^2 + 3l_1 l_2 + 3l_2^2)\Big]\Big\} \end{aligned} \tag{8.4}$$

以下为书写简洁,把式(8.4)简记为

$$M_{\mathrm{Ie}A} = \Omega^2\cos \alpha\, A(\alpha)$$

其中 $A(\alpha)$ 为式(8.4)中大括号内的部分。

牵连惯性力的主矢 F_{Ie} 标记在简化中心点 A,因为 $M_A(F_{\mathrm{Ie}}) = 0$,故未再具体计算 F_{Ie} 的大小。

当研究对象发生绕点 A 的相对摆动以及翼片转动时,在转动的非惯性系中有科氏惯性力产生。但科氏惯性力的方向皆与相对运动平面垂直,即与相对摆动的转轴平行,不会影响相对运动,故在计算中不予考虑。

由图 8.14 知,相对运动为绕点 A 的转动。设研究对象组合对轴 A 的转动惯量是 J_A,则研究对象的相对运动达朗贝尔惯性力系向点 A 简化,得主矩为 $M_{IrA} = J_A \ddot{\alpha}$,主矢 F_{Ir}^n 与 F_{Ir}^t 标记在点 A,因为 $M_A(F_{Ir}^n) = M_A(F_{Ir}^t) = 0$,故主矢可不必计算,参见图 8.18。

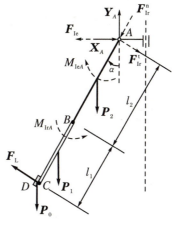

图 8.18 受力总图

由达朗贝尔原理,可按 $\sum M_A = 0$ 列出方程:

$$M_{IrA} + P_0(l_1 + l_2)\sin\alpha + P_1\left(\frac{l_1}{2} + l_2\right)\sin\alpha + P_2\frac{l_2}{2}\sin\alpha - F_L(l_1 + l_2) - M_{IeA} = 0 \quad (8.5)$$

其中 $P_0 = m_0 g, P_1 = m_1 g, P_2 = m_2 g$。

在实验中,当摆臂到达其一平衡状态时,摆角 α 不再变化,此时有 $\dot{\alpha} = \ddot{\alpha} = 0$。因此在平衡状态下 $M_{IrA} = 0$。由式(8.5)可得

$$F_L(l_1 + l_2) + \Omega^2 \cos\alpha A(\alpha) - g\sin\alpha\left[m_0(l_1 + l_2) + m_1\left(\frac{l_1}{2} + l_2\right) + m_2\frac{l_2}{2}\right] = 0 \quad (8.6)$$

在实验中,当半转翼以一定的转速稳定转动时,升力 F_L 有确定的值。又在摆臂达到稳定的相对平衡状态后,偏角 α 也有确定的值。由式(8.6)可知,绕立柱的转速 Ω 也有确定的值。这说明摆臂出现稳定的相对平衡状态时,必有 $\dot{\Omega} = 0$,即研究对象组合绕立柱转动也呈现稳定状态。此时测定出角 α 及转速 Ω,就可以计算出升力:

$$F_L = \frac{\left[m_0(l_1 + l_2) + m_1\left(\frac{l_1}{2} + l_2\right) + m_2\frac{l_2}{2}\right]g\sin\alpha - M_{IeA}}{l_1 + l_2} \quad (8.7)$$

式中 M_{IeA} 的具体形式见式(8.4)。

8.3.1.3 绕立柱转动角速度计算方法

绕立柱转动的角速度 Ω 可以通过测量直接得到,但也可以通过平衡臂的偏角计算得到。

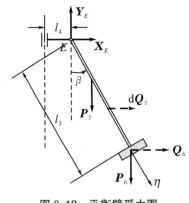

图 8.19 平衡臂受力图

在摆臂达到稳定的相对平衡状态后,平衡臂也达到稳定的相对平衡状态,此时平衡臂的偏角也有确定的值 β。因为平衡臂端没有半转翼的气动力,只要考虑重力与惯性力的平衡,所以计算关系比较单纯。易于由偏角 β 计算绕立柱转动的角速度 Ω,参见图 8.19。

设平衡重的质量为 m_6,平衡臂杆的质量为 m_7,平衡臂杆长为 l_3,平衡臂铰链 E 与立柱的距离为 l_4。

计算可得 $P_6 = m_6 g$,$P_7 = m_7 g$,$Q_6 = m_6 \Omega^2 (l_4 + l_3 \sin \beta)$,$\mathrm{d}Q_7 = \dfrac{m_7}{l_3} \Omega^2 (l_4 + \eta \sin \beta) \mathrm{d}\eta$。

由达朗贝尔原理,可按 $\sum M_E = 0$ 列出方程:

$$Q_6 l_3 \cos \beta + \int_0^{l_3} \eta \cos \beta \mathrm{d}Q_7 - P_6 l_3 \sin \beta - P_7 \frac{l_3}{2} \sin \beta = 0$$

即

$$m_6 \Omega^2 l_3 \cos \beta (l_4 + l_3 \sin \beta) + m_7 \Omega^2 l_3 \cos \beta \left(\frac{l_4}{2} + \frac{l_3}{3} \sin \beta \right)$$
$$- m_6 g l_3 \sin \beta - m_7 g \frac{l_3}{2} \sin \beta = 0$$

得到计算角速度 Ω 的表达式

$$\Omega = \sqrt{\frac{3(2m_6 + m_7) g \tan \beta}{6 m_6 (l_4 + l_3 \sin \beta) + m_7 (3 l_4 + 2 l_3 \sin \beta)}} \tag{8.8}$$

在实验中,测量到平衡臂稳定时的偏角 β 后,由式(8.8)可计算出实验模型绕立柱转动的角速度 Ω。

8.3.2 实验测定要点

8.3.2.1 实验主要规程要点

1. 模型放置

半转翼模型放置在框架的下横梁上,翼片的展向与摆臂的方向(或框架侧杆方向)一致,翼片转动时不可碰触框架。

2. 静止调节

在转动半转翼前,保持摆臂在静止位置,检查此时摆角的读数。若无法归零,应记下初始摆角的数值。

3. 俯仰调节

按俯仰调节盘确定实验模型的俯仰角 θ。当俯仰角为零时,模型运转后摆臂只在铅直面内升起,不会绕立柱转动。此时推进力为零,属悬停飞行状态。当俯仰角为一较小负值,即实验模型适当前倾时,转动的翼片产生推进力。摆臂在升起的同时会绕立柱转动,相当于前进飞行的状态。改变俯仰角后必须记录俯仰角的数值。

4. 缓慢加速

启动半转翼后,要缓慢提高速度,不要突然加速而造成摆臂的大幅摆动。

5. 保持平衡

保持半转翼的稳定转速,即保持一定的升力大小。待摆臂摆角稳定后,测量摆角,同时测定摆臂绕立柱转动的角速度(或测量平衡臂的偏角后计算出绕立柱转速)。得到的半转翼转速、摆臂的摆角与绕立柱转速和该组实验中模型采用的俯仰角为一组相关数据,必须集中记录。

8.3.2.2 半转升力系数计算方法

半转升力系数由旋转式实验台升力测定的结果结合前进飞行时平均升力的式 (4.23) 计算得到,即有

$$C_{\mathrm{H}} \approx \frac{24\pi \bar{F}_{\mathrm{L}}}{\rho h \omega^2 \cos\theta \left\{ 2\left[(P_1^2+P_3^2)^{\frac{3}{2}} - (P_2^2+P_3^2)^{\frac{3}{2}} \right] + 3\pi R \left(P_1\sqrt{P_1^2+P_3^2} + P_2\sqrt{P_2^2+P_3^2} \right) \right\}} \tag{8.9}$$

其中 $\bar{F}_{\mathrm{L}}$ 是由实验测定所得的一个翼片的平均升力数值;ρ 是空气密度,h 是翼片弦长,R 是曲柄长度,a 是翼片(展向)长度的一半;ω 是曲柄转速。P_1, P_2, P_3 的表达式如下:

$$P_1 = a - \frac{2\Omega[l_0 + (l_1+l_2)\sin\alpha]\sin\theta}{\omega}$$

$$P_2 = a + \frac{2\Omega[l_0 + (l_1+l_2)\sin\alpha]\sin\theta}{\omega}$$

$$P_3 = \frac{2\Omega[l_0 + (l_1+l_2)\sin\alpha]\cos\theta}{\omega}$$

要注意式(4.23)中的 α 是俯仰角,与此实验装置中的角 α 不同,此处已改写为实验中的俯仰角 θ。而且根据实验具体情况,确定式(4.23)中的

$$V_0 = \Omega[l_0 + (l_1+l_2)\sin\alpha]$$

实验时对同一半转翼模型在不同俯仰角与不同转速下分别进行测试,计算相应的半转升力系数,分析在前进飞行状态下半转升力系数的变化特点。

8.3.3 测定实例

实验所用模型的半转机构为最简半转机构,翼片布置为左右对称的单对翼式。半转机构的曲柄长度 $R = 0.06 \text{ m}$,翼片弦长 $h = 0.21 \text{ m}$,翼片展向长度 $2a = 0.28 \text{ m}$。实验中翼片采用碳纤维材质的薄板。

实验结果及按式(8.9)算得的半转升力系数如下。

8.3.3.1 测试装置各构件参数

实验装置主要构件质量列在表 8.10 中。

表 8.10 实验装置主要构件质量

参量名	m_0	m_1	m_2	m_3	m_4	m_5	m_6	m_7
质量/kg	1.415	1.240	0.475	0.615	0.285	0.340	3.430	0.240

实验装置主要构件尺寸列在表 8.11 中。

表 8.11 实验装置主要构件尺寸

参量名	l_0	l_1	l_2	l_3	l_4
长度/m	0.54	0.54	0.40	0.72	0.46

8.3.3.2 实验数据处理

在以下数据中,θ 为模型俯仰角,ω 为曲柄角速度,α 为模型摆臂偏角,β 为平衡臂偏角,Ω 为绕立柱转动角速度,V_0 为模型圆周运动速度,F_L 为模型升力(两个翼片升力之和),C_H 为升力系数,E 为安全升力标示数。

其中,θ 是实验设定量,ω,α 与 β 是通过实验测量的数据。Ω 按式(8.8)计算;V_0 由 Ω 与 α 及几何参数计算,有 $V_0 = \Omega[l_0 + (l_1 + l_2)\sin \alpha]$;$F_L$ 按式(8.7)计算;C_H 按式(8.9)计算;安全升力标示数 E 的计算式为 $E = \dfrac{36 V_0 \cos \theta}{\omega R}$,其中 R 为半转翼的曲柄半径。

表 8.12 $\theta = 10°$

序号	测量数据			计算数据				
	$\omega/(\text{r/min})$	$\alpha/(°)$	$\beta/(°)$	$\Omega/(\text{rad/s})$	$V_0/(\text{m/s})$	F_L/N	C_H	E
1	279	6.50	2.00	0.841	0.543	1.603	13.282	1.151
2	307	9.50	3.00	1.017	0.707	2.238	15.313	1.360
3	320	11.5	4.00	1.16	0.844	2.472	15.547	1.558

续表

序号	测量数据			计算数据				
	ω/(r/min)	α/(°)	β/(°)	Ω/(rad/s)	V_0/(m/s)	F_L/N	C_H	E
4	405	21.0	8.50	1.611	1.412	3.59	13.968	2.06
5	427	23.0	9.60	1.693	1.536	3.747	13.09	2.126
6	451	27.0	12.5	1.882	1.819	3.771	11.721	2.384
7	493	31.0	15.6	2.05	2.1	3.787	9.806	2.517
8	502	32.0	16.5	2.095	2.175	3.756	9.364	2.560

表 8.13　$\theta = 20°$

序号	测量数据			计算数据				
	ω/(r/min)	α/(°)	β/(°)	Ω/s^{-1}	V_0/(m/s)	F_L/N	C_H	E
1	252	4.00	1.00	0.602	0.365	1.127	12.583	0.816
2	263	6.40	2.00	0.841	0.542	1.564	16.474	1.162
3	274	8.80	3.00	1.017	0.695	1.975	19.5	1.431
4	292	10.5	3.70	1.12	0.796	2.255	19.735	1.538
5	314	14.0	5.20	1.305	1.001	2.773	21.284	1.798
6	342	17.5	7.00	1.484	1.221	3.116	20.373	2.013
7	478	28.5	14.5	1.994	1.971	3.415	11.596	2.325
8	497	35.5	23.0	2.375	2.579	2.445	7.888	2.926

表 8.14　$\theta = 30°$

序号	测量数据			计算数据				
	ω/(r/min)	α/(°)	β/(°)	Ω/s^{-1}	V_0/(m/s)	F_L/N	C_H	E
1	254	6.00	2.00	0.841	0.537	1.41	18.647	1.098
2	289	7.50	2.50	0.934	0.619	1.735	17.763	1.113
3	309	10.0	3.50	1.092	0.768	2.171	19.963	1.291
4	319	12.5	4.50	1.223	0.91	2.584	22.912	1.482
5	325	15.6	6.00	1.389	1.101	2.943	26.142	1.761
6	327	17.0	6.70	1.457	1.187	3.089	27.58	1.886
7	345	20.5	8.70	1.626	1.413	3.328	27.633	2.129
8	355	24.0	11.0	1.789	1.650	3.443	28.169	2.415

表 8.15　$\theta = 40°$

序号	测量数据			计算数据				
	ω/(r/min)	α/(°)	β/(°)	Ω/s^{-1}	V_0/(m/s)	F_L/N	C_H	E
1	280	9.00	2.50	0.934	0.642	2.305	31.049	1.053
2	331	16.5	6.60	1.447	1.168	2.964	32.969	1.622
3	349	18.5	7.90	1.562	1.309	3.028	31.124	1.725
4	353	20.0	8.50	1.611	1.387	3.253	33.41	1.807
5	365	21.5	9.50	1.686	1.491	3.292	32.247	1.878
6	455	28.5	15.0	2.02	1.997	3.209	21.038	2.017
7	472	33.0	19.5	2.231	2.347	2.914	19.287	2.286
8	494	36.5	24.0	2.414	2.653	2.422	15.588	2.469

8.3.4　前进飞行半转翼的半转升力系数的特点

测试结果显示出前进飞行时半转翼的升力有以下四个特点：

8.3.4.1　俯仰角对升力系数影响大

比较表 8.12～表 8.15 不同俯仰角下半转升力系数的数值，随着俯仰角的增大，半转升力系数也明显增大。因此虽是同一个半转翼飞行模型，但在用不同的俯仰角飞行时，必须使用不同的半转升力系数。这一点与固定翼类似。

8.3.4.2　升力比悬停状态大

在同样翼片转速下前进飞行具有比悬停飞行更大的升力。比如，由表 8.6，在 $\omega = 325$ r/min 时，悬停飞行的升力为 0.8 N；由表 8.12，在俯仰角为 10°，$\omega = 320$ r/min 时，前进飞行的升力为 2.472 N；由表 8.14，在俯仰角为 30°，$\omega = 325$ r/min 时，前进飞行的升力为 2.943 N。前进飞行的升力是悬停升力的 3 倍以上。这充分证明前进飞行时，经过翼片的前方来流大大增加了翼片的升力。

8.3.4.3　转速对升力系数影响大

从上面任一个表中的数据可见，在同样俯仰角下，翼片转速对升力系数的影响比悬停大得多。这是由于悬停飞行时，翼片转速的改变只改变气流相对速度的大小，不改变气流相对速度的方向，即翼片与气流的迎角不变，所以升力系数变化很小。但在前进飞行状态下，翼片转速的改变使气流相对速度的大小与方向都发生改变，翼片与气流的迎角发生变化，所以升力系数发生明显的改变。

8.3.4.4 具有类失速现象

在表 8.12～表 8.15 中,都发现在一定的俯仰角下,转速超过一定的大小后升力系数迅速下降,即类似固定翼的失速现象。如上所述,翼片的转速增加后,翼片相对气流的迎角也加大。迎角加大到一定的程度后,升力系数就会下降。在半转翼飞行时,必须避免这种类失速现象的出现。为此提出一个安全升力标示数 E,其定义计算式为 $E = \dfrac{36 V_0 \cos \theta}{\omega R}$。虽然对于不同的俯仰角出现类失速现象的转速不同,但是大多在 $E > 2$ 时发生。因此可定义安全升力标示数 E,并规定 $E \leqslant 2$ 为半转翼飞行器安全飞行的必要条件。

第9章
半转翼升力机制的仿真研究

对于以飞行为目的半转翼,其升力产生机制是最关键的基本属性。在空气中不对称转动的半转翼产生的气动力与其造成的复杂流场密切相关,而流场特点的观察只有依靠流动显示实验与计算机仿真手段。借助成熟的流体动力学程序 XFlow 可以很好地了解半转翼流场的特点,对半转翼升力特性进行更加深入的研究。

9.1 仿真模型设置

9.1.1 半转翼单翼片几何模型与虚拟风洞

研究半转翼气动力的基本特性时,采用单翼片模型。为与实体模型实验结果相比较,采用与实体模型同样的几何尺寸。

半转翼实体实验模型的主要几何参数如下:曲柄长度 $R = 0.06$ m,翼片展向长度 $2a = 0.28$ m,翼片弦向长度 $h = 0.21$ m。

根据半转翼模型的尺寸,设立虚拟风洞。一般风洞大小尺寸为模型的6~10倍,因此设置风洞长 2 m,高 3 m,宽 4 m。如图9.1(彩图见第247页)所示。图中长方形薄片为半转翼单翼片模型。XYZ 是 XFlow 中的全局坐标系,X 轴表示长度方向,Y 轴表示高度方向,Z

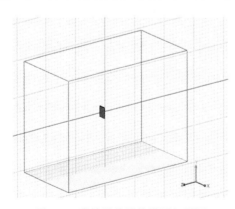

图 9.1 半转翼单翼片模型与风洞

轴表示深度方向。设置流体的流动模型为从 X 轴正向流入的单向外流,流体为气体。

9.1.2 单翼片几何体的运动方程

半转翼单翼片在曲柄驱动下以确定的转速主动转动,因此几何体行为属性设为 Enforced。参照图 9.2 确定模型的运动规律。坐标系 $O'YZ$ 是 XFlow 中的全局坐标系从 X 轴正方向看的平面坐标系,O' 点是虚拟风洞的中心点。

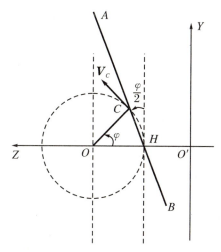

图 9.2 半转翼单翼片的运动关系

设定半转机构的不动点 H 与点 O' 的间隙 $O'H = 0.09$ m,曲柄的长度 $OC = 0.06$ m。半转翼单翼片在坐标系 $O'YZ$ 中做平面运动,可分解为随动轴点(翼片的中点)C 的平动与绕点 C 的转动。

描述点 C 在坐标系 $O'YZ$ 中的运动方程为

$$X = 0, \quad Y = 0.06\sin \omega t, \quad Z = 0.15 - 0.06\cos \omega t$$

其中 0.15 m 为主轴中心 O 与坐标系原点 O' 的距离,ω 为曲柄的转速。

绕点 C 转动的转轴与 X 轴平行,因此半转翼的旋转角度采用欧拉角度表示。当曲柄转速为 ω 时,翼片的转角方程为

$$\varphi_X = \frac{\omega t}{2}, \quad \varphi_Y = 0, \quad \varphi_Z = 0$$

当设定曲柄转速 $n = 3$ r/s,即角速度 $\omega = 6\pi$ rad/s $= 1080°/s$ 时,翼片转角为 $540t(°)$。

因此半转翼运动参数的设置如图 9.3 所示。

9.1.3 模型相关参数的设定

对仿真计算设置仿真参数,包括仿真时间、解析度、帧频率等,设定结果如图 9.4 所示,在仿真标签中,设定仿真时间为 3 s,全局解析度为 0.1 m,解析度细化算法为自适应到壁面以及自适应到动态尾迹的细化算法,尾迹解析度为 0.025 m。左翼面附近的解析度也为 0.025 m,帧频率设置为 50 Hz。这样在时间轴上,不同帧上细化的方式和位置是不同的。

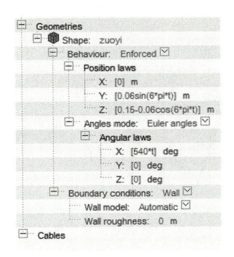 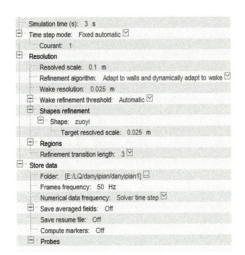

图 9.3　$w = 6\pi$ rad/s 时运动参数设置　　　图 9.4　仿真参数设置

完成设定相关参数并保存数据后即可进行计算。在用 XFlow 进行计算的过程中,观察信息视图窗口,其中的稳定性参数是衡量解析度设置的适合度。稳定性参数一般在 0 到 1 之间,若大于 1,则计算精度不够,不可信;若接近于 0,计算量会偏大,可适当调整解析度或增大柯朗数来节约计算时间。

9.2　仿真与模型实验比较

在第 8 章的天平升力实验中已得到不同转速下悬停飞行半转翼单翼片的升力数据。用同样几何尺寸的翼片在同样转速下,用 XFlow 仿真计算升力数据,与实验数据进行比较。表 9.1 是两者比较的结果。

表 9.1　实验数据和仿真的升力数据比较

转速(r/min)	实验数据/N	仿真数据/N	误差/%
243	0.225	0.219	2.7
322	0.404	0.392	3.0
408	0.634	0.599	5.5
514	0.995	0.958	3.7

比较结果说明用 XFlow 仿真分析的结果与实体模型的实验结果有很好的吻合度。这充分证明了用 XFlow 仿真分析半转翼的有效性和分析结果有较高可信度。在实验手段不完备的情况下，用 XFlow 仿真分析可以较方便地得到近似实验的结果，而且其结果具有较高的可信度。

XFlow 最具有应用价值的是可用于半转升力系数的确定，因为不同布局的翼片或不同工作位置的翼片都可能出现不同的升力系数，而半转升力系数必须依赖模型进行实验测定。这对实验设备与条件都提出一定的要求。如果仿真分析可以代替实体模型实验的话，将可以大大降低对实验条件的要求。由第 8 章半转升力系数的测定可知，只要实验测定出升力的平均值，就可以计算出半转升力系数 C_H。而由上述可知，用 XFlow 仿真计算的平均升力数据与实验数据相差很小。因此在不具备实验条件的情况下，用 XFlow 仿真计算出平均升力值，就可以估算出半转升力系数 C_H 的近似值。

表 9.2 列出了单翼片模型在几种转速下分别用实验测定与仿真分析计算出的 C_H 值。

表 9.2　单翼片模型在几种转速下实验与仿真的 C_H 值比较

转速/(r/min)	由实验得到的 C_H	由仿真得到的 C_H	误差/%
243	3.939	3.840	2.5
322	4.037	3.915	3.0
408	3.941	3.725	5.5
514	3.898	3.754	3.7
C_H 的平均值	3.95	3.81	3.5

可见，由两种方法得到的半转升力系数的误差在 5% 以内。因此用仿真分析方法得到的 C_H 值完全可以用于半转翼升力的计算。

9.3 仿真与理论分析比较

在第 4 章中对半转翼的多种状态下的升力进行了理论分析,依据仿真分析的结果可以对两者进行比较。

对于最基础的半转翼静止空气中悬停飞行的升力,式(4.7)给出了理论计算公式。改写此式中的 φ 为 ωt,即得升力的瞬时表达式

$$F_L = \frac{1}{6} C_H \rho h R \omega^2 \sin^2 \frac{\omega t}{2} \left(4R^2 \sin^2 \frac{\omega t}{2} + 3a^2 \right)$$

按实体模型的几何参数,并取实验所测得的半转升力系数 $C_H = 3.9$,分别在 $\omega = 322$ r/min 与 $\omega = 514$ r/min 条件下,计算理论瞬时升力,进行仿真分析。作出曲柄从静止开始前三个转动周期内,升力的理论值与仿真值的时间历程,如图 9.5 和图 9.6 所示。

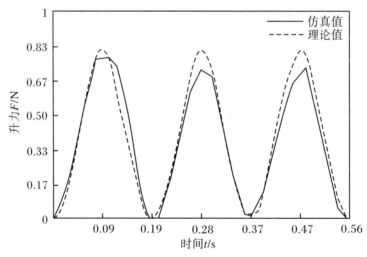

图 9.5　$\omega = 322$ r/min 时理论瞬时升力与仿真瞬时升力的比较

比较仿真与理论两种曲线,它们有以下特点:
(1) 理论值稍大于仿真值。
(2) 在第一周期两者的吻合度最好,在以后的周期仿真升力的峰值明显减小。
(3) 除峰值部分两者有较明显的差异外,其余部分两者的数值相当接近。

形成这些特点的原因如下:
(1) 由于理论分析模型是经过了诸多简化的理想模型,所以理论值常常大于实验值与仿真值。

(2) 理论分析基于半转翼在静止流场中的运动,而仿真分析的第一周期也基于从静止流场开始的运动,所以两者的吻合度较高。但仿真分析的第二周期及以后的周期都是在前面周期产生的运动流场中进行运动,前一周期的尾流对流场造成的干扰使升力的峰值降低。

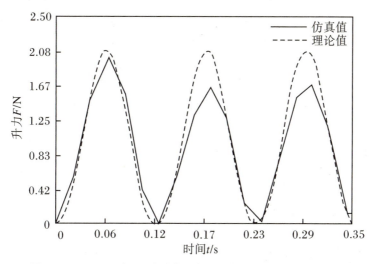

图 9.6　ω = 514 r/min 时理论瞬时升力与仿真瞬时升力的比较

(3) 虽然由于两者分析模型的差异造成峰值不同,但是两曲线在大部分区域的良好接近显示出两者对升力瞬时变化规律的分析相当一致。

由表 9.2 已知,仿真结果与实验结果有很好的吻合度,可用 XFlow 对半转翼进行仿真的结果与真实情况相当接近,有很高的可信度。而由本小节仿真与理论计算结果的比较,又知对半转翼升力规律的理论分析与仿真分析结果相当接近。因此可以认为对半转翼气动力的理论分析方法能够比较精确地反映半转翼气动力的真实规律,用于半转翼的研究是可靠的。在应用理论方法计算时,必须注意到得到的结果稍大于实际情况的事实。

9.4　半转翼的流场特性

9.4.1　半转翼与对称转动翼片流场比较

表 9.3(彩图见第 248 页)是对称翼片与半转翼片的流场比较。左列是绕中心轴转动的对称翼片,右列是半转翼片。两者的转速相同,皆为 10 r/s。设两者皆在静止流场中开始转动,取开始后的第一转中同样五个时刻的速度矢量图进行比较。

表 9.3 对称翼片与半转翼片的流场比较

时间/s	对称转动翼片	半转翼片
0.01		
0.03		
0.05		
0.07		

续表

时间/s	对称转动翼片	半转翼片
0.09		

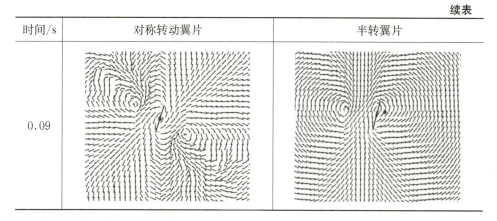

通过两者对照可以看到以下一些特点：

（1）流场整体的对称性不同。

从整个流场的特点看，对称转动翼片的流场明显关于翼片的转轴（图中的小圆点）呈中心对称；而半转翼片流场两侧的流场明显不同。这充分验证了半转翼的不对称转动的特性。

（2）翼片两端形成的翼缘涡不同。

对称转动翼片：转动开始时在翼片两端的背流侧同时对称地产生附着涡，随着转动两个涡同时增大并保持位置与大小的对称性。两涡的转向相同，皆与翼片的转动方向相反。近翼面的气流方向与翼片平行，把翼端涡推出翼片。翼片转过45°角时两端的附着涡开始从翼片上脱离，分别在翼片的两侧缓慢离开翼片。

半转翼片：转动开始时在翼片两端的背流侧同时产生附着涡，涡的转向与翼片转向相反，但是不具有对称性，翼片在动轴运动方向前方的端部（前端）上的涡比翼片在动轴运动方向后方的端部（后端）上的涡大。随着翼片的转动，前端涡明显加大，但从静止开始后反向的后端涡即从翼片上脱落，在后端留下一个与翼片转向相同的驻留涡。这与对称转动翼片明显不同。这个驻留涡产生随翼片转动的旋转环流，改变了近翼片气流的方向，使气流与翼片的夹角增大，从而减小了与翼片平行方向的分速度。因而降低了推动翼端涡脱离翼片的能力，使前端涡在翼片上附着的时间更长。翼片转过45°角时没有出现涡脱离翼片的现象，直到翼片接近水平位置（转过90°角）时，前端涡方脱离翼片。前端涡脱离翼片后，滞留在翼片外侧（转轴的对侧）并缓慢离开翼片，而后端涡一直驻留在翼片上。下一周期开始后，后端改为前端；由于前端速度持续增大，在前端形成与转动方向相反的新前端附着涡。

（3）流场中直线型"流束"分布不同。

在流场的速度矢量图中明显看出有一些方向与大小比较一致的流动区域，姑且称之为"流束"。这样的流束往往是在涡之间或涡与物面之间生成的。这些流束的动量变化,必然对它周围的相关物体产生与流束运动方向相反的作用力。因此它是分析气动力的一个重要因素。

对称转动翼片:附着涡脱离翼片后在涡与翼片之间的区域出现流束,流束的分布也呈中心对称的特点。因此流束对翼片产生的气动力也是中心对称的,只能产生阻滞翼片转动的力偶,而合力为零。因此对称转动的翼片是不能产生升力的。

半转翼片:前端的附着涡脱离翼片后在涡与随翼片的旋转环流之间的区域出现流束,后端涡不脱离翼片,故没有流束出现。因此流束对翼片的气动力也偏于翼片的前端,向偏下的方向流动。这些气动力即产生阻滞翼片转动的力矩,也对翼片产生了与流动方向相反的向上的升力。

流场显示的特点充分证明了不对称转动的半转翼能有效产生升力。

9.4.2 流场中涡量、速度及压力的大小分布特点

流场速度分布的矢量图清楚地显示出流体流动的方向特点,再由云图进一步了解流场中涡量、速度及压力的大小分布特点。

表 9.4(彩图见第 249 页)是在半转翼曲柄转速为 10 r/s 时曲柄一转内流场涡量、速度及压力的云图比较。

表 9.4 在半转翼曲柄转速为 10 r/s 时曲柄一转内流场涡量、速度及压力的云图比较

时间/s	涡 量	速 度	压 力
0.00	翼片前端出现附着涡,流场下方有前两转产生的尾涡	以尾涡为中心的区域流速大	以尾涡为中心的区域压力小

续表

时间/s	涡　量	速　度	压　力
0.01	翼片前端的附着涡逐渐增大,后端引导着尾涡分布	翼片前端渐大的附着涡形成逐渐增大的大流速区域	翼片前端迎流侧出现高压区,背流侧压力下降而产生升力
0.03	翼片前端的附着涡继续增大,后端尾涡拉长,早期尾涡渐消	前后端的大流速区继续扩大,早期尾涡影响减弱	迎流侧高压区扩大且背流侧负压力增大,升力增大
0.05	翼片前端的附着涡达到最大,后端对尾涡的引导渐弱	前端附着涡大流速区继续扩大,尾涡区范围扩大,流速减小	迎流侧高压区更大且背流侧负压区亦扩大,升力增大

续表

时间/s	涡 量	速 度	压 力
0.07			
	前端附着涡变小并开始脱离,翼片后端与尾涡的联系微弱	前端大流速区范围与强度变大,未增尾涡区范围与流速变小	迎流侧高压区扩大但强度减弱,背流侧负压区缩小,升力下降
0.09			
	翼片前端附着涡脱离成为新尾涡而后端与尾涡脱离	前端大流速区范围扩大,但强度减弱,原尾涡区流速更小	迎流侧高压区扩大但强度减弱,背流侧负压区更小,升力更小
0.10			
	下周期开始,前后端位置互换,产生新前端附着涡及大流速区,迎流背流互换,压力方向不变		

9.5 半转翼升力产生机制分析

9.5.1 翼片端部的命名

半转翼在静止空气中悬停飞行时,涡主要在翼片的端部产生。为明确表述翼片端部涡的变化,对翼片端部的名称进行重新确定,因为根据半转机构的运动特性,翼片在每一个周期中两个表面皆会发生位置互换。若称面向主轴的面为内面,背向主轴的面为外面,则在翼片通过主轴(即通过水平位置)后,内、外面会相互交换。参见图9.7。同时,若称翼片在动轴运动方向前方的端部为前端,在动轴运动方向后方的端部为后端,则在翼片通过主轴后,前、后端也相互交换了。

从半转机构运动学研究开始,就规定曲柄水平且动轴与不动点重合的位置为曲柄周期的始点。在这样的约定下,一个曲柄周期中同一端部就会先后被称为前端与后端。这不利于对问题的描述与分析。

为此,以过不动点的铅直线为分界,与主轴在同侧的翼片端部称为远端(意即离不动点较远);与主轴在异侧的翼片

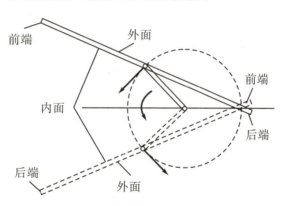

图 9.7 翼片的前、后端与内、外面

端部称为近端(意即离不动点较近)。当翼片在分界线上时,两端与不动点等距离,则称即将进入远端区的为远端,刚离开远端区的为近端。这样在一个曲柄周期中,一个确定的翼片端部只称为远端或近端即可。进入下一个周期时,远端与近端名称才发生交换。参见图9.8。

9.5.2 产生升力的流场特征

进一步分析表9.4可看出与半转翼升力产生机制有关的一些流场特点。

9.5.2.1 周期性变化规律

涡量、速度及压力诸量随曲柄转动呈周期性变化。0.00 s翼片在铅直(即曲柄

水平向右)位置时,诸量最小,因而升力最小;0.05 s 翼片在水平(即曲柄水平向左)位置时,诸量最大,因而升力最大。

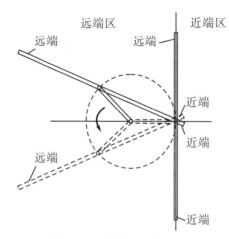

图 9.8　翼片的远端与近端

9.5.2.2　远端涡的变化

涡最先以附着涡的形式在翼片远端发生,并逐渐增强增大(见 0.00 s、0.01 s、0.03 s 与 0.05 s 涡量图)。后在 0.05～0.07 s 间脱离翼片,但与翼片仍有联系,形成在翼片远端引导下逐渐扩大的涡环。参见图 9.9(彩图见第 252 页)。

图 9.9 是 0.07 s 时半转翼片流场中涡量显示的三维图,其中下面的翼端为远端,上面的翼端为近端。可明显看出附着涡从远端脱离翼片后,其两侧仍与翼片相连,形成一个小涡环。此涡环在运动的翼片端部的引导下逐渐加大,在后半周期形成位于下方的尾涡,如图中下方所示与近端相连的长弧形的尾涡。最后,在近端持续加速的影响下在 0.09 s 后与翼片完全脱离。

9.5.2.3　尾涡环对气流运动的影响

尾涡区涡环内气流的转动方向是外侧向上、内侧向下,因此涡环中间形成向下的加速气流。同时翼片的迎流面推动流体前进,是使气流产生加速运动的原动力。从而在翼片与尾涡两者的共同作用下,在流场中形成向下方快速流动的定向气流团。注意到转动的翼片可以向各个方向推动气流,但尾涡始终位于翼片水平位置的下方,所以受

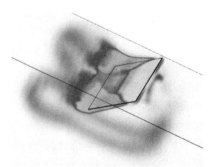

图 9.9　翼片两端的涡环

尾涡环的引导,被翼片推动的气流大部分通过尾涡环向下方运动。翼片与尾涡的关系可以比喻为火箭发动机的燃烧室与尾喷管,在燃烧室中获得能量的气流通过尾喷管向后定向加速排出。

9.5.2.4　半转翼升力产生的机制

在被翼片推动并受尾涡环导向向下加速运动的过程中,气流团向下的动量增加。因此气流团必然受到向下的冲量作用,同时它也必然对外界产生向上的反冲量。由于推动气流主要是翼片的作用,所以该反冲量必然作用在翼片上。在压力云图上翼片迎流面显示的高压区正是此反冲量作用的证明。此反冲量使半转翼产生升力。

9.6 半转翼片上涡的产生与脱落

前文通过分析仿真的结果,得到半转翼流场的主要特点,并且明确了速度、压力及升力的变化都是源自形式独特的涡。本节进一步定性地分析这种独特的涡是如何产生的。

9.6.1 物体与流体的速度差及涡

涡是流体的不均匀流动产生的。对于在流体中运动的物体,当其运动速度与流体产生差异时就会在边界附近产生涡。以下用薄板型的翼片在流体中运动为例进行讨论。

9.6.1.1 翼片速度大于周围流体速度

此时翼片推动流体前进,翼片的迎流面由于前方低速流体的惯性出现高压区;而因流体不能承受拉力,后方的流体由于惯性而有与翼片分离的趋势,在背流面形成低压区。因此前方迎流面的流体会向后方低压区补充,形成运动方向与翼片方向相反的流动。但这些反向补充的流动遇到翼片周围与翼片运动方向一致的随动气流后,受阻向低压区转向,从而在翼片端部形成与翼片转向相反的涡旋。因为低压区随翼片运动,所以这样形成的涡是依附在翼片端部的附着涡。如图9.10(a)所示。

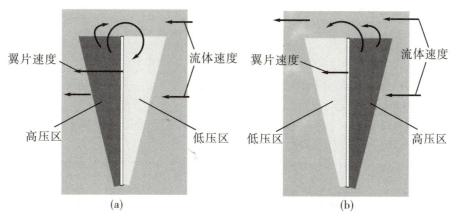

图9.10 翼片与流体的速度差与涡的产生示意图

9.6.1.2 翼片速度小于周围流体速度

此时翼片阻碍流体前进,翼片的背流面由于后方高速流体的惯性出现高压区;而因流体不能承受拉力,前方的流体由于惯性而有与翼片分离的趋势,在迎流面形成低压区。因此后方背流面的流体会向前方低压区补充,形成运动方向与翼片方向相同的流动。这些同向补充的流动与翼片周围的随动气流方向相同,在速度差不大时一般不会形成明显的涡旋。但这个补充流动加强引导周围流体随翼片的运动,形成与翼片转动方向相同的旋转环流。如图9.10(b)所示。

9.6.1.3 翼片速度等于周围流体速度

此时翼片与流体没有速度差(或速度差很小),翼片的前后两面不会形成压力差(或压力差很小),因此翼片上不会产生涡旋,如图9.11(彩图见第252页)所示。图9.11(a)是对称翼片在静止流场中开始转动时,翼片端部比流体速度大,所以产生了反向涡旋。图9.11(b)是匀速转动两转以后的流场,此时流体已随翼片稳定地运动,与翼片几乎没有速度差,翼片上也不再出现涡旋。

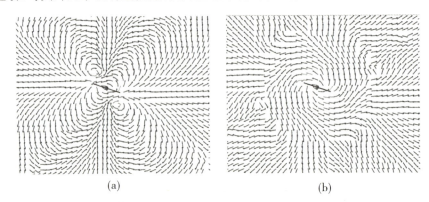

图9.11 翼片与流体无速度差时涡的消失

9.6.2 半转翼翼端涡的产生与变化

此处只讨论在静止空气中悬停飞行的半转翼,这是半转翼最基本的飞行状态,其产生的涡只与半转翼的运动有关。

9.6.2.1 翼片端部的速度

图9.12是半转翼翼片端部速度在一个曲柄周期内的变化曲线。从翼片在铅直的位置开始,远端速度逐渐增大,至水平位置达到最大,随后逐渐变小,到达铅直位置后变成近端。而近端从翼片的铅直位置开始,速度逐渐减小,至水平位置达到

最小,随后逐渐变大,到达铅直位置后变成远端。特别注意远端的最大速度与近端的最小速度都是翼片在水平位置(即过主轴)时出现的。半转翼流场中涡的特殊状态就是源自翼片端部速度的这种变化。

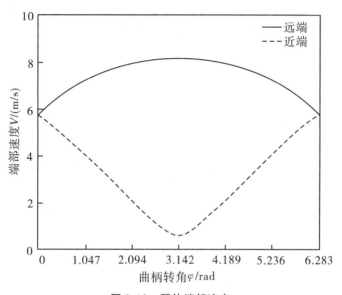

图9.12 翼片端部速度

9.6.2.2 远端涡的产生与脱落

1. 产生

翼片近端在接近分界线时速度增大到大于周边流速时,翼片端部的迎流面出现高压区,而背流面出现低压区,因而端部出现与翼片转向相反的涡旋。进入远端区后,近端成为远端,且速度继续增大,反向涡旋也进一步增大。此涡旋附着在背流面,形成附着的远端涡。参见图9.13(彩图见第253页)。

2. 稳定、增强

沿着翼片背流面的展向,远端涡从两个方向得到气流的补充。一侧是从近端流向远端的与翼片同向的旋转环流,它们有把远端涡推出翼片的趋势。另一侧是绕过翼端反向补充低压区的气流,它们有把远端涡推进翼片的趋势。两者平衡时,远端涡稳定在翼端;而且补充气流的涡量方向与远端涡相同,使远端涡得以加强、扩大。

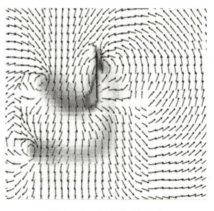

图9.13 远端涡的产生

参见图9.14(彩图见第253页)。

3. 脱落

翼片在曲柄周期中点通过水平位置(即通过主轴)时,远端速度达到最大值后逐渐下降,参见图9.12。在远端速度小于周边速度后,加强涡量的反向补充气流消失,而且翼端产生向前的正向补充气流。此时稳定远端涡的平衡力量也消失了,远端涡失去平衡,在沿翼面展向气流的推动下从翼端脱落。参见图9.15(彩图见第253页)。

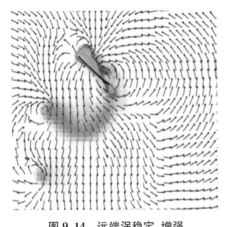 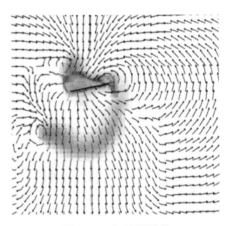

图9.14 远端涡稳定、增强　　　　　　图9.15 远端涡脱落

9.6.2.3 尾涡环的形成与消失

1. 产生

当翼片远端产生附着涡时,翼片远端两侧边也有从迎流面反向补充的气流形成的涡,它们与远端涡连成一体附着在翼片上。沿远端两侧边分布的涡与沿翼面展向流动的气流平行,所以能推动远端附着涡向外脱落的展向气流并不会推动两侧的涡脱落。远端附着涡脱落后与两侧涡一起形成外凸的弧形涡弧,如图9.9所示。在弧形涡弧与翼片远端之间形成下泄气流区。

沿翼片背流面展向向外运动的气流在下泄区变向下行,在翼片远端背流面产生与翼片转向相同的涡量。同时,由于翼片减速而从背流面向迎流面的补充气流也产生同方向的涡量。两者叠加在远端背流面形成与翼片转向相同的驻留涡。此驻留涡的方向虽然与脱落的远端附着涡相反,但两者相对的一侧皆是向下的运动,它们与翼片远端两侧的涡一起组成一个拖在翼片后的尾涡环,其环内区域为气流的下泄区。参见图9.9。

2. 稳定、增强

尾涡环形成后的一段时间内,其一端始终与翼片远端相连。此时远端已处于减速区,参见图 9.12。随着远端持续减速,与周边流速的差不断增大。翼片端部迎流面的低压区加强,从背流面不断有向前向内补充的气流流入。这些补充气流的涡量与驻留涡的涡量同号,加强了驻留涡;而且向翼片内部转动的气流对驻留涡产生阻止向外脱落的稳定作用。由于尾涡的驻留涡部分稳定地与翼片远端相连,随着翼片的运动尾涡就被拉成长长的弧形涡环,如图 9.9 所示。

3. 消失

翼片到达铅直位置(即远端区与近端区分界线)时,远端变为近端。由图 9.12 可知,此时近端仍减速,所以驻留涡仍附着在翼片近端背流面,继续拉长尾涡环。近端到达水平位置后,开始从最低速度加速运动;但由于近端速度很低,仍小于周边流速,所以尾涡仍处于稳定变形状态。直到近端速度逐渐加大到与周边流速相等时,端部稳定驻留涡的气流消失。随之近端速度超过周边流速,开始出现从迎流面向后补充流动的气流,此气流的涡量与驻留涡相反,抵消了驻留涡的运动,尾涡环随之逐渐消失。如表 9.4 中 0.07 s、0.09 s、0.10 s 的涡量图所示。

第 10 章
半转翼飞行研究展望

本书总结了基于半转机构的飞行装置——半转翼的构想以及探索至今的主要研究结果。开辟一种新型的仿生飞行方式，从原理探索、技术研究到真正实用飞行之间的道路必然是漫长而艰辛的；但沿途也充满着在平庸生活中难觅的乐趣。站在目前所获的基础上，展望半转翼研究的未来，尚有不少值得钻研的地方。

10.1 结构展望

10.1.1 传动方式

最初采用齿轮传动的半转机构，带来自重较大因而不利飞行的弊端。为此提出局部约束的思路，打破了干涉的禁锢，开发出简约化的半转机构。但是这种简约化半转翼的单翼片结构在高速运转时对于动平衡是不利的；而采用齿轮传动时可以对称布置翼片，对于动平衡有利得多。所以，改进齿轮传动方式，构成既避免自重大又能高速转动的半转翼是值得探索的方向。

10.1.2 驱动方法

半转机构的运动关键在于曲柄与半转翼的转速比为 2∶1。此前各种半转机构的构成思路都是用原动机驱动主轴，再通过传动机构分配转动给半转翼。其中传动机构的简化是简约化半转机构的核心所在。如果改变传统的传动思路，使主轴与翼片独立驱动，只要精确保证翼片相对曲柄转动的方向与主轴（曲柄）方向相反，且翼片转速是主轴转速的一半，就能实现翼片的半转运动。这种直接驱动的方式是不需要传动的。驱动的动力机可以是电机，也可以用气动或液压马达等。

10.1.3 翼片形式

实验已经证明,柔性翼片的升力系数比较大,所以用柔性半转翼可以产生大得多的升力。但怎样构成能长久运行的柔性翼片?松弛度多大能产生最大升力?什么材料做翼片能既轻巧又结实?大型翼与小型翼用柔性翼片有什么不同?总之,若想使翼片的强度与升力均达到最佳,还有不少问题有待解决。

10.2 控制展望

至目前为止的研究,均采用仿生尾翼的形式控制半转翼飞行器的飞行姿态。但利用半转机构自身的特性或采用半转翼的不同组合形式,还可以得到其他控制方式。

10.2.1 改变升力方向

半转翼产生不对称转动,从而产生升力。半转翼的升力方向与主轴和不动点(滑槽轴)的连线垂直。在现有的半转机构中,滑槽的位置是固定不动的,因而升力的方向也固定不变(此处的升力是指与机身平面垂直的力)。如果设法改变滑槽轴的位置,使它在动轴圆上移动,则主轴与不动点(滑槽轴)的连线也改变了方向。结果半转翼产生的升力的方向也随之改变。参见图 10.1,在不动点从点 H 移动到 H_1 后,翼片气动力的主矢方向从 F 变到 F_1。实现滑槽轴的移动在技术上并不是十分困难的事。

对于一对翼的半转翼对,移动一个翼或两个翼的滑槽使升力右偏,飞行器就能向右侧滑飞行,并且和尾翼的方向舵变化相配合,能产生更大的偏航力矩,实现大曲率转弯,大大提高机动性。

对于前后两对翼的半转翼组合,前后翼对分别向两侧改变升力方向,就直接产生偏航力矩,而不必依靠尾翼方向舵的作用;而且在悬停飞行时同样也能产生偏航力矩,这是一个有价值的特性。

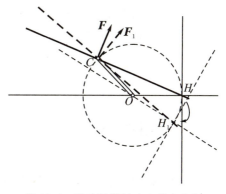

图 10.1 移动滑槽轴改变升力方向

10.2.2 改变翼片转速

半转翼在飞行器左右两侧对称布置。两侧同步转动时,横向力相互抵消,竖向力合成为升力。如果改变一侧翼片的转速,就破坏了左右对称的关系,转速提高的一侧气动力增加,升力与横向力也增加。因翼片的气动力效果以升力为主,所以改变转速对升力的影响较大。一侧升力增加后产生滚转力矩,就可以不依赖尾翼对飞行器的滚转角进行控制。

对于前后两对翼的组合,改变同侧翼片的转速可以产生滚转力矩,可以不依赖尾翼对飞行器的滚转角进行控制。如果改变前部或后部翼对的转速,则产生俯仰力矩,就可以不依赖尾翼对飞行器的俯仰角进行控制,从而控制飞行器前进或后退的速度。

10.2.3 翼下尾翼

飞机与鸟的尾翼都在身体的后部,与双翼有一定的水平距离,在铅直方向不产生重叠。这样的尾翼依靠飞行产生的前方来流的作用产生控制力矩。在悬停飞行时(对于能够悬停的飞行器)无前方来流产生,所以这样的尾翼是不能控制飞行姿态的。

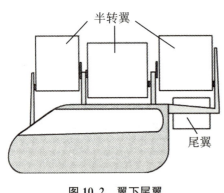

图 10.2　翼下尾翼

但是在半转翼的场合,可以把尾翼设置在半转翼的下方,如图 10.2 所示。

半转翼转动后,翼片产生的气流能直接作用在下方的尾翼上。尾翼上的控制翼片受到从上而下的气流作用力,改变尾翼翼片的方向就能产生各种控制力矩。这样悬停飞行的半转翼就能自如地原地转动,使机头朝向不同的方向;也能迅速从悬停状态变换为其他飞行状态(如前进、后退、侧飞等),具有优良的机动性。

10.3　应用展望

半转翼飞行器的应用重在以发挥自身特有的长处为基础。垂直起降、悬停飞行、机动性好、串排机翼与低速飞行都是其突出的优点。

10.3.1 垂直起降

半转翼飞行器可以垂直起降,不需跑道、不需专用机场,这一点与直升机类似。因此适合作为城市内空中交通工具。随时随地可以起降的特点,在应急救援中也能发挥巨大作用。

10.3.2 悬停飞行

半转翼飞行器可以方便地实现悬停飞行,在警戒、救援、考察、搜寻等需要有空中驻留作业的场合可以大展身手,而且双翼对称连续向下扑动的形式能产生更好的悬停稳定性。

10.3.3 机动性好

由于半转翼各翼片能独立改变转速与升力方向,所以具有优良的飞行机动性。它能实现原地转向、大曲率转弯、横向移动、后退飞行等动作。在复杂的环境中,优良的机动性能大大提高飞行安全性。

10.3.4 串排机翼

在半转翼飞行器中,每对机翼限制在一个与机身纵轴垂直的柱体空间内运动,前后机翼的运动不会发生干涉。因此可以沿机身纵轴串排若干对半转翼,使一个机身由多个机翼带动。这样大型机就不必依赖大翼展的机翼,而只需沿机身纵向排列一串小翼展的机翼。

甚至还可以采用模块化的机身,参见图 10.3。每一个机身模块都是可独立飞行的半转翼飞行器,按照任务需要可以选择若干节机身模块,组成一个飞行列车型飞行器。这将可以实现更加经济有效的飞行。这样的飞行器在空中飞行时,将呈现出中国龙的形态。图 10.4 是想象这样的龙形飞行器在空中飞行时的姿态,加速或前进时后部机翼加速转动,减速或后退时后部机翼减速转动,前后机翼分别向两侧改变升力方向时实现偏航或横移。

10.3.5 低速飞行

半转翼飞行器飞行速度较低,不适合长距离飞行;但是对于短程飞行是十分有利的,比如用于城市与郊区、相邻城市之间的空中交通工具。半转翼飞行器起降方便,安全性高,不受公路拥阻的限制,十分适合作为空中公交车、空中通勤车、空中救护车等使用。

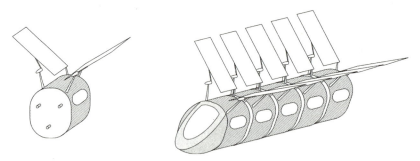

图 10.3　模块化飞行器

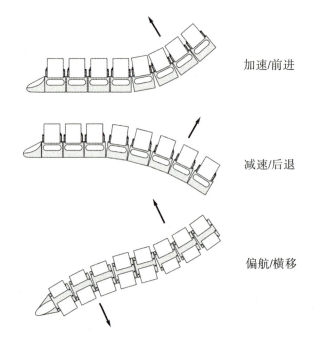

图 10.4　龙形飞行器想象图

参 考 文 献

[1] Dudley R. The Biomechanics of Insect Flight: Form, Function, Evolution [M]. Princeton: Princeton University Press, 2000.

[2] James M M, Michael S F. Micro Air Vehicles-Toward a New Dimension in Flight [R]. DARPA/TTO Report, 1997.

[3] 钦俊德. 动物的运动[M]. 北京:清华大学出版社,2000.

[4] Weis-Fogh T. Quick estimates of flight fitness in hovering animals including novel mechanism for lift production[J]. Journal of Experimental Biology, 1973 (59): 169-230.

[5] Dickinson M H, Lehmann F O, Sane S P. Wing rotation and the aerodynamic basis of insect flight [J]. Science, 1999, 284(5422): 1954-1960.

[6] Phan H V, Nguyen Q V, Truong Q T, et al. Stable vertical takeoff of an insect-mimicking flapping-wing system without guide implementing inherent pitching stability [J]. Journal of Bionic Engineering, 2012, 9(4): 391-401.

[7] Sudhakar Y, Vengadesan S. Flight force production by flapping insect wings in inclined stroke plane kinematics [J]. Computers & Fluids, 2010, 39(4): 683-695.

[8] 余永亮,童秉纲,马晖扬. 昆虫拍翼方式的非定常流动物理再探讨[J]. 力学学报, 2005,37(3):257-265.

[9] 牟晓蕾,孙茂. 食蚜蝇悬停飞行时的气动特性[J]. 北京航空航天大学学报, 2012,38(17):1-6.

[10] Lighthill M J. On the Weis-Fogh mechanism of lift generation [J]. J. Fluid Mech., 1973, 60: 1-17.

[11] Sun M, Tang J. Unsteady aerodynamic force generation by a model fruit fly wing in flapping motion [J]. Journal of Experimental Biology, 2002, 205: 55-70.

[12] Delaurier J D. An aerodynamic model for flapping-wing flight [J]. Aeronautical Journal, 1993, 97 (964): 125-130.

[13] Biech J M, Dickinson M H. The influence of wing-wake interactions on the Production of aerodynamic forces in flapping flight [J]. Journal of Experimental

Biology, 2003, 206: 2257-2272.

[14] Freymuth P. Thrust generation by an airfoil in hover modes [J]. Experiments in Fluids, 1990, 9: 17-24.

[15] Bomphre R J, Lawson N J. The aerodynamic of manduca sexta: Digital particle image velocimetry analysis of the leading edge vortex [J]. Journal of Experimental Biology, 2005, 208: 1079-1094.

[16] Thomas L R, Taylor G K, Srygley R B. Dragonfly flight: Free-flight and tethered flow visualizations reveal a diverse array of unsteady lift-generating mechanisms, controlled primarily via angle of attack [J]. Journal of Experimental Biology, 2004, 207: 4299-4323.

[17] 曾理江.昆虫运动机理研究及其应用[J].中国科学基金,2000,14(4):206-210.

[18] 孙茂.昆虫飞行的空气动力学[J].力学进展,2015,45:1-28.

[19] 兰世隆,孙茂.模型昆虫翼非定常运动时的空气动力特性[J].力学学报,2001,33(2):173-182.

[20] 白鹏,崔尔杰,李锋,等.悬停飞昆虫拍动翼低雷诺数高升力气动机理研究[J].空气动力学学报,2007,25:175-182.

[21] 邱支振.昆虫翅前缘涡的形成与保持[J].自然杂志,2003,25(3):174-176.

[22] Larijani R F, DeLaurier J D. A Nonlinear Aeroelastic Model for the Study of Flapping Wing Flight[M]//Mueller T J. Fixed and Flapping Wing Aerodynamics for Micro Air Vehicle Applications. AIAA, 2001: 399-428.

[23] 昂海松.微型飞行器的现状、难题和发展趋势[C]//第五届中国无人机大会,北京,2014:653-658.

[24] 陈文元,张卫平.微型扑翼式仿生飞行器[M].上海:上海交通大学出版社,2010.

[25] 周骥平,武立新,朱兴龙.仿生扑翼飞行器的研究现状及关键技术机器人技术与应用[J].机器人技术与应用,2004(6):12-17.

[26] Wood R J. The First Take off a Biologically Inspired At-scale Robotic Insect [J]. IEEE Transactions on Robotics, 2008, 24 (2): 341-347.

[27] Deng X, Schenato L, Wu W C, et al. Flapping Flight for Biomimetic Robotic Insects: Part I: System Modeling[J]. IEEE Transactions on Robotics, 2006, 22 (4): 776-788.

[28] Deng X, Schenato L, Sastry S S. Flapping Flight for Biomimetic Robotic Insects: Part II: Flight Control Design[J]. IEEE Transactions on Robotics, 2006, 22 (4): 789-803.

[29] Jones K D, Bradshaw C J, Papadopoulos J, et al. Bio-inspired design of flapping-wing micro air vehicles [J]. Aeronautical Journal, 2005, 109 (1098): 385-393.

[30] Jones K D, Platzer M F. Flapping-wing aerohydromechanics in nature and engineering[C]// Comparing Design in Nature with Science and Engineering, Southampton, 2006: 3-11.

[31] Pornsin-Sisirak T, Tai Y, Ho C. Microbat: A palm-sized electrically powered ornithopter[C]// NASA/JPL Workshop on Biomorphic Robotics, 2001: 14-17.

[32] Pornsin-Sisirak T, Lee S, Nassef H, et al. MEMS wing technology for a battery-powered ornithopter[C]// 13th IEEE International Conference on Micro Electro Mechanical Systems, 2000: 799-804.

[33] Keennon M, Klingebiel K, Won H, et al. Development of the Nano Hummingbird: A Tailless Flapping Wing Micro Air Vehicle[C]// 50th AIAA Aerospace Sciences Meeting Including the New Horizons Forum and Aerospace Exposition, 2012: 588.

[34] Qiu Z, Xie N. The Reversed Thinking and Outlet of Animal-motion Bionics[C]// Proceedings of the 6th International Conference on Frontiers of Design and Manufacturing, 2004: 477-478.

[35] 邱支振. 半转机构[M]. 合肥:中国科学技术大学出版社,2011.

[36] Wang X, Liu J, Chen F, et al. Research on ride comfort of half-rotating walking mechanism[J]. Applied Mechanics and Materials, 2011, 48/49: 971-975.

[37] Wang X Y, Dong Y P, Qiu Z Z, et al. Lift Estimation of Half-Rotating Wing in Hovering Flight[C]// IOP Conference Series: Materials Science and Engineering, 2016:012001.

[38] Wang H X, Wang X Y, Qiu H, et al. Effect of Local Constraint on Driving Torque of Driving Mechanism for Half-rotating Wing[C]// MATEC Web of Conferences: EDP Sciences, 2016: 02005.

[39] Wang X Y, Zhang Y Q, Wang H X, et al. Research of Local Constraint for Simplified Half-rotating Mechanism[C]// Applied Mechanics & Materials, Trans. Tech. Publications, 2016: 35-39.

[40] 张玉华,邱支振. 半转机构的内凸轮啮合传动[J]. 机械传动,2008(3):1-3.

[41] 邱晗,王孝义. 半转机构:一种运动仿生机构的构成及其基本运动特性[J]. 机械科学与技术,2011,30(4):601-602.

[42] 王孝义,梅林林,陈富强,等. 类两足步行机构及其运动几何特性分析与应用[J]. 机械科学与技术,2011,30(6):1020-1021.

[43] 王孝义,秦建恒,邱晗,等. 基于 ZMP 的类双足步行机构行走稳定性控制[J]. 机械科学与术,2014,33(6):802-803.

[44] Madangopal R, Khan Z A. Energetics-based design of small flapping-wing micro air vehicles[C]. IEEE/ASME Transactions on Mechatronics, 2006: 433-438.

[45] Mueller J. Fixed and flapping wing aerodynamics for micro air vehicle applications[M]. Virginia: American Institute of Aeronautics and Astronautics, 2001.

[46] 昂海松,肖天航,郑祥明,等.微型飞型器设计导论[M].西安:西北工业大学出版社,2012.

[47] 杨文清,宋笔锋,宋文萍,等.微型扑翼低雷诺数绕流气动特性研究[J].空气动力学学报,2011,29(1):32-38.

[48] Fear R S, Chiang K H, Dickinson M H, et al. Wing transmission for a micromechanical flying insect [C]// IEEE Int. Conf. on Robotics and Automation, San Francisco, CA, 2000: 1509-1515.

[49] 曾锐,昂海松,梅源.扑翼柔性及其对气动特性的影响[J].计算力学学报,2005,22(6):750-754.

[50] 崔晓峰,魏瑞轩,周新立,等.仿鸟扑翼飞行器建模分析[J].系统仿真学报,2009,21(16):4995-4998.

[51] 姜海波,曹树良,程忠庆.平板大攻角绕流升力和阻力系数的计算[J].应用力学学报,2011,28(5):518-520.

[52] 普朗特 L,奥斯瓦提奇 K,维格哈特 K.流体力学概论[M].北京:科学出版社,1984:289.

[53] Hall K C, Pigott S A, Hall S R. Power requirements for large-amplitude flapping flight [J]. Journal of Aircraft, 1998, 35 (3): 352-361.

[54] Zhu J, Zhou C, Wang C, et al. Effect of flexibility on flapping wing characteristics under forward flight [J]. Fluid Dynamics Research, 2014, 46 (5): 055515.

[55] 李德胜,王东红,孙金玮.MEMS 技术及其应用[M].哈尔滨:哈尔滨工业大学出版社,2002.

[56] 徐一村,宗光华,毕树生,等.空间曲柄摇杆扑翼机构设计分析[J].航空动力学报,2009,24(1):205-208.

[57] McIntosh S H, Agrawal S K, Khan Z A. Energetics-based design of small flapping-wing micro air vehicles [J]. IEEE/ASME Transactions on Mechatronics, 2006, 10 (2): 145-153.

[58] 朱保利,昂海松,郭力.一种新型三维仿生扑翼机构设计与分析[J].南京航空航天大学学报,2007,39(4):457-460.

[59] Liu L, Fang Z D, He Z X. Optimization design of flapping mechanism and wings for flapping-wing MAVs[J]. Journal of Bionic Engineering, 2008, 20 (4): 245-250.

[60] Zuo D C, Chen W Y, Peng S L, et al. The Modeling and Simulation Study of Insect-like Flapping-wing MAV[J]. Advanced Robotics, 2006, 20 (7): 807-812.

[61] Yan J, Wood R J, Avadhanula S, et al. Towards Flapping Wing Control for a Micromechanical Flying Insect[C]// IEEE International Conference on Robotics and Automation, 2001:3901-3908.

[62] Schenato L, Deng X, Sastry S. Flight Control System for a Micromechanical Flying Insect: Architecture and implementation [C]// IEEE International Conference on Robotics and Automation, 2001:1641-1646.

[63] Mazaheri K, Ebrahimi A. Experimental investigation on aerodynamic performance of a flapping wing vehicle in forward flight [J]. Journal of Fluids and Structures, 2011, 27 (4): 586-595.

[64] 刘岚,方宗德,张西金.微型扑翼飞行器的升力风洞实验[J].航空动力学报,2007,22(8):1315-1319.

[65] 刘岚,方宗德,侯宇,等.微型扑翼飞行器的气动建模分析与实验[J].航空动力学报,2005,20(1):22-28.

[66] 周骥平,朱兴龙,周建华,等.仿生扑翼飞行简化力学模型及其实验研究[J].中国机械工程,2007,18(6):631-635.

[67] 宗光华,贾明,毕树生.扑翼式微型飞行器的升力测量与分析[J].机械工程学报,2005, 41(8): 120-124.

[68] 王姝歆,周建华,颜景平,等.微小型仿生飞行机器人柔性翅的仿生设计与实验研究[J].实验流体力学,2006, 20(1):75-79.

[69] 段文博,昂海松,肖天航.可差动扭转扑翼飞行器的设计和风洞实验研究[J].实验流体力学, 2013, 27(3): 35-40.

[70] 徐一村,毕树生,宗光华.扑翼飞行器柔性翼的动力分析与实验[J].航空动力学报,2008,23(10):1893-1895.

[71] Wood R J, Fearing R S. Flight Force Measurements for a Micromechanical Flying Insect[C]// IEEE/RSJ International Conference on Intelligent Robotics and Systems, 2001: 355-362.

[72] Broering T M, Lian Y. Numerical study of tandem flapping wing aerodynamics in both two and three dimensions [J]. Computers & Fluids, 2015, 115:124-139.

[73] Ismal H, Tuncer, Walz R, et al. A computational study on the dynamic stall of a flapping airfoil [C]// AIAA 98-2519,1998:219-225.

[74] 程暮林,苗文博,钟长生.昆虫振翅飞行的数值模拟[J].应用数学和力学,2006,27:533-538.

[75] 张来平,常兴华,段旭鹏,等.小型昆虫"合拢-打开"运动机制的增升机理数值研究[J].空气动力学学报,2009,27:246-254.

[76] Wang Z J, Birch J M, Dickinson M H. Unsteady forces and flows in low Reynolds number hovering flight:two-dimensional computations vs robotic wing ex-

periments[J]. Journal Experimental Biology, 2004, 207: 449-460.

[77] 张兴伟,周超英,谢鹏.扑翼柔性变形对悬停气动特性影响的数值研究[J]. 哈尔滨工业大学学报,2012,44(1):115-119.

[78] Schenato L, Deng X, Wu W C, et al. Virtual Insect Flight Simulator (VIFS): A software testbed for insect flight[C]// IEEE International Conference on Robotics and Automation, 2001: 3885-3892.

[79] 金晓怡,颜景平,周建华.仿生扑翼飞行机器人柔性翅实验研究及其理论解释[J]. 中国机械工程,2007,18(9):1028-1032.

[80] Banala S K, Agrawal S K. Design and optimization of a mechanism for out-of-plane insect winglike motion with twist[J]. Journal of Mechanical Design, 2005, 127 (4): 841-844.

[81] Nguyen Q V, Truong Q T, Park H C, et al. A motor-driven flapping-wing system mimicking beetle flight[C]// Proceedings of the 2009 IEEE International Conference on Robotics and Biomimetics, 2009: 1087-1092.

[82] Hara N, Tanaka K, Ohtake H, et al. Development of a flying robot with a pantograph-based variable wing mechanism[J]. IEEE Transactions on Robotics, 2009, 25 (1): 79-87.

[83] 胡明朗,魏瑞轩,崔晓峰,等.仿昆扑翼飞行器的翅膀惯性力分析[J]. 航空动力学报,2008,23(7):1279-1286.

[84] Combes S A, Daniel T L. Into thin air: Contributions of aerodynamic and inertial-elastic forces to wing bending in the hawkmoth manduca sexta[J]. Journal of Experimental Biology, 2003, 206 (17): 2999-3006.

[85] Nguyen Q V, Truong Q T, Park H C, et al. Measurement of force produced by an insect-mimicking flapping-wing system[J]. Journal of Bionic Engineering, 2010, 7 (S): 94-102.

[86] Dickinson M H. Solving the mystery of insect flight[J]. Scientific American, 2001, 284 (6): 49-57.

[87] Sirirak T N P, Tai Y C, Ho C M, et al. Microbat: A palm-sized electrically powered ornithopter[C]// Workshop on Biomorphic Robotics, 2000, 8: 14-16.

[88] Michelson R C, Helmick D. A reciprocating chemical muscle(RCM) for micro air vehicle "Entermopter" flight[C]// Proceedings of the Association for Unmanned Vehicle Systems, 1997: 50-51.

[89] Nguyen Q V, Park H C, Goo N S, et al. Characteristics of a beetle's free flight and a flapping-wing system that mimics beetle flight[J]. Journal of Bionic Engineering, 2010, 7 (1): 77-86.

后 记

仿生飞行是个历史悠久,但至今尚未完满解决的大课题。本书只是记录了这个领域中一个新方向的探索研究工作。囿于种种条件,至今的工作只能算是开辟出一条奔向仿生飞行大目标而有待完成的路。希冀新的探索者把这条路打通,使人类心中的自由飞行之梦成为空中自由飞行的真实。

经历这十多年来从半转机构到半转翼的研究生涯,深感浮躁与功利是科学研究的大忌。科学技术的探索需要的是大胆想象、热情求索、冷静思考和不懈努力。在科学之路上默默耕耘的人们可能会失去不少现今有些人津津乐道的"生活情趣",但是当你回首看到自己在历史上留下的清晰脚印时,其中的情趣是有些人终其一生都无缘品味的。

本书的研究工作得到国家自然科学基金资助项目(51375014)的支持。在该项目的资助下,我们不但完成了预定的研究内容,还培养了不少年轻人,壮大了仿生研究的团队。我们由衷地感谢国家的关心和支持!

本项目的全部研究工作都是在安徽工业大学机械学院完成的。除了直接参与课题工作的教师之外,还有不少同仁对我们的工作给予了关心和支持,在此一并表示衷心的感谢!

本书的出版得到中国科学技术大学出版社的支持和帮助,特此表示深切的谢意!

写完书稿的最后一行,放下笔抬起头,又看到窗外远处那俄式塔楼的建筑。这是威海哈工大校园的教学主楼。本书的大部分内容是利用暑假在这个安静宜人而又充满朝气的校园内完成的。在本书完稿之际,不由得对这个陪伴了我多个夏天的校园充满了感激!

作 者

2017 年 10 月

彩　图

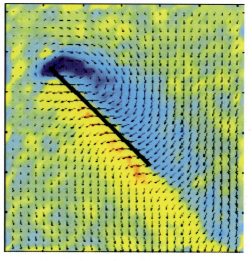

图 1.8　前缘涡仿真

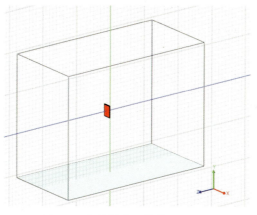

图 9.1　半转翼单翼片模型与风洞

表 9.3　对称翼片与半转翼片的流场比较

时间/s	对称转动翼片	半转翼片
0.01		
0.03		
0.05		

续表

时间/s	对称转动翼片	半转翼片
0.07		
0.09		

表 9.4 在半转翼曲柄转速为 10 r/s 时曲柄一转内流场涡量、速度及压力的云图比较

时间/s	涡量	速度	压力
0.00	翼片前端出现附着涡,流场下方有前两转产生的尾涡	以尾涡为中心的区域流速大	以尾涡为中心的区域压力小

续表

时间/s	涡量	速度	压力
0.01	翼片前端的附着涡逐渐增大,后端引导着尾涡分布	翼片前端渐大的附着涡形成逐渐增大的大流速区域	翼片前端迎流侧出现高压区,背流侧压力下降而产生升力
0.03	翼片前端的附着涡继续增大,后端尾涡拉长,早期尾涡渐消	前后端的大流速区继续扩大,早期尾涡影响减弱	迎流侧高压区扩大且背流侧负压力增大,升力增大
0.05	翼片前端的附着涡达到最大,后端对尾涡的引导渐弱	前端附着涡大流速区继续扩大,尾涡区范围扩大,流速减小	迎流侧高压区更大且背流侧负压区亦扩大,升力增大

续表

时间/s	涡量	速度	压力
0.07			
	前端附着涡变小并开始脱离,翼片后端与尾涡的联系微弱	前端大流速区范围与强度变大,未增尾涡区范围与流速变小	迎流侧高压区扩大但强度减弱,背流侧负压区缩小,升力下降
0.09			
	翼片前端附着涡脱离成为新尾涡而后端与尾涡脱离	前端大流速区范围扩大,但强度减弱,原尾涡区流速更小	迎流侧高压区扩大但强度减弱,背流侧负压区更小,升力更小
0.10			
	下周期开始,前后端位置互换,产生新前端附着涡及大流速区,迎流背流互换,压力方向不变		

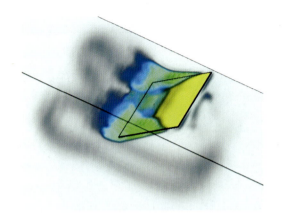

图 9.9 翼片两端的涡环

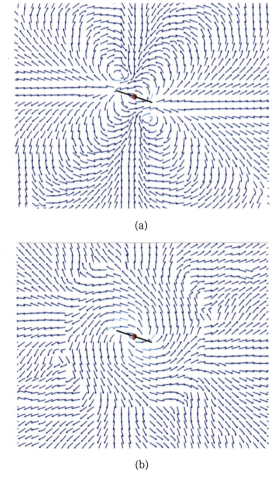

图 9.11 翼片与流体无速度差时涡的消失

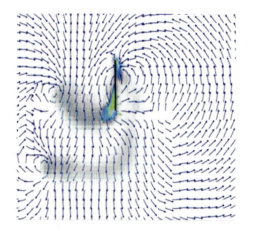

图 9.13　远端涡的产生

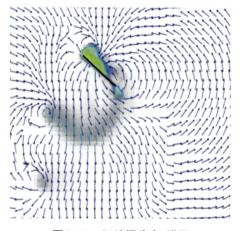

图 9.14　远端涡稳定、增强

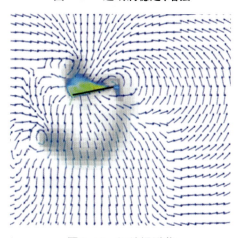

图 9.15　远端涡脱落